Statistische Methoden
Eine Einführung für das Grundstudium in den
Wirtschafts- und Sozialwissenschaften

Physica-Lehrbuch

Basler, Herbert
Aufgabensammlung zur statistischen Methodenlehre und Wahrscheinlichkeitsrechnung
4. Aufl. 1991. 190 S.

Basler, Herbert
Grundbegriffe der Wahrscheinlichkeitsrechnung und Statistischen Methodenlehre
11. Aufl. 1994. X, 292 S.

Bloech Jürgen u.a.
Einführung in die Produktion
2. Aufl. 1993. XX, 410 S.

Dillmann, Roland
Statistik I
1990. XVIII, 270 S.

Dillmann, Roland
Statistik II
1990. XIII, 253 S.

Eilenberger, Guido
Finanzierungsentscheidungen multinationaler Unternehmungen
2. Aufl. 1987. 356 S.

Endres, Alfred
Ökonomische Grundlagen des Haftungsrechts
1991. XIX, 216 S.

Fahrion, Roland
Wirtschaftsinformatik
Grundlagen und Anwendungen
1989. XIII, 597 S.

Ferschl, Franz
Deskriptive Statistik
3. Aufl. 1985. 308 S.

Gabriel, Roland/Begau, Klaus/ Knittel, Friedrich/Taday, Holger
Büroinformations- und -kommunikationssysteme
Aufgaben, Systeme, Anwendungen
1994. X, 148 S.

Gemper, Bodo B.
Wirtschaftspolitik
1994. XVIII, 196 S.

Hax, Herbert
Investitionstheorie
5. Aufl. korrigierter Nachdruck 1993. 208 S.

Heno, Rudolf
Jahresabschluß nach Handels- und Steuerrecht
1994. XVI, 390 S.

Huch, Burkhard
Einführung in die Kostenrechnung
8. Aufl. 1986. 299 S.

Huch, Burkhard u.a.
Rechnungswesen-orientiertes Controlling
Ein Leitfaden für Studium und Praxis
2. Aufl. 1995. XXVI, 431 S.

Kistner, Klaus-Peter
Produktions- und Kostentheorie
2. Aufl. 1993. XII, 293 S.

Kistner, Klaus-Peter
Optimierungsmethoden
Einführung in die Unternehmensforschung für Wirtschaftswissenschaftler
2. Aufl. 1993. XII, 222 S.

Kistner, Klaus-Peter und Steven, Marion
Produktionsplanung
2. Aufl. 1993. XII, 361 S.

Kistner, Klaus-Peter und Steven, Marion
Betriebswirtschaftslehre im Grundstudium
Band 1: Produktion, Absatz, Finanzierung
2. Aufl. 1996. XVI, 475 S.

Kraft, Manfred und Landes, Thomas
Statistische Methoden
3. Aufl. 1996. X, 236 S.

Nissen, Hans Peter
Makroökonomie I
3. Aufl. 1995. XXII, 331 S.

Schneeweiß, Hans
Ökonometrie
4. Aufl. 1990. 394 S.

Schulte, Karl Werner
Wirtschaftlichkeitsrechnung
4. Aufl. 1986. 196 S.

Sesselmeier, Werner
Blauermel, Gregor
Arbeitsmarkttheorien
1990. X, 222 S.

Steven, Marion
Hierarchische Produktionsplanung
2. Aufl. 1994. X, 262 S.

Swoboda, Peter
Betriebliche Finanzierung
3. Aufl. 1994. 305 S.

Vogt, Herbert
Einführung in die Wirtschaftsmathematik
6. Aufl. 1988. 250 S.

Vogt, Herbert
Aufgaben und Beispiele zur Wirtschaftsmathematik
2. Aufl. 1988. 184 S.

Weise, Peter u.a.
Neue Mikroökonomie
3. Aufl. 1993. X, 506 S.

Zweifel, Peter und Heller, Robert H.
Internationaler Handel
Theorie und Empirie
2. Aufl. 1992. XXI, 403 S.

Manfred Kraft · Thomas Landes

Statistische Methoden

Eine Einführung für das Grundstudium in den Wirtschafts- und Sozialwissenschaften

Dritte, durchgesehene und aktualisierte Auflage

Mit 18 Abbildungen

Physica-Verlag
Ein Unternehmen des Springer-Verlags

Dr. Manfred Kraft
Dr. habil. Thomas Landes

Universität-GH Paderborn
FB 5: Wirtschaftswissenschaften
Warburger Str. 100
D-33098 Paderborn

Die Deutsche Bibliothek - CIP-Einheitsaufnahme

Kraft, Manfred:
Statistische Methoden : eine Einführung für das Grundstudium
in den Wirtschafts- und Sozialwissenschaften / Manfred Kraft ;
Thomas Landes. - 3., durchges. und aktualisierte Aufl. -
Heidelberg : Physica-Verl., 1996
  (Physica-Lehrbuch)
ISBN-13:978-3-7908-0877-3
NE: Landes, Thomas:

ISBN-13:978-3-7908-0877-3 e-ISBN-13:978-3-642-61487-3
DOI: 10.1007/978-3-642-61487-3

Dieses Werk ist urheberrechtlich geschützt. Die dadurch begründeten Rechte, insbesondere die der Übersetzung, des Nachdrucks, des Vortrags, der Entnahme von Abbildungen und Tabellen, der Funksendung, der Mikroverfilmung oder der Vervielfältigung auf anderen Wegen und der Speicherung in Datenverarbeitungsanlagen, bleiben, auch bei nur auszugsweiser Verwertung, vorbehalten. Eine Vervielfältigung dieses Werkes oder von Teilen dieses Werkes ist auch im Einzelfall nur in den Grenzen der gesetzlichen Bestimmungen des Urheberrechtsgesetzes der Bundesrepublik Deutschland vom 9. September 1965 in der jeweils geltenden Fassung zulässig. Sie ist grundsätzlich vergütungspflichtig. Zuwiderhandlungen unterliegen den Strafbestimmungen des Urheberrechtsgesetzes.

© Physica-Verlag Heidelberg 1992, 1996

Die Wiedergabe von Gebrauchsnamen, Handelsnamen, Warenbezeichnungen usw. in diesem Werk berechtigt auch ohne besondere Kennzeichnung nicht zu der Annahme, daß solche Namen im Sinne der Warenzeichen- und Markenschutz-Gesetzgebung als frei zu betrachten wären und daher von jedermann benutzt werden dürften.

SPIN 10508652   88/2202-5 4 3 2 1 0 – Gedruckt auf säurefreiem Papier

Vorwort zur 3. Auflage

Dieses Buch — „Statistische Methoden" — ist 1981 in erster Auflage erschienen. Mitgearbeitet hatten damals M. Kraft und K. Braun. Von M.Kraft und Th. Landes wurden die zweite vollständig überarbeitete und erweiterte sowie diese dritte durchgesehene und aktualisierte Auflage erstellt. Die in zahlreichen Lehrveranstaltungen bewährte Grundkonzeption eines die Vorlesung begleitenden Buches wurde beibehalten. Hinweise auf Fehler und Anregungen haben wir von Kollegen und Studenten erhalten. Besonderer Dank gilt Herrn Andreas Köhler für seine intensive kritische Durchsicht. Verbliebene oder neu hinzugekommene Fehler gehen zu unseren Lasten.

Paderborn, im Oktober 1995   Manfred Kraft
Thomas Landes

Vorwort zur 2. Auflage

In diesem Buch sollen Methoden der klassischen Statistik dargestellt werden. Die zu behandelnden Problemstellungen sind durch folgende Eigenschaften gekennzeichnet:

- In einer gegebenen, klar abgegrenzten, großen Gesamtheit interessiert man sich für bestimmte Eigenschaften der Elemente dieser Gesamtheit. Möglicherweise erlauben Vorinformationen oder theoretische Herleitungen die Formulierung bestimmter Hypothesen über die Verteilung der Eigenschaftsausprägungen in der Gesamtheit.

- Zur Untersuchung der Eigenschaften bzw. zur Überprüfung der Hypothesen wird ein Teil der Elemente der Gesamtheit zufällig ausgewählt und analysiert. Die Zahl der auszuwählenden Elemente ist aus Kostengründen auf einen Teil der Gesamtheit, die Stichprobe, begrenzt und fest vorgegeben.

- Einfache Methoden der beschreibenden (deskriptiven) Statistik werden zur Charakterisierung der in der Stichprobe enthaltenen exakten Werte herangezogen.

- Mittels eines stochastischen (wahrscheinlichkeitstheoretischen) Modells, das sowohl die Art des Auswahlprozesses als auch die vorhandenen Informationen und Hypothesen über die Gesamtheit berücksichtigt, werden Rückschlüsse von der Stichprobe auf die eigentlich interessierende Gesamtheit gezogen.

- Die Auswahl der Methoden des Rückschlusses von der Stichprobe auf die Gesamtheit mittels wahrscheinlichkeitstheoretischer Hilfsmittel, die man als induktive oder Inferenzmethoden bezeichnet, werden mit Hilfe entscheidungstheoretischer Konzepte aus der Wahlhandlungstheorie gesteuert und beurteilt.

Bei der Auswahl des Stoffes haben wir uns auf die grundlegenden Konzepte der oben angesprochenen statistischen Teilgebiete Deskriptive Statistik (Kapitel 1), Wahrscheinlichkeitstheorie (Kapitel 2), Inferenzmethoden (Kapitel 3 und 4) sowie Statistische Entscheidungstheorie (Kapitel 5) beschränkt. Entwickelt wird so ein Referenzmodell für praktische empirische Arbeit.

Jeder Abschnitt jedes Kapitels gliedert sich in einen Kerntext, den Aufgabenteil und „Ergänzungen und Bemerkungen". Die dargebotenen Methoden sollen den Leser befähigen, sich auch weitere statistische Teilgebiete in selbständigem Studium zu erarbeiten. Dazu ist eine aktive Auseinandersetzung mit den Aufgaben unumgänglich. Hier finden sich auch zahlreiche Hinweise auf gesamtwirtschaftliche und gesellschaftliche Rahmendaten sowie Datenquellen. Zum Weiterlesen finden sich vielfältige Anregungen in den „Ergänzungen und Bemerkungen", die jeden Abschnitt abschließen.

Dieses Buch — „Statistische Methoden" — ist 1981 in erster Auflage erschienen. Mitgearbeitet hatten damals M. Kraft und K. Braun. Von M. Kraft und Th. Landes wurde nun diese neue, vollständig überarbeitete, erweiterte und aktualisierte Auflage erstellt. Die in zahlreichen Lehrveranstaltungen bewährte Grundkonzeption eines die Vorlesung begleitenden Arbeits- und Übungsbuches wurde beibehalten. Hinweise auf Fehler und Anregungen zur Neugestaltung haben wir von Kollegen und Studenten erhalten. Besonderer Dank gilt A. Burger, H. Epstein, M. Greitenevert, P. Harff, H.-P. Lüüs, H. J. Skala, F. Stege und U. Walwei. Verbliebene oder neu hinzugekommene Fehler gehen zu unseren Lasten.

Paderborn, im Januar 1992　　　　　　　　　　　　　　　　Manfred Kraft
　　　　　　　　　　　　　　　　　　　　　　　　　　　　Thomas Landes

Inhaltsverzeichnis

1	**Einführung und Grundbegriffe der deskriptiven Statistik**	**1**
1.1	Statistische Fragestellungen	1
1.2	Grundbegriffe statistischer Erhebungen	4
1.3	Methoden zur Beschreibung univariater Datensätze	6
	1.3.1 Tabellendarstellung	7
	1.3.2 Graphische Darstellung	9
	1.3.3 Maßzahlen	12
1.4	Methoden zur Beschreibung bivariater Datensätze	22
	1.4.1 Nominalskalierte bivariate Merkmale	23
	1.4.2 Ordinalskalierte bivariate Merkmale	26
	1.4.3 Kardinalskalierte bivariate Merkmale	27
1.5	Datenreduktion	33
	1.5.1 Faktorenanalyse zur Variablenreduktion	34
	1.5.2 Clusteranalyse zur Reduktion der Fallzahl	37
2	**Grundzüge der Wahrscheinlichkeitsrechnung und ausgewählte Wahrscheinlichkeitsverteilungen**	**40**
2.1	Grundbegriffe der Wahrscheinlichkeitsrechnung	41
2.2	Eindimensionale Wahrscheinlichkeitsverteilungen	47
2.3	Mehrdimensionale Wahrscheinlichkeitsverteilungen	52
2.4	Maßzahlen einer Wahrscheinlichkeitsverteilung	55
2.5	Binomialverteilungen	60
2.6	Negative Binomialverteilungen	63
2.7	Hypergeometrische Verteilungen	64
2.8	Poisson-Verteilungen	67
2.9	Multinomialverteilungen	69
2.10	Normalverteilungen	72
2.11	Exponential-, Weibull- und Gammaverteilungen	77
2.12	Chi-Quadrat-, Student- und F-Verteilungen	80
2.13	Zweidimensionale Normalverteilungen	83
2.14	Grenzwertsätze	84
	2.14.1 Gesetz der großen Zahlen	84
	2.14.2 Zentraler Grenzwertsatz	85

       2.14.3 Satz von de Moivre-Laplace 86

3 Statistische Inferenz: Einstichprobenfall und univariate Datensätze   90
   3.1 Grundlagen der Stichprobentheorie 91
   3.2 Bedeutung der Grenzwertsätze für die Inferenzstatistik 94
   3.3 Punktschätzverfahren: Begriff und Methoden 99
   3.4 Punktschätzverfahren: Gütekriterien 104
   3.5 Intervallschätzung für Mittelwert und Anteilswert 107
       3.5.1 Konfidenzintervalle für μ 108
       3.5.2 Konfidenzintervalle für π 110
   3.6 Intervallschätzungen für die Varianz 112
   3.7 Grundlagen der Testtheorie 115
   3.8 Signifikanztests für Mittelwerte 120
       3.8.1 Tests für das arithmetische Mittel 120
       3.8.2 Tests für den Anteilswert 122
       3.8.3 Beurteilung eines Tests 122
   3.9 Signifikanztests für die Varianz 126
   3.10 Inferenz bei Vorliegen einer kleinen Stichprobe 127
       3.10.1 Konfidenzintervalle und Signifikanztests für μ 127
       3.10.2 Signifikanztests für π 128
       3.10.3 Konfidenzintervalle und Signifikanztests für σ^2 129
   3.11 Anpassungstests 131

4 Statistische Inferenz: Zweistichprobenfall und bivariate Datensätze   134
   4.1 Schätzung von Mittel- bzw. Anteilswertdifferenzen 135
       4.1.1 Mittelwertdifferenzen 135
       4.1.2 Anteilswertdifferenzen 138
   4.2 Differenzentests für Mittel- bzw. Anteilswerte 141
       4.2.1 Mittelwertdifferenzen 141
       4.2.2 Anteilswertdifferenzen 143
   4.3 Vergleich von Varianzen 145
   4.4 Homogenitäts- und Unabhängigkeitstests 147
       4.4.1 Homogenitätstest 147
       4.4.2 Unabhängigkeitstest 148
   4.5 Grundlagen der Varianzanalyse 149
   4.6 Lineare Regression: Schätz- und Testprobleme 152
   4.7 Korrelation: Punktschätzung für ϱ 156

5 Entscheidungstheorie und Statistik   160
   5.1 Entscheidungstheoretische Modelle 160
       5.1.1 Das entscheidungstheoretische Grundmodell 160
       5.1.2 Klassifikationen 162
   5.2 Statistische Entscheidungstheorie 166

5.3	Entscheidungen unter Risiko	170
5.4	Entscheidungen unter Ungewißheit	174

A Zusätzliche Übungsaufgaben   177

B Lösungshinweise zu den Übungsaufgaben   189

C Tabellen   214

D Symbolverzeichnis   219

Literaturverzeichnis   223

Index   231

Kapitel 1

Einführung und Grundbegriffe der deskriptiven Statistik

1.1 Statistische Fragestellungen

Eine einfache und dennoch exakte und umfassende Definition des Begriffs „Statistik" zu geben, ist nicht leicht - insbesondere nicht zu Beginn eines entsprechenden Buches. Wir versuchen, uns diesem Ziel dadurch zu nähern, daß wir zunächst einige Fragestellungen, mit denen sich die Statistik bzw. der Statistiker beschäftigt, kennenlernen wollen:

- Wie lassen sich gesellschaftliche Zustände und Prozesse durch empirische Beobachtungen erfassen?

- Wie können quantitative empirische Informationen (Daten) über wirtschaftliche oder sozioökonomische sowie gesellschaftliche Phänomene beschafft werden?

Diese Fragen beziehen sich auf die exakte Formulierung der einer empirischen Untersuchung zugrundeliegenden Fragestellung sowie deren Operationalisierung. Insbesondere ist hier zu klären, welche empirischen Größen den in der jeweiligen Fachwissenschaft oder in der Praxis benutzten theoretischen Begriffen entsprechen bzw. entsprechen könnten. Neben diesen Fragen der *Datenabgrenzung* spielen in diesem Zusammenhang Fragen der *Datenbeschaffung* eine wichtige Rolle. In der sozialwissenschaftlichen Forschung beschäftigt man sich insbesondere im Rahmen der *Wirtschafts- und Sozialstatistik* mit diesen Problemen.

- Wie lassen sich vorliegende statistische Daten gliedern, übersichtlich darstellen und die in ihnen enthaltenen Informationen möglichst prägnant zusammenfassen?

- Wie erkennt man wichtige Strukturen von Datenmengen (z.B. relevante Zusammenhänge zwischen verschiedenen Größen) und wie lassen sich diese quantitativ exakt erfassen und interpretieren?

Das hier angesprochene Erkenntnisziel der *Datenbeschreibung* und *Datenanalyse* ist Gegenstand der *deskriptiven (beschreibenden) Statistik*. Sie stellt Methoden zur Beschreibung und zur ersten (explorativen) Analyse von Datenmengen zur Verfügung. Man bedient sich dabei in immer stärkeren Maße (angesichts der Fülle des zu verarbeitenden Datenmaterials) in konkreten statistischen Untersuchungen der Hilfe des Computers und statistischer Softwarepakete.

- Welche Schlüsse lassen sich aus der Analyse von Teilmengen und den daraus gewonnenen Informationen auf die zugehörige Gesamtmenge ziehen?
- Welche Aussagen aus der Analyse empirischer Beobachtungen lassen sich verallgemeinern?

Statistische Fragen dieser Art bezeichnet man als *Inferenzprobleme* oder Fragen des *statistischen Schließens*. Die Erarbeitung und Diskussion der wichtigsten im Rahmen der *induktiven (schließenden) Statistik* entwickelten Methoden steht im Mittelpunkt dieses Buches.

- Wie lassen sich Informationen zur Entscheidungsfindung und zur Modellauswahl verwenden?
- Wie lassen sich „statistische Modelle" des Wirtschaftsgeschehens oder eines Teilbereichs desselben konstruieren, die die komplexen, nicht immer exakt erfaßbaren Zusammenhänge und Prozeßabläufe zumindest in den wesentlichen Zügen korrekt wiedergeben?

Mit den beiden letzten Fragestellungen, die sich auf *entscheidungstheoretische* bzw. *statistische Modelle* beziehen, beschäftigen sich hauptsächlich *Entscheidungstheorie* und *Ökonometrie*: Disziplinen, die auf wahrscheinlichkeitstheoretische Methoden zurückgreifen. Die statistische Entscheidungstheorie, die sich mit speziellen — im Zusammenhang mit statistischen Fragestellungen auftretenden — entscheidungstheoretischen Modellen befaßt, erlaubt darüber hinaus tiefere Einblicke in Inferenzprobleme und die Einordnung induktiver Methoden in einen größeren Zusammenhang.

Eine konkrete empirische Untersuchung mit Hilfe statistischer Modelle umfaßt also die folgenden Arbeitsschritte:

- Formulierung des Untersuchungszieles,
- Planung und Durchführung der Datensammlung (Datenerhebung),
- Erfassung, Codierung und Beschreibung des Datenmaterials,

- Analyse, Interpretation und Auswertung im Hinblick auf das Untersuchungsziel,
- Verallgemeinerungen der erzielten Befunde — soweit möglich — unter Angabe möglicher Fehler und deren Größenordnung,
- Präsentation.

Aufgabe 1.1/1
In welchem Sinne wird der Begriff „Statistik" verwendet?

Aufgabe 1.1/2
Diskutieren Sie folgende Aussagen:
- Statistik ist ein allgemeiner Werkzeugkasten zur Beschreibung und Analyse von Daten...
- Statistics ...is divided into three parts: collecting data, organizing and summarizing data, and drawing conclusions from data.
- There are three kinds of lies: lies, damned lies, and statistics.
- Statistik ist eine Zusammenfassung von Methoden, welche uns erlauben, vernünftige Entscheidungen im Falle von Ungewißheit zu fällen.

Ergänzungen und Bemerkungen
- Ausführungen zum Begriff und den Aufgaben der Statistik (des Statistikers) finden sich in nahezu allen Lehrbüchern und in einer Reihe von Aufsätzen wie z.B. Kendall (1958) oder Vogel (1980). Speziell über die Aufgaben der amtlichen Statistik informieren Schriften des Statistischen Bundesamtes, z.B. (1988), sowie Nowak (1980).

- Einführungen in die Wirtschafts- und Sozialstatistik finden sich bei Zwer (1985) oder von der Lippe (1990). Informationen aus erster Hand zur Explorativen Datenanalyse erhält man bei Tukey (1977). Klassische Methoden der deskriptiven Statistik finden sich ausführlich dargestellt in Menges/Skala (1973) oder Ferschl (1985). Einen Überblick über statistische Software vermitteln Woodward u.a. (1987), sowie die Besprechungen aktueller Softwareversionen in Fachzeitschriften wie „Chance" oder „Journal of Applied Econometrics". Stellvertretend für die inzwischen umfangreiche Literatur zum Thema „Statistik und PC" seien Afflerbach (1987), Böker (1989), Bleymüller/Gehlert (1994), Bosch (1986), Janssen/Laatz (1994), Krotz (1991) und Voß (1988) genannt.

- Eine kurze Darstellung der Geschichte der Statistik findet sich bei Weichselberger (1973).

- Krämer (1991), Lachs/Nesvada (1986), Huff (1978) oder Reichmann (1978) bieten reichlich Anschauungsmaterial zur dritten Aussage in Aufgabe 1.1/2.

1.2 Grundbegriffe statistischer Erhebungen

Grundlage des statistischen Schließens ist die Kenntnis empirischer Daten. Statistische Daten lassen sich durch eigene *Erhebungen* (Beobachten, Befragen, Experimentieren) oder durch *Rückgriff* auf bereits gesammelte Daten gewinnen. Im ersten Fall spricht man von einer *Primär-*, im zweiten Fall von einer *Sekundärerhebung*. Als Datenquellen für eine Sekundärerhebung bieten sich insbesondere die Veröffentlichungen der amtlichen Statistik (Statistisches Bundesamt, Statistische Landesämter, kommunale Statistische Ämter, Ministerien und ihnen nachgeordnete Behörden, Bundesbank) an. Hinzuweisen ist dabei vor allem auf das Statistische Jahrbuch, den Datenreport und die Fachserien des Statistischen Bundesamtes, die tief gegliedertes Datenmaterial über wirtschaftliche Rahmendaten enthalten. Zur nichtamtlichen Statistik zählen Wirtschaftsforschungsinstitute (wie IFO/München, Institut der deutschen Wirtschaft/Köln), Meinungsforschungsinstitute (wie Allensbach oder Emnid/Bielefeld), Verbände, Gewerkschaften sowie Universitätsinstitute (wie das Zentralarchiv für empirische Sozialforschung/Köln oder das Zentrum für Umfragen, Methoden und Analysen (ZUMA)/Mannheim).

Gegenstand einer statistischen Untersuchung sind die sogenannten *statistischen Einheiten* (z.B. Personen, Haushalte, Staaten usw.). Bestimmte, genau festgelegte *Merkmale* (Variablen, Items) dieser statistischen Einheiten sollen erfaßt (erhoben), beschrieben und analysiert werden. Konkrete *Merkmalsausprägungen* können sowohl *quantitativer* (verfügbares Einkommen eines Haushalts, Bruttosozialprodukt europäischer Staaten usw.) als auch *kategorieller* (Berufsgruppenzugehörigkeit einer Person usw.) Art sein. Im letzten Fall spricht man von *qualitativen Merkmalen*. Bei den *quantitativen Merkmalen* unterscheidet man üblicherweise quantitativ-diskrete Merkmale (es gibt nur endlich viele oder abzählbar unendlich viele Merkmalsausprägungen) von stetigen Merkmalen (es gibt überabzählbar viele Merkmalsausprägungen). Häufig werden zur weiteren Analyse diskrete Merkmale mit sehr vielen Merkmalsausprägungen wie stetige Merkmale behandelt (man spricht dann von quasi-stetigen Merkmalen) oder stetige Merkmale durch Klassenbildung (Gruppierung) in diskrete Merkmale (mit den Klassen als Ausprägungen) überführt.

Bezüglich der *Skalierung* der Merkmalsausprägungen unterscheidet man nominalskalierte, ordinalskalierte und kardinalskalierte Daten.

- Bei *nominalskalierten* Merkmalen lassen sich Merkmalsausprägungen lediglich durch unterschiedliche Namen unterscheiden (z.B. Geschlecht).

- Bei *ordinalskalierten* Merkmalen lassen sich die Merkmalsausprägungen in natürlicher Weise ordnen (z.B. Zensur).

- Bei *kardinalskalierten* Merkmalen lassen sich auch die Abstände zwischen Merkmalsausprägungen sinnvoll vergleichen (z.B. Einkommen gemessen in DM).

Statistische Einheiten bezeichnet man auch als *Merkmalsträger*. Die sowohl in sachlicher, räumlicher und zeitlicher Hinsicht exakt abgegrenzte Gesamtheit aller für eine spezifische statistische Untersuchung in Frage kommenden Merkmalsträger heißt *Grundgesamtheit* (statistische Masse, Population). Grundgesamtheiten können *konkrete* endliche oder unendliche Mengen sein, deren Elemente sich auflisten oder mittels Bedingungen definieren lassen (z.B. alle Beamten einer bestimmten Arbeitsstätte des öffentlichen Dienstes zum 31. 12. 91), oder aber gedacht, *hypothetisch* sein (z.B. alle Würfe mit einem idealen Würfel). Ist die Grundgesamtheit endlich, so bezeichne N die Anzahl ihrer Elemente. Soll einer statistischen Untersuchung die gesamte Grundgesamtheit zugrundegelegt werden, sind also alle relevanten Merkmalsträger zu erfassen, so spricht man von einer *Vollerhebung*. Ist die Grundgesamtheit jedoch sehr groß und/oder die Meßtechnik sehr kostspielig, wird man aus ökonomischen oder Datenschutz-Gründen nicht alle statistischen Einheiten der Grundgesamtheit in die statistische Untersuchung einbeziehen. Bei hypothetischen Grundgesamtheiten ist eine Vollerhebung auch praktisch nicht durchführbar. Man spricht dann von einer *Teilerhebung*, das Ergebnis einer Teilerhebung ist eine *Stichprobe vom Umfang n* $(n < N)$. Um systematische Fehler beim Schließen von Stichprobeninformationen auf die Grundgesamtheit zu vermeiden, benutzt man die sogenannte Zufallsauswahl: Die statistischen Einheiten der Stichprobe werden mit Hilfe eines Zufallsmechanismus aus der Grundgesamtheit ausgewählt. Dies wird in Abschnitt 3.1 präzisiert werden.

Aufgabe 1.2/1
Bei konkreten empirischen Forschungsprojekten stellen oft sowohl die exakte Abgrenzung der Grundgesamtheit als auch die genaue Festlegung des zu erhebenden Merkmals und die Durchführung einer Zufallsauswahl schwierige Probleme dar. Versuchen Sie dies an folgenden „Projekttiteln" deutlich zu machen:
- Einkommenssituation in den Entwicklungsländern
- Arbeitslosigkeit in Industriestaaten
- Lebensstandard in Deutschland
- Aufstiegsverhalten von Bediensteten in öffentlichen Dienststellen
- Intelligenz von Arbeiterkindern in der Bundesrepublik Deutschland.

Aufgabe 1.2/2
a) Welche Merkmalsarten lassen sich unterscheiden (Beispiele), und wie lassen sich diese erfassen (messen)?
b) Sind Vollerhebungen in jedem Fall Teilerhebungen vorzuziehen?
c) Beschreiben Sie näher, welche Arten von Fehlern beim Schließen von Stichprobeninformationen auf die Grundgesamtheit auftreten können.
d) Welche anderen Auswahlprinzipien als das Zufallsauswahlverfahren sind denkbar?

Ergänzungen und Bemerkungen

- Eine Darstellung aktueller Probleme der amtlichen Statistik findet der Leser in Heft 1, 1989, des Allgemeinen Statistischen Archivs, dem Organ der Deutschen Statistischen Gesellschaft.

- Fragen der Meßbarkeit von Daten werden in systematischer Weise im Rahmen der Meßtheorie behandelt. Eine umfassende Darstellung meßtheoretischer Konzepte findet man bei Pfanzagl (1971). Eine Einführung in die Problematik der Meßgenauigkeit anhand konkreter praktischer Problemstellungen bieten auch die Beiträge im Allgemeinen Statistischen Archiv 1,1985.

- Auswahlverfahren sind besonders intensiv im Bereich der empirischen Sozialforschung von Soziologen, Pädagogen, Psychologen und Politologen diskutiert worden (vgl. z.B. Böltken (1976) oder Scheuch (1974)). Stellungnahmen zu methodischen Fragen der Auswahlverfahren finden sich auch in zahlreichen Veröffentlichungen des Statistischen Bundesamtes (vgl. die monatlich erscheinende Zeitschrift "Wirtschaft und Statistik") sowie von Meinungs- und Wirtschaftsforschungsinstituten (vgl. deren meist regelmäßig erscheinenden Publikationen). Ein Standardwerk für den deutschsprachigen Raum ist Stenger (1986). Eine leicht lesbare Einführung in Stichprobenverfahren bieten auch Schwarz (1975) sowie Henry (1990).

1.3 Methoden zur Beschreibung univariater Datensätze

Wird ein eindimensionales Merkmal X, d.h. ein Merkmal, das jeder statistischen Einheit genau eine Quantität oder Qualität zuordnet, bei n statistischen Einheiten erhoben, so ist das Ergebnis der Erhebung ein Vektor $(x_1, \ldots, x_n)$ von n Meßwerten (Beobachtungen, Antworten). Wir haben dabei — und das wollen wir auch im folgenden tun — unterstellt, daß es sich um ein nicht-häufbares Merkmal handelt, d.h. für jede statistische Einheit ist eine und nur eine Merkmalsausprägung möglich. Das Protokoll der Erhebung, das diese n Meßwerte enthält, bezeichnet man als *Urliste*, den Wertevektor selbst als *univariaten Datensatz*.

Nun wird in konkreten empirischen Untersuchungen in der Regel mehr als ein Merkmal erhoben. Der Fragebogen für die Personen bei der Volkszählung 1987 enthielt 18 teilweise mehrteilige Fragen und erfaßte somit mehr als 18 Merkmale. Man spricht dann von einem *multivariaten Datensatz*. Dennoch ist die Auswertung der Einzelmerkmale für sich, also die Analyse der mehr als 18 univariaten Datensätze, hier ebenfalls von Interesse. Methoden zur Beschreibung solcher univariater Datensätze werden wir deshalb zunächst kennenlernen.

Der Statistiker benutzt dazu Tabellen, Graphiken und Maßzahlen, bzw. Kenngrößen. Nicht verschweigen sollte man dabei, daß in einer konkreten empirischen Untersuchung die eigentliche statistische Analyse eine Reihe von sehr zeitaufwendigen Vorarbeiten voraussetzt. Die in der Urliste enthaltenen Daten sind zunächst maschinenlesbar aufzubereiten, d.h. zu kodieren, geeignet anzuordnen und sorgfältig und ausreichend zu dokumentieren; dann erfolgt die Dateneingabe (das Einlesen der Rohdaten), möglicherweise Transformationen einzelner Variablen und die Fehlerkontrolle (vgl. hierzu Chatfield (1985)).

1.3.1 Tabellendarstellung

a) Ist X ein qualitatives Merkmal und sind $A_1, \ldots, A_k$ die k verschiedenen Ausprägungen des Merkmals X, so bezeichnen wir mit $n(A_i) = n_i$ die *absolute Häufigkeit* (Anzahl) der statistischen Einheiten mit Ausprägung A_i ($i = 1, \ldots, k$). Mit

$$h_i = h(A_i) = \frac{n_i}{n}$$

bezeichnet man die *relative Häufigkeit* (Anteil) der statistischen Einheiten mit Ausprägung A_i. Die Gesamtheit der n_i bzw. h_i bezeichnet man als die eindimensionale (empirische) *Häufigkeitsverteilung* des qualitativen Merkmals X.

Für das Merkmal $X=$„Stellung im Beruf eines Erwerbstätigen der BR Deutschland 1987" werden vom Statistischen Bundesamt folgende Ausprägungen betrachtet:

A_1 „Selbständige"

A_2 „Mithelfende Familienangehörige"

A_3 „Beamte"

A_4 „Angestellte"

A_5 „Arbeiter"

Folgende Häufigkeitstabelle ergibt sich (in Tausend):

	n_i	h_i
A_1	2426	0.09341
A_2	838	0.03227
A_3	2420	0.09318
A_4	10203	0.39286
A_5	10084	0.38828
	25971	1.00000

Es gilt offensichtlich:

$$0 \leq n_i \leq n; \quad \sum_{i=1}^{k} n_i = n; \quad 0 \leq h_i \leq 1; \quad \sum_{i=1}^{k} h_i = 1.$$

b) Sei nun X ein quantitativ diskretes Merkmal mit endlich vielen verschiedenen Ausprägungen $x_1, \ldots, x_k$. Der aufmerksame Leser wird feststellen, daß wir sowohl die Daten der Urliste als auch die verschiedenen Merkmalswerte beide mit demselben Symbol x_i bezeichnen. Zur Vermeidung von Verwechslungen sei hier vereinbart: Hat die Liste der x_i die Länge n, so ist die Urliste gemeint und der Index i bezieht sich auf die zugehörige statistische Einheit, hat sie die Länge k, so sind die verschiedenen Merkmalswerte gemeint.

Wir definieren wieder jeweils für $i = 1, \ldots, k$:

- $n_i = n(x_i) =$ absolute Häufigkeit,
- $h_i = h(x_i) = \frac{n_i}{n} =$ relative Häufigkeit.

Ist X zumindest ordinalskaliert, so lassen sich die Ausprägungen in natürlicher Weise ordnen. Es ist dann sinnvoll, in der tabellierten Darstellung der Häufigkeitsverteilung die x_i der Größe nach zu ordnen und so umzunumerieren, daß $x_1 < \ldots < x_k$. In diesem Falle macht es auch Sinn, *kumulierte Häufigkeiten* zu bestimmen:

- $F(x) = \sum_{i : x_i \leq x} h_i =$ kumulierte relative Häufigkeit

Die Funktion F heißt (empirische) *Verteilungsfunktion* von X. Sie definiert für jede reelle Zahl x (nicht nur für die x_i) die kumulierte relative Häufigkeit der Merkmalsausprägungen $\leq x$. Sie ist eine monoton nicht-fallende Funktion. Offenbar reicht die Kenntnis einer der drei Gesamtheiten n_i, h_i, $F_i = F(x_i)$ ($i = 1, \ldots, k$) aus, um die jeweils anderen beiden zu rekonstruieren. In der Tabellenform werden üblicherweise alle drei Gesamtheiten angegeben.

Ergibt z.B. die Erhebung in einem Wohngebäude mit 10 Wohneinheiten folgende Kinderzahlen in den einzelnen Wohnungen (Reihenfolge gemäß Urliste):

$$0, 2, 0, 1, 4, 3, 1, 5, 1, 3$$

so erhält man folgende Tabelle:

x_i	n_i	h_i	F_i
0	2	0.2	0.2
1	3	0.3	0.5
2	1	0.1	0.6
3	2	0.2	0.8
4	1	0.1	0.9
5	1	0.1	1.0
	10	1.0	

c) Ist X ein quantitativ-stetiges oder quasi-stetiges Merkmal, und ist sowohl der Erhebungsumfang als auch die Meßgenauigkeit sehr groß, so ist vor der Tabellendarstellung der Häufigkeitsverteilung eine Klassenbildung (*Gruppierung*) vorzunehmen.

Dazu teilt man das Intervall, in dem alle Merkmalsausprägungen liegen, in Teilintervalle I_i mit Intervallgrenzen x_i^u (Untergrenze) und x_i^o (Obergrenze) ($i = 1, \ldots, k$), die sogenannten *Klassen*, auf und ermittelt die absoluten Häufigkeiten $n_i = n(I_i)$ nun nicht mehr für jede einzelne Merkmalsausprägung, sondern für jede Klasse (Klassenbesetzungszahlen). Entsprechend läßt sich für die Klassen die relative Häufigkeitsverteilung durch $h_i = h(I_i)$ und die kumulierte Häufigkeitsverteilung durch $F_i = F(x_i^o) = \sum_{j=1}^{i} h_j$ ermitteln. Dabei werden in der Regel die relativen Häufigkeiten der Klassenmitte x_i^*, die kumulierten Häufigkeiten den jeweiligen Klassenendpunkten x_i^o zugeordnet.

Bei der Festlegung der Klassengrenzen ist darauf zu achten, daß:

- jede beobachtete Merkmalsausprägung in eine und nur eine Klasse fällt,

- hinsichtlich der zu untersuchenden Fragestellung möglichst homogene Klassen gebildet werden,

- die *Klassenbreiten* $\Delta x_i = x_i^o - x_i^u$ ($i = 1, \ldots, k$) nicht notwendigerweise gleich sein müssen (oft werden offene Randklassen $x \leq x_1^o$ (d.h. $x_1^u = -\infty$) bzw. $x > x_k^u$ (d.h. $x_k^o = \infty$) benutzt),

- die Beobachtungen bei der Benutzung von Sekundärstatistiken oft nur in gruppierter Form vorliegen und die vorgegebenen Klassengrenzen dann nur übernommen oder benachbarte Klassen zusammengefaßt werden können.

Beispielsweise enthält der Datenreport 1989 des Statistischen Bundesamtes Eckdaten zur Bevölkerungsstruktur der BR Deutschland am 25. Mai 1987 gruppiert nach Altersklassen (in Tausend), woraus sich folgende Tabellendarstellung der entsprechenden Häufigkeiten ergibt:

i	Alter in Jahren	n_i	h_i	F_i
1	$x \leq 14$	8903	0.146	0.146
2	$15 \leq x \leq 39$	23149	0.379	0.525
3	$40 \leq x \leq 64$	19677	0.322	0.847
4	$65 \leq x$	9348	0.153	1.000
		61077	1.000	

1.3.2 Graphische Darstellung

a) Zeitschriften und Zeitungen benutzen zur Veranschaulichung statistischer Zahlen gerne sogenannte *Piktogramme*. So werden unterschiedliche Einkommen in verschiedenen Ländern durch entsprechend unterschiedlich hohe Münzstapel oder unterschiedliche Schiffstonnagen durch verschieden

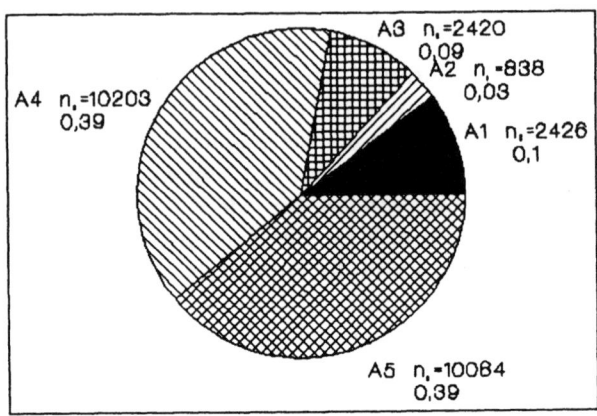

Abbildung 1.1: Kreisdiagramm

große Schiffe dargestellt. Dabei wird aber bereits ein Problem deutlich: Flächen, Höhen oder Volumina werden unterschiedlich wahrgenommen. Krämer (1991), Kapitel 9, zeigt Beispiele für solche „frisierte" Piktogramme, die zu falschen Schlüssen verleiten können (sollen?).

b) Für die Darstellung der relativen Häufigkeiten eines qualitativen Merkmals eignet sich das *Kreisdiagramm* (Kuchendiagramm). Dabei werden die relativen Häufigkeiten durch entsprechend große Kreissektoren repräsentiert. Für das Beispiel „Stellung im Beruf" ergibt sich Abbildung 1.1.

c) Zur Veranschaulichung der (absoluten, relativen oder kumulierten) Häufigkeitsverteilung eines quantitativen Merkmals X bieten sich folgende graphische Darstellungen an. Trägt man auf der Abszisse eines Koordinatensystems die verschiedenen Merkmalsausprägungen x_i und auf der Ordinate die Häufigkeiten ab, so erhält man im Falle ungruppierter Daten für die absolute und relative Häufigkeitsverteilung je ein *Stabdiagramm* (siehe Abbildung 1.2), für die kumulierte Häufigkeitsverteilung eine monoton nicht-abnehmende *Treppenfunktion* (siehe Abbildung 1.3). Im Falle gruppierter Daten wählt man die *Histogrammdarstellung*: Man trägt über jeder Klasse I_i mit der Klassenmitte x_i^* eine Säule (Rechteck) ab, deren Höhe f_i so gewählt wird, daß die Rechteckfläche der Säule gleich der relativen Häufigkeit der Klasse ist. Ist Δx_i die Klassenbreite der Klasse mit der Klassenmitte x_i^*, so erhält man für die Höhe der entsprechenden Säule also

$$f_i = \frac{h_i}{\Delta x_i} = \frac{n_i}{n \Delta x_i}.$$

Die Funktion f, die jeder Klasse I_i die Werte f_i zuordnet, bezeichnet

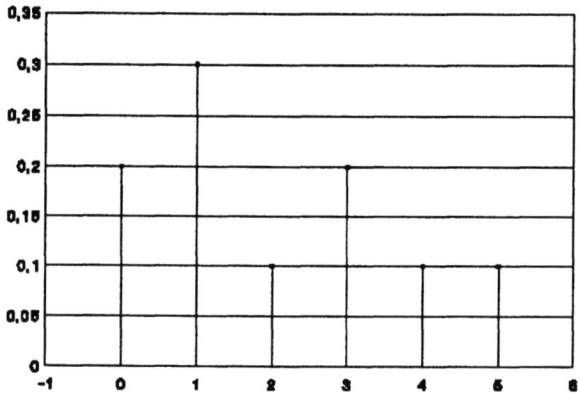

Abbildung 1.2: Stabdiagramm

man als *Dichtefunktion*. Im Koordinatensystem trägt man dann auf der Ordinate diese sogenannten *Dichten* f_i ab. Verbindet man die Mitten der oberen Rechteckseiten, so erhält man als weitere graphische Darstellung der Verteilung im gruppierten Fall das sogenannte *Häufigkeitspolygon* (siehe Abbildung 1.4). Für die kumulierte Häufigkeitsverteilung erhält man einen *Polygonzug*, indem man die Verteilungsfunktion innerhalb der Klassen linear interpoliert; dabei müssen offene Randklassen geeignet abgeschlossen werden. Der Polygonzug entsteht, indem man die Punkte

$$(x_1^u, 0), (x_1^o, F_1), \ldots, (x_{k-1}^o, F_{k-1}), (x_k^o, 1)$$

im Koordinatensystem durch einen Streckenzug verbindet und vom letzten Punkt an nach rechts eine Horizontale in Höhe 1 zeichnet. Die Horizontale in Höhe 0 links vom ersten Punkt fällt mit der Abszisse zusammen (siehe Abbildung 1.5).

d) Eine graphisch-tabellarische Darstellung stellen die von Tukey eingeführten *Stengel-und-Blätter Diagramme* (stem-and-leaf display) dar (vgl. auch Hoaglin/Mosteller/Tukey (1983)). Hierzu teilt man die Beobachtungswerte in Abhängigkeit von Meßgenauigkeit und Untersuchungszweck in Haupt- (Stengel) und Nebenwert (Blatt) auf, also z.B. 70.6 → 70|6 oder 78430 → 78|430. So ergibt sich für die Lebenserwartung männlicher Neugeborener in europäischen Ländern (Quelle: Statistisches Jahrbuch 1991 für das Ausland) das folgende Schema:

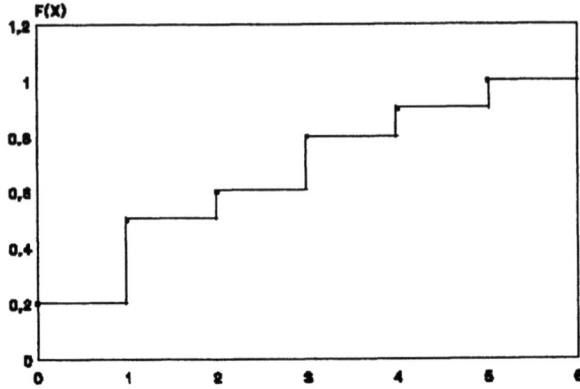

Abbildung 1.3: Treppenfunktion

63	4	Türkei
64	2	SU
65		
66	1	Ungarn
67	1 4 6	Rum., Polen, CSFR
68	3 5	Bulg., Jugosl.
69		
70	0 6 7 7 9	...,ehem. DDR,...
71	6 8	
72	0 1 1 5 7 8	...,ehem. BRD,...
73	1 1 7 9	
74	1 2 5	Griech., Schweden, Island

Analog zum Histogramm lassen sich aus dieser Darstellung eine Reihe von Informationen herleiten:

- Es gibt drei recht homogene Ländergruppen hinsichtlich der Lebenserwartung in Europa.
- Die Lebenserwartung steigt tendenziell vom Südosten zum Nordwesten Europas an (Ausnahme Griechenland).

1.3.3 Maßzahlen

a) Maßzahlen der Lage (*Lageparameter*) sind Maßzahlen, die die Lage der Merkmalsausprägungen kennzeichnen sollen. Die wichtigsten Lageparameter sind das *arithmetische Mittel* $\bar{x}$, der *Median* oder Zentralwert x_Z und der *Modus* oder Modalwert x_M.

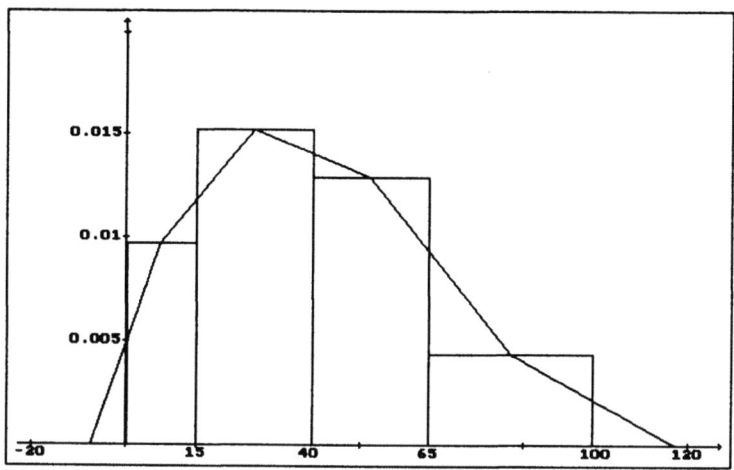

Abbildung 1.4: Histogramm und Häufigkeitspolygon

Das für kardinalskalierte Merkmale definierte **arithmetische Mittel**

$$\bar{x} = \frac{1}{n}\sum_{i=1}^{n} x_i = \frac{1}{n}\sum_{i=1}^{k} x_i n_i = \sum_{i=1}^{k} x_i h_i$$

wird oft auch als durchschnittliche Merkmalsausprägung bezeichnet. Im gruppierten Fall, sofern die einzelnen Merkmalsausprägungen in den Klassen nicht mehr bekannt sind, definiert man ersatzweise

$$\bar{x} = \frac{1}{n}\sum_{i=1}^{k} x_i^* n_i = \sum_{i=1}^{k} x_i^* h_i .$$

Das arithmetische Mittel $\bar{x}$ hat folgende Eigenschaften:

- $\bar{x}$ gibt den Wert an, den jede statistische Einheit aufweisen müßte, wenn bei gegebener Merkmalssumme jede statistische Einheit die gleiche Merkmalsausprägung hätte.
- $\bar{x}$ fällt möglicherweise auf einen nicht beobachteten oder sogar nicht beobachtbaren Wert.
- *Transformationseigenschaft*: Ist $y_i = a + bx_i$ $(i = 1,\ldots n)$, dann gilt $\bar{y} = a + b\bar{x}$.
- *Additivitätseigenschaft*: Sind $x_1,\ldots,x_n$ und $y_1,\ldots,y_n$ zwei Meßreihen mit den jeweiligen arithmetischen Mitteln $\bar{x}$ und $\bar{y}$, so hat die Meßreihe $x_1 + y_1,\ldots,x_n + y_n$ das arithmetische Mittel $\bar{x} + \bar{y}$.
- *Schwerpunktseigenschaft*: $\sum_{i=1}^{n}(x_i - \bar{x}) = 0$.

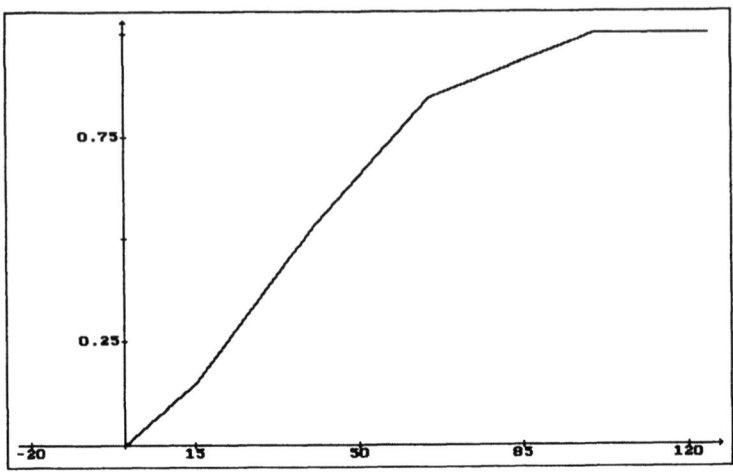

Abbildung 1.5: Polygonzug

- *Optimalitätseigenschaft*: $\min_a \sum_{i=1}^n (x_i - a)^2 = \sum_{i=1}^n (x_i - \bar{x})^2$.
- $\bar{x}$ ist *ausreißerempfindlich*, d.h. große (kleine) einzelne Werte beeinflussen $\bar{x}$ stark; $\bar{x}$ ist nicht *robust*.
- *Zerlegungssatz*: Werden die ursprünglich ungruppierten Daten mit arithmetischem Mittel $\bar{x}$ in k Klassen mit jeweiligen Klassenmittelwerten $\bar{x}_i$ (arithmetisches Mittel der Daten in Klasse i) und relativen Klassenhäufigkeiten h_i gruppiert, so gilt

$$\bar{x} = \sum_{i=1}^k \bar{x}_i h_i.$$

Im Allgemeinen gilt: $\sum_i \bar{x}_i h_i \neq \sum_i x_i^* h_i$.

Ein Merkmal, das genau zwei Ausprägungen annehmen kann, wird als *dichotom* (binär, 0-1-Variable, Dummy) bezeichnet. Kodiert man die beiden Ausprägungen mit 0 bzw. 1, so gibt $\bar{x}$ den Anteil der Merkmalsträger mit Ausprägung 1 an und wird deshalb auch mit p bezeichnet.

Der **Median** ist ein Spezialfall der sogenannten *Fraktile* und für mindestens ordinal skalierte Merkmale definiert: Ist p ein Anteilswert $0 < p < 1$, so ist das p-Fraktil (oder $(100p)\%$-Punkt) derjenige Wert $x_{(p)}$, für den gilt:

$$F(x) < p \text{ für alle } x < x_{(p)} \text{ und } F(x) > p \text{ für alle } x > x_{(p)}$$

Für gruppierte Daten ist somit $x_{(p)}$ die Abszisse des Schnittpunkts einer Horizontalen in Höhe p mit dem Polygonzug, also (durch Interpolation):

$$x_{(p)} = x_i^u + \frac{p - F_{i-1}}{F_i - F_{i-1}} \Delta x_i,$$

wobei i die Klassennummer mit $F_{i-1} \leq p \leq F_i$ ($F_0 := 0$) ist. Im ungruppierten Fall gibt es zwei Möglichkeiten (siehe Abbildung 1.6):

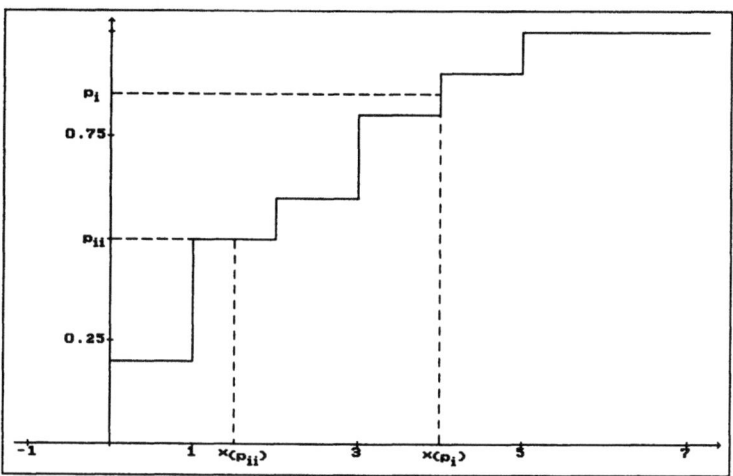

Abbildung 1.6: Fraktile

(i) Die Horizontale in Höhe p schneidet die Treppenfunktion an einer Senkrechten zwischen zwei Stufenhöhen an der Stelle x_i, d.h. $F_{i-1} < p < F_i$ ($F_0 := 0$). Dann ist $x_{(p)} = x_i$.

(ii) Die Horizontale in Höhe p ist genau in Höhe einer Stufe der Treppenfunktion über dem Intervall $[x_i, x_{i+1})$, d.h. $F_i = p$. In diesem Fall erfüllt jeder Wert in diesem Intervall die Fraktildefinition; man wählt die Mitte $x_{(p)} = \frac{1}{2}(x_i + x_{i+1})$.

Der Median ist gerade das 0.5-Fraktil, der 50%-Punkt. Im ungruppierten Fall kann der Median auch so ermittelt werden: die Merkmalsausprägungen in der Urliste werden der Größe nach geordnet: $x_{[1]} \leq \ldots \leq x_{[n]}$. Dabei ist jede Merkmalsausprägung so oft aufgeführt, wie sie beobachtet wurde und $x_{[i]}$ bezeichnet den Merkmalswert an der i-ten Stelle der geordneten Reihe. Man definiert:

$$x_Z = \left\{ \begin{array}{ll} x_{[(n+1)/2]} & n \text{ ungerade} \\ \frac{1}{2}\left(x_{[n/2]} + x_{[1+(n/2)]}\right) & n \text{ gerade} \end{array} \right\}$$

Der Median x_Z hat folgende Eigenschaften:

- x_Z teilt die Meßreihe in zwei Hälften (50%-Punkt).
- x_Z berücksichtigt lediglich die Rangordnung der Meßwerte, nicht den absoluten Wert.

- x_Z ist robuster als $\bar{x}$.
- *Optimalitätseigenschaft*: $\min_a \sum_{i=1}^n |x_i - a| = \sum_{i=1}^n |x_i - x_Z|$.

Weitere wichtige Fraktile sind die *Quartile* $Q_1 = x_{(0.25)}$ (1. Quartil), $Q_2 = x_Z$ (2. Quartil) und $Q_3 = x_{(0.75)}$ (3. Quartil).

Der **Modus** (Modalwert) x_M schließlich ist definiert als der häufigste (im ungruppierten Fall) bzw. dichteste (im gruppierten Fall) Wert: $x_M = x_{i_0}$, falls $h(x_{i_0}) \geq h(x_i)$ für alle i (ungruppiert), bzw. $x_M = x_{i_0}^*$, falls $f_{i_0} \geq f_i$ für alle i (gruppiert). Seine Ermittlung setzt lediglich Nominalskalenniveau voraus. x_M ist jedoch nur bei sogenannten eingipfligen (*unimodalen*) Verteilungen (i_0 ist eindeutig bestimmt) eine sinnvolle Maßzahl der Lage. Der Modus x_M hat folgende Eigenschaften:

- x_M ist ausreißerunempfindlich.
- $\min_a \sum_{i=1}^n \chi_0(x_i - a) = \sum_{i=1}^n \chi_0(x_i - x_M)$, wobei χ_0 die Funktion ist, für die $\chi_0(0) = 0$ und $\chi_0(x) = 1$ für $x \neq 0$ gilt.
- Lokale Modalwerte (lokale Häufigkeits- bzw. Dichtemaxima) sind nur für mindestens ordinal skalierte Merkmale definiert.

Die Fechnersche Lageregel besagt: Ist eine Verteilung unimodal, so gilt (siehe auch die Abbildung 1.7):

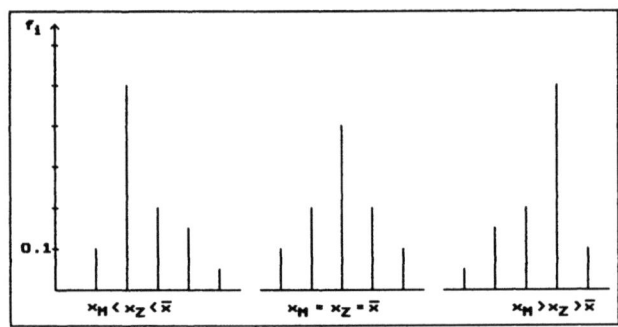

Abbildung 1.7: Rechtsschiefe, symmetrische, linksschiefe Verteilung

$x_M < x_Z < \bar{x}$: rechtsschiefe (linkssteile) Verteilung
$x_M = x_Z = \bar{x}$: symmetrische Verteilung
$x_M > x_Z > \bar{x}$: linksschiefe (rechtssteile) Verteilung

b) Maßzahlen der Streuung (*Streuungsparameter*) sollen die relative Lage aller Merkmalsausprägungen zu den Lageparametern kennzeichnen. Je enger sich die Beobachtungswerte um einen Lageparameter gruppieren, desto aussagekräftiger ist dieser. Das einfachste (aber ausreißerempfindlichste) Streuungsmaß ist die **Spannweite** (range):

$$R = \left\{ \begin{array}{ll} x_k - x_1 & \text{für ungruppierte Daten} \\ x_k^o - x_1^u & \text{für gruppierte Daten.} \end{array} \right\}$$

Eine „gestutzte" und robustere Maßzahl für die Streuung ist die **Quartilsabweichung**

$$QA = \tfrac{1}{2}((Q_3 - x_Z) + (x_Z - Q_1)) = \tfrac{1}{2}(Q_3 - Q_1)$$

Die **durchschnittliche absolute Abweichung** (vom Median) d ist definiert als

$$d = \left\{ \begin{array}{ll} \frac{1}{n}\sum_{i=1}^{k} |x_i - x_Z|n_i & \text{für ungruppierte Daten} \\ \frac{1}{n}\sum_{i=1}^{k} |x_i^* - x_Z|n_i & \text{für gruppierte Daten.} \end{array} \right\}$$

Mathematisch einfacher zu handhaben und durch verschiedene formale Eigenschaften ausgezeichnet ist die **Varianz**

$$s^2 = \left\{ \begin{array}{ll} \frac{1}{n}\sum_{i=1}^{k}(x_i - \bar{x})^2 n_i & \text{für ungruppierte Daten} \\ \frac{1}{n}\sum_{i=1}^{k}(x_i^* - \bar{x})^2 n_i & \text{für gruppierte Daten.} \end{array} \right\}$$

Es gilt nämlich:

- *Transformationseigenschaft*:

$$y_i = a + bx_i \ (i = 1, \ldots, n) \Rightarrow s_Y^2 = b^2 s_X^2.$$

- *Verschiebungssatz*: $s^2 = \overline{x^2} - \bar{x}^2$; dabei ist $\overline{x^2}$ das arithmetische Mittel des Merkmals X^2.

- *Streuungszerlegungssatz*: Werden die ursprünglich ungruppierten Daten mit Varianz s^2 und arithmetischem Mittel $\bar{x}$ in k Klassen mit relativen Klassenhäufigkeiten h_i sowie arithmetischen Mitteln $\bar{x}_i$ und Varianzen s_i^2 der Daten der jeweiligen Klasse $i, i = 1, \ldots, k$, gruppiert, so gilt:

$$s^2 = s_{int}^2 + s_{ext}^2 = \sum_{i=1}^{k} s_i^2 h_i + \sum_{i=1}^{k} (\bar{x}_i - \bar{x})^2 h_i.$$

Dabei bezeichnet man mit s_{int}^2 die Streuung innerhalb der Klassen (interne Varianz) und mit s_{ext}^2 die Streuung zwischen den Klassen (externe Varianz). Eine Gruppierung in relativ homogene Klassen zeichnet sich dadurch aus, daß s_{int}^2 klein und s_{ext}^2 groß relativ zu s^2 sind.

Ein aus der Varianz abgeleitetes Streuungsmaß ist die **Standardabweichung** $s = +\sqrt{s^2}$. Sie besitzt die gleiche Dimension wie die Meßwerte.

Einen maßstabsunabhängigen Streuungsparameter erhält man für ausschließlich positive Ausprägungen durch den **Variationskoeffizienten** $VC = s/\bar{x}$, der gern zum Vergleich der Streuungen zweier unterschiedlich dimensionierter Meßreihen herangezogen wird.

Ein Merkmal T heißt *standardisiert*, wenn $\bar{t} = 0$ und $s_T^2 = 1$ gilt. Offensichtlich läßt sich jedes Merkmal X mit beliebigem arithmetischen Mittel $\bar{x}$ und beliebiger Varianz $s_X^2 \neq 0$ durch die Transformation $T = (X - \bar{x})/s_X$ standardisieren.

c) Arithmetisches Mittel und Varianz sind spezielle *Momente* : Allgemein ist nämlich $\overline{(x - c)^r} = \frac{1}{n}\sum_{i=1}^{n}(x_i - c)^r$ als *r-tes Moment um c* definiert. Für $c = 0$ und $r = 1$ erhält man $\bar{x}$, für $c = \bar{x}$ (zentrales Moment) und $r = 2$ erhält man s^2. Die höheren Momente charakterisieren die Form der Verteilung näher: Das 3. zentrale Moment ($r = 3$, $c = \bar{x}$) ist z.B. ein Maß für die Schiefe der Verteilung. Es gilt nämlich:

$$\sum_{i=1}^{n}(x_i - \bar{x})^3 \begin{cases} < 0 & \text{linksschiefe Verteilung} \\ = 0 & \text{symmetrische Verteilung} \\ > 0 & \text{rechtsschiefe Verteilung} \end{cases}$$

d) Die von Tukey (1977) vorgeschlagenen Kastenschaubilder (Box- und Whisker-Plots) geben einen instruktiven visuellen Eindruck von Streuung und Lage der Ausprägungen eines Merkmals. Dazu werden Extremwerte, Ausreißer, Median und Quartile in ein Diagramm eingezeichnet.

Aufgabe 1.3/1

a) Welches Skalenniveau setzt die Erstellung der kumulierten Häufigkeitsverteilung voraus?

b) Welche implizite Annahme liegt der Konstruktion der relativen Häufigkeitsverteilung sowie der kumulierten Häufigkeitsverteilung im Falle gruppierter Daten zugrunde?

c) Welche Informationen entnehmen Sie folgender Pressemitteilung:
„Das Deutsche Institut für Wirtschaftsforschung (DIW), Berlin, hat berechnet, daß das im Durchschnitt verfügbare Einkommen je Familie von 1728 DM je Monat 1970 bis 1979 auf 3401 DM geklettert ist. ...Die meisten Familien gab es mit verfügbarem Monatseinkommen von 1900 DM, jede zweite Familie hatte ein Einkommen von weniger als 2700 DM ..."
(Süddeutsche Zeitung vom 18.9.1980). Charakterisieren Sie die Verteilung hinsichtlich der Schiefe näher!

d) „Absolut durchschnittlich zu bleiben, ist Wunsch und Stolz der Mitglieder des in Kalifornien gegründeten Vereins langweiliger Leute. Sie haben es satt, um jeden Preis mit der Mode mitzuhalten, auf Parties mit dem nicht vorhandenen Geist brillieren zu sollen und sich beständig als toller Typ verkaufen zu müssen. Ihre Sehnsucht ist es, sich im Garten ihres Häuschens mit Hund, Weib und Kind bei einer Dose Bier zu entspannen ..." (Süddeutsche Zeitung vom 31.12.1980).
Welche Fragen würden Sie als statistisch Vorgebildeter dem Vereinsvorstand stellen?

Aufgabe 1.3/2
„Frauen handeln gefühlsbetont, Männer rational" — „Deutsche verstehen zu organisieren, Italiener verstehen zu improvisieren". Was haben diese Aussagen mit dem Streuungszerlegungssatz zu tun?

Aufgabe 1.3/3
Eine Umfrage ergibt, daß von 100 Personen 20 Personen keine Urlaubsreise, 50 Personen genau eine Urlaubsreise, 10 Personen zwei Urlaubsreisen, 10 Personen 3 Urlaubsreisen und 10 Personen 4 Urlaubsreisen im Jahr 1980 unternommen haben.

a) Erstellen Sie die Häufigkeitsverteilung für diese Stichprobe.
b) Geben Sie eine graphische Darstellung der relativen sowie der kumulierten Häufigkeitsverteilung.
c) Gruppieren Sie die Daten, indem Sie die Personen, die weniger als zwei Urlaubsreisen unternommen haben, zu einer Klasse zusammenfassen; eine zweite Klasse bilden die Personen, die mehr als eine, aber weniger als vier Urlaubsreisen unternahmen und schließlich eine letzte Gruppe die Personen, die mehr als dreimal verreisten, aber weniger als sechsmal. Erstellen Sie für diese gruppierten Daten wieder die Häufigkeitstabelle und wählen Sie eine geeignete graphische Darstellung.

Aufgabe 1.3/4
Bei einer Personenbefragung wurden folgende jährliche Ausgaben (in DM) für Reisen ermittelt:

900, 2000, 1500, 1900, 2600, 5000, 1000, 2000, 1000, 3100.

a) Ermitteln Sie arithmetisches Mittel, Median und Modus dieses Datensatzes.
b) Gruppieren Sie den Datensatz unter Verwendung folgender Klassengrenzen: bis 1000 DM; mehr als 1000 DM, aber höchstens 2000 DM; mehr als 2000 DM, aber höchstens 3500 DM; mehr als 3500 DM. Erstellen Sie für diese gruppierten Werte die absolute, relative und kumulierte Häufigkeitsverteilung.

c) Ermitteln Sie aus den gruppierten Daten arithmetisches Mittel und Median (die Klassenuntergrenze der ersten Klasse sei mit 0, die Klassenobergrenze der letzten Klasse mit 7500 festgelegt).

Aufgabe 1.3/5

a) Welcher der drei Lageparameter — Modus, Median, arithmetisches Mittel — reagiert auf „Ausreißerwerte" am empfindlichsten?
b) Das statistische Amt einer Stadt gibt an, daß durchschnittlich 2.5 Personen in einem Haushalt leben und 25% der Haushalte Einpersonenhaushalte seien. Wieviele Personen leben in dieser Stadt durchschnittlich in einem Mehrpersonenhaushalt?
c) Nehmen Sie begründet Stellung zu folgender Aussage: Die mittlere Abweichung $\frac{1}{n}\sum_{i=1}^{n}(x_i-\bar{x})$ der Werte eines Merkmals von ihrem arithmetischen Mittel ist ein Maß für die Streuung dieser Werte.
d) Für ein Merkmal wurden sowohl das arithmetische Mittel der Quadrate der Abweichungen der Merkmalswerte von ihrem Median als auch die Varianz ermittelt. Es ergaben sich hierfür die Zahlen 100 und 120. Welches ist der Wert für die Varianz? (Begründung!)
e) Eine Maschine produziert quadratische Platten von durchschnittlicher Seitenlänge 1 m und durchschnittlicher Fläche 1.5 m². Berechnen Sie mit Hilfe des Verschiebungssatzes die Varianz der Seitenlänge.

Aufgabe 1.3/6

Gegeben seien folgende zwei Datensätze:

Datensatz i	n_i	$\bar{x}_i$	s_i^2
1	100	20	16
2	200	5	4

Bestimmen Sie arithmetisches Mittel und Varianz des Datensatzes, der aus allen statistischen Einheiten beider Datensätze besteht.

Aufgabe 1.3/7

Die Verteilung der Lebensdauer X von 100 Haushaltsgeräten sei durch folgende Tabelle gegeben:

Lebensdauer in Jahren	Häufigkeit
$0 < x \leq 2$	10
$2 < x \leq 4$	40
$4 < x \leq 5$	20
$5 < x \leq 7$	30

Berechnen Sie die durchschnittliche Lebensdauer eines solchen Haushaltsgerätes sowie den Wert eines geeigneten Streuungsmaßes.

Aufgabe 1.3/8
In 16 Heimspielen des 1. FC Kaiserslautern waren durchschnittlich 20000 Zuschauer im Stadion am Betzenberg.

a) Wie viele Zuschauer müssen zum letzten noch ausstehenden Heimspiel kommen, damit der vom Vereinsvorstand kalkulierte Zuschauerschnitt von 21000 in dieser Saison erreicht wird?
b) Folgende Übersicht über die Zuschauerzahlen wurde vom Vereinsvorstand der Presse übergeben:

Zuschauerzahlen	Zahl der Heimspiele
0 – 10000	4
10000 – 20000	8
20000 – 40000	4

Erstellen Sie das zugehörige Histogramm.

Aufgabe 1.3/9
In 6 Ställen stehen jeweils 10 Pferde. Das Merkmal $X=$„Anzahl der Schimmel im Stall" habe für die einzelnen Ställe folgende Ausprägungen:

Stall i	1	2	3	4	5	6
x_i	3	4	2	a	3	5

Nennen Sie jeweils alle Werte von $x_4 = a$, für die jeweils gilt:

(a) $3 =$ Arithmetisches Mittel von X.
(b) $3 =$ Median von X.
(c) Die Verteilung von X ist unimodal mit Modus 3.

Aufgabe 1.3/10
Laut Veröffentlichung des Statistischen Bundesamtes (Fachserie 1, Reihe 4.2.1, Struktur der Arbeitnehmer, 30.9.1990, erschienen 6/1991) waren von den sozialversicherungspflichtig beschäftigten Arbeitnehmern 13.4439 Millionen männlich und 9.4371 Millionen weiblich. 1.8377 Millionen waren Ausländer. Nach der Stellung im Beruf sind 11.5482 Millionen Arbeiter und 11.3328 Millionen Angestellte zu unterscheiden. 2.4269 Millionen Personen gingen einer Teilzeitbeschäftigung nach, davon 0.4173 Millionen unter 18 Stunden.

a) Stellen Sie die Aufteilung der sozialversicherungspflichtig beschäftigten Arbeitnehmer nach dem Geschlecht, der Staatsangehörigkeit, der Stellung im Beruf und der Beschäftigungszeit jeweils graphisch dar.
b) Wie groß ist der Anteil der Teilzeitbeschäftigten mit mehr als 18 Stunden Arbeitszeit unter allen bzw. unter den teilzeitbeschäftigten sozialversicherungspflichtigen Arbeitnehmern?

Ergänzungen und Bemerkungen

- Hinweise zur Literatur und zur Vorgehensweise in der explorativen Datenanalyse finden sich in Biehler (1982) und Rutsch (1986).

- Die Tatsache, daß Einkommensverteilungen in der Regel rechtsschief sind, machen sich verschiedene Interessengruppen zunutze. So bevorzugen gewerkschaftsnahe Kreise x_M, industrienahe Kreise $\bar{x}$ als Durchschnittswerte für Einkommen von Arbeitern bei Veröffentlichungen.

- In der klassischen Statistik geht man davon aus, daß alle Meßwerte exakt und fehlerlos gemessen werden können. Robustheitsfragen spielen hier deshalb eine eher untergeordnete Rolle. In der Praxis kann dies jedoch anders aussehen (vgl. Hampel (1980) oder Huber (1981) zu robusten Methoden; eine erste Einführung findet sich auch in Hartung/Elpelt/Klösener (1991)).

1.4 Methoden zur Beschreibung bivariater Datensätze

In diesem Abschnitt wollen wir den Fall bivariater Datensätze betrachten; d.h. zwei Merkmale X bzw. Y sind bei jeder statistischen Einheit erhoben worden (*verbundene Erhebung*). Die Urliste besteht aus n Beobachtungspaaren (x_i, y_i) $(i = 1, \ldots, n)$. Diese lassen sich durch $(2 \times n)$-Matrizen (bivariater Datensatz) darstellen:

$$\begin{pmatrix} x_1 & y_1 \\ \vdots & \vdots \\ x_n & y_n \end{pmatrix}$$

Sowohl X als auch Y können nominal-, ordinal- oder kardinalskalierte Merkmale sein. Da das niedrigere Skalierungsniveau die anwendbare Analysemethode bestimmt, sind drei Techniken zur Analyse der Beziehungen zwischen den beiden Merkmalen vorzustellen:

- *Kontingenzanalyse*, falls eines der Merkmale nominalskaliert ist,

- *Rangkorrelationsanalyse*, falls eines der Merkmale ordinal-, keines aber nominalskaliert ist,

- *Regressions-* und *Korrelationsanalyse*, falls beide Merkmale kardinalskaliert sind.

Dabei nimmt die Regressionsanalyse insofern eine Sonderstellung ein, als hier die beiden Variablen in eine abhängige und eine unabhängige Variable eingeteilt werden.

1.4.1 Nominalskalierte bivariate Merkmale

a) *Kontingenztabelle*

Die Merkmale X, Y seien qualitativ oder quantitativ mit gruppierten Ausprägungen, so daß nur nominalskalierte Daten vorliegen. Zur Vereinfachung nehmen wir an, daß jeweils nur endlich viele Ausprägungen auftreten können. Mit $x_1, \ldots, x_k$ bzw. $y_1, \ldots, y_l$ bezeichnen wir die *verschiedenen* Ausprägungen von X bzw. Y. Es gelte $k, l < \infty$ aber nicht notwendigerweise $k = l$. Wir definieren dann:

- $n_{ij} = n(x_i, y_j)$, die Anzahl der statistischen Einheiten mit Ausprägungspaar (x_i, y_j) ($i = 1, \ldots, k; j = 1, \ldots, l$), sind die *gemeinsamen absoluten Häufigkeiten* des zweidimensionalen Merkmals (X, Y).

- $h_{ij} = h(x_i, y_j) = n_{ij}/n$, der Anteil der statistischen Einheiten mit Ausprägung (x_i, y_j) ($i = 1, \ldots, k; j = 1, \ldots, l$), sind die *gemeinsamen relativen Häufigkeiten* von (X, Y).

- $F(x, y) = h(X \leq x, Y \leq y) = \sum_{i: x_i \leq x} \sum_{j: y_j \leq y} h_{ij}$ definiert die *gemeinsame (empirische) Verteilungsfunktion* von (X, Y); sie ist für jedes Paar (x, y) reeller Zahlen definiert.

Jede der drei beschriebenen Gesamtheiten legt die gemeinsame Häufigkeitsverteilung von (X, Y) fest. Es gelten die folgenden Eigenschaften:

$$0 \leq n_{ij} \leq n$$
$$0 \leq h_{ij}, F(x, y) \leq 1.$$

Eine übersichtliche Tabellendarstellung ergibt sich durch die Kontingenztabelle

$x \backslash y$	y_1	$\cdots$	y_j	$\cdots$	y_l	
x_1	n_{11}	$\cdots$	n_{1j}	$\cdots$	n_{1l}	$n_{1.}$
$\vdots$	$\vdots$		$\vdots$		$\vdots$	$\vdots$
x_i	n_{i1}	$\cdots$	n_{ij}	$\cdots$	n_{il}	$n_{i.}$
$\vdots$	$\vdots$		$\vdots$		$\vdots$	$\vdots$
x_k	n_{k1}	$\cdots$	n_{kj}	$\cdots$	n_{kl}	$n_{k.}$
	$n_{.1}$	$\cdots$	$n_{.j}$	$\cdots$	$n_{.l}$	n

bzw. durch das Eintragen der relativen Häufigkeiten anstelle der absoluten in die obige Tabelle.

$$n_{i.} = \sum_{j=1}^{l} n_{ij} = n(x_i)$$

liefert für $i = 1, \ldots, k$ die absolute Häufigkeit für $X = x_i$ (ohne Rücksicht auf den Y-Wert), die *Randverteilung von X*.

$$n_{.j} = \sum_{i=1}^{k} n_{ij} = n(y_j)$$

liefert für $j = 1, \ldots, l$ die absolute Häufigkeit für $Y = y_j$ (ohne Rücksicht auf den X-Wert), die *Randverteilung von Y*. Es gilt:

$$\sum_{j=1}^{l} n_{.j} = \sum_{i=1}^{k} n_{i.} = \sum_{i=1}^{k} \sum_{j=1}^{l} n_{ij} = n$$

für nicht-häufbare Merkmale.

Als Beispiel sei die Bevölkerung (in Tausend) der BR Deutschland zum 25. 5. 1987 laut Volkszählung gegliedert nach Altersgruppen (X) und Geschlecht (Y) (Quelle: Statistisches Bundesamt) betrachtet. Als Kontingenztabelle erhält man für die absoluten Häufigkeiten

$x \backslash y$	w	m	$n_{i.}$
unter 15	4336	4567	8903
15 – 39	11320	11829	23149
40 – 64	9957	9720	19677
über 64	6142	3206	9348
$n_{.j}$	31755	29322	61077

und die relativen Häufigkeiten

$x \backslash y$	w	m	$h_{i.}$
unter 15	0.071	0.075	0.146
15 – 39	0.185	0.194	0.379
40 – 64	0.163	0.159	0.322
über 64	0.101	0.052	0.153
$h_{.j}$	0.520	0.480	1.000

Als graphische Darstellung dient für

- die gemeinsamen relativen Häufigkeiten ein Stabdiagramm,
- die gemeinsame Verteilungsfunktion eine Treppenfunktion

über der x-y-Ebene.

b) *Bedingte Häufigkeiten*

Fragen wir nach dem Anteil der 40–64-jährigen Personen unter der weiblichen Bevölkerung in der BR Deutschland zum 25. 5. 1987, so ergibt sich aufgrund obiger Angaben:

$$h(40 \leq X \leq 64 \mid Y = w) = \frac{9957}{31755} = \frac{0.163}{0.520} = 0.314.$$

Solche Häufigkeiten, die sich auf eine Teilgesamtheit der ursprünglich erhobenen statistischen Einheiten beziehen, nennt man *bedingte Häufigkeiten*. Allgemein erhalten wir

$$h(X = x_i \mid Y = y_j) = h(x_i|y_j) = \frac{n_{ij}}{n_{.j}} = \frac{h_{ij}}{h_{.j}}$$

als *bedingte Häufigkeit von* x_i *gegeben* $Y = y_j$. Die Gesamtheit dieser bedingten Häufigkeiten der x_i liefert für jedes y_j ($j = 1, \ldots, l$) eine bedingte (Häufigkeits-)Verteilung von X. Es gibt also l bedingte Verteilungen von X. Analog liefert

$$h(Y = y_j \mid X = x_i) = h(y_j|x_i) = \frac{n_{ij}}{n_{i.}} = \frac{h_{ij}}{h_{i.}}$$

(die *bedingte Häufigkeit von* y_j *gegeben* $X = x_i$) für jedes x_i ($i = 1, \ldots, k$) eine bedingte (Häufigkeits-)Verteilung von Y. Es gibt also k bedingte Verteilungen von Y.

Für unser Beispiel erhalten wir die folgenden bedingten Verteilungen:

$h(x_i|y_j)$

x \ y	w	m
unter 15	0.137	0.156
15 – 39	0.356	0.403
40 – 64	0.314	0.331
über 64	0.193	0.110
	1.000	1.000

$h(y_j|x_i)$

x \ y	w	m	
unter 15	0.487	0.513	1.000
15 – 39	0.489	0.511	1.000
40 – 64	0.506	0.494	1.000
über 64	0.657	0.343	1.000

Offensichtlich gilt für alle $i = 1, \ldots, k$ und $j = 1, \ldots, l$:

$$h(x_i, y_j) = h_{ij} = h(x_i|y_j)\, h(y_j) = h(y_j|x_i)\, h(x_i)$$

c) *Statistische Unabhängigkeit*

Zwei Merkmale heißen *(statistisch) unabhängig*, falls eine der folgenden äquivalenten Bedingungen erfüllt ist:

- $h(y_j|x_1) = h(y_j|x_2) = \cdots = h(y_j|x_k) = h(y_j)$ für alle j.
- $h(x_i|y_1) = h(x_i|y_2) = \cdots = h(x_i|y_l) = h(x_i)$ für alle i.
- $h(x_i, y_j) = h(x_i)\, h(y_j)$ für alle i, j.
- $F(x, y) = F(x)\, F(y)$ für alle x, y.

In unserem Beispiel sind X, Y abhängige Merkmale. (Prüfen Sie dies anhand der vier obigen Kriterien nach!)

Bezeichnet man mit $\tilde{n}_{ij}$ die absoluten Häufigkeiten, die bei gegebenen Randverteilungen $n_{i.}$ und $n_{.j}$ bei Unabhängigkeit von X, Y gelten müßten, also

$$\tilde{n}_{ij} = \frac{n_{i.}\, n_{.j}}{n},$$

so lassen sich Maße für die Stärke der Abhängigkeit wie folgt definieren:

$$\chi^2 = \sum_{i=1}^{k} \sum_{j=1}^{l} \frac{(n_{ij} - \tilde{n}_{ij})^2}{\tilde{n}_{ij}}$$

heißt *quadratische Kontingenz* oder „Chi²". Die quadratische Kontingenz kann beliebig große Werte (in Abhängigkeit von n) annehmen und eignet sich daher nicht zu Vergleichen. Diesen Mangel hat der *Kontingenzkoeffizient*

$$K = \sqrt{\frac{\chi^2}{\chi^2 + n}}$$

nicht; sein Maximum

$$K_{\max} = \sqrt{\frac{M-1}{M}} \text{ mit } M = \min\{k, l\}$$

ist unabhängig von n, hängt allerdings noch von der Tabellengröße ab. Durch Normierung erhält man den *normierten Kontingenzkoeffizienten*

$$K^* = K/K_{\max}.$$

Es gilt:
$$X, Y \text{ unabhängig} \iff \chi^2 = K = K^* = 0$$

Da für die Wertebereiche $\chi^2 \geq 0$, $0 \leq K \leq K_{\max} < 1$ und $0 \leq K^* \leq 1$ gilt, ist die Stärke der Abhängigkeit am einfachsten am Wert von K^* abzulesen. Zudem nimmt K^* sein Maximum 1 genau dann an, wenn X und Y perfekt abhängig sind, d.h. das eine Merkmal eine Funktion des anderen ist.

Für unser Beispiel berechnet man: $\chi^2 = 846.6; K = 0.117; K^* = 0.165$. Also liegt nur ein schwacher Zusammenhang vor.

1.4.2 Ordinalskalierte bivariate Merkmale

Zur Festlegung ordinaler *Assoziationsmaße*, auch chorische Korrelationskoeffizienten genannt, sind einige vorbereitende Definitionen notwendig:

- Sei $(x_1, y_1), \ldots, (x_i, y_i), \ldots, (x_n, y_n)$ der bivariate Datensatz (Urliste), wobei (x_i, y_i) das Ausprägungspaar für die i-te statistische Einheit der Erhebung bezeichnet. Beide Merkmale seien zumindest ordinalskaliert. Dann lassen sich sowohl die Ausprägungen von X als auch die von Y der Größe nach ordnen.

- Sind zwei Ausprägungen in einer Variablen identisch ($x_i = x_j$ für $i \neq j$), so spricht man von verbundenen Beobachtungen oder *Bindungen* („ties"). Wir bezeichnen mit T_X bzw. T_Y die Anzahl der Bindungen bezüglich X bzw. Y.

- Steht x_i (y_i) in der Rangordnung der der Größe nach aufsteigenden Folge der Ausprägungen von X (Y) an r_i (s_i)-ter Stelle, so heißt r_i (s_i) die *Rangzahl* oder der Rangwert der i-ten Ausprägung x_i (y_i). Bei Bindungen wird die jeweilige durchschnittliche Rangzahl zugeordnet.

- Gilt für zwei Beobachtungspaare (x_i, y_i) und (x_j, y_j) entweder $x_i < x_j$ und $y_i < y_j$ oder $x_i > x_j$ und $y_i > y_j$, so heißen sie *konkordant*. Gilt andernfalls entweder $x_i < x_j$ und $y_i > y_j$ oder $x_i > x_j$ und $y_i < y_j$, so heißen sie *diskordant*. Mit P bzw. Q bezeichnen wir die Anzahl der konkordanten bzw. diskordanten Wertepaare einer bivariaten Meßreihe.

Eine Reihe von Definitionen ordinaler Assoziationsmaße gehen auf Kendall (1938) zurück und benutzen die normierte Differenz $P - Q$ als Maßzahl:

- *Goodman und Kruskals Gamma*, $\gamma = (P - Q)/(P + Q)$, läßt sich als ein PRE-Maß (proportional reduction of error) interpretieren. Es ist gleich +1(-1), falls keine diskordanten (konkordanten) Wertepaare auftreten.

- *Kendalls Tau*, $\tau = (P - Q)/\binom{n}{2}$, ist gleich +1 (-1), falls alle Wertepaare konkordant (diskordant) sind, d.h. $P = \binom{n}{2}$ ($Q = \binom{n}{2}$).

- $\tau_b = (P - Q)/\sqrt{(P + Q + T_X)(P + Q + T_Y)}$ berücksichtigt auch Bindungen, nimmt in den gleichen Fällen wie Kendalls Tau die Extremwerte ±1 an.

Die Extremwerte ±1 können für die letzten beiden Maße nur im Falle quadratischer Tabellen mit $k = l = n$ angenommen werden. Allen drei Maßen gemeinsam ist, daß sie den Wert 0 genau dann annehmen, wenn $P = Q$ ist.

Die Rangzahlen selbst wurden von Spearman (1904) zur Definition eines ordinalen Assoziationsmaßes benutzt:

$$r_S = \frac{\sum_{i=1}^{n}(r_i - \bar{r})(s_i - \bar{s})}{\sqrt{\sum_{i=1}^{n}(r_i - \bar{r})^2 \sum_{i=1}^{n}(s_i - \bar{s})^2}}$$

heißt *Rangkorrelationskoeffizient nach Spearman*. Er ist äquivalent mit

$$r_S = 1 - \frac{6\sum_{i=1}^{n} d_i^2}{(n-1)n(n+1)} \text{ mit } d_i = r_i - s_i,$$

falls keine Bindungen auftreten. Da er nichts anderes als der für kardinalskalierte Merkmale definierte Korrelationskoeffizient (siehe Abschnitt 1.4.3) der Rangzahlen ist, gilt $-1 \leq r_S \leq 1$, wobei $r_S = +1$ genau dann, wenn die Rangzahlen von X und Y gleich sind, und $r_S = -1$ genau dann, wenn sie gegenläufig übereinstimmen, d.h. $r_i = s_{n-i+1}$ $(i = 1, \ldots, n)$.

Zur Berechnung der Assoziationsmaße ist es zweckmäßig, zuvor die Beobachtungspaare hinsichtlich der Größe der Merkmalsausprägungen eines Merkmals (z.B. X) zu ordnen.

1.4.3 Kardinalskalierte bivariate Merkmale

a) *Korrelationsrechnung*

Ausgangspunkt jeder Analyse des Zusammenhangs zwischen zwei kardinalskalierten Merkmalen ist das sogenannte Streuungsdiagramm: Die

Wertepaare (x_i, y_i) $(i = 1, \ldots, n)$ werden in ein kartesisches Koordinatenkreuz eingezeichnet, wobei X auf der Abszisse und Y auf der Ordinate abgetragen wird. Es ergibt sich die sogenannte „Punktwolke". Betrachten wir in Abbildung 1.8 vier idealtypische Fälle: Verschieben wir jeweils

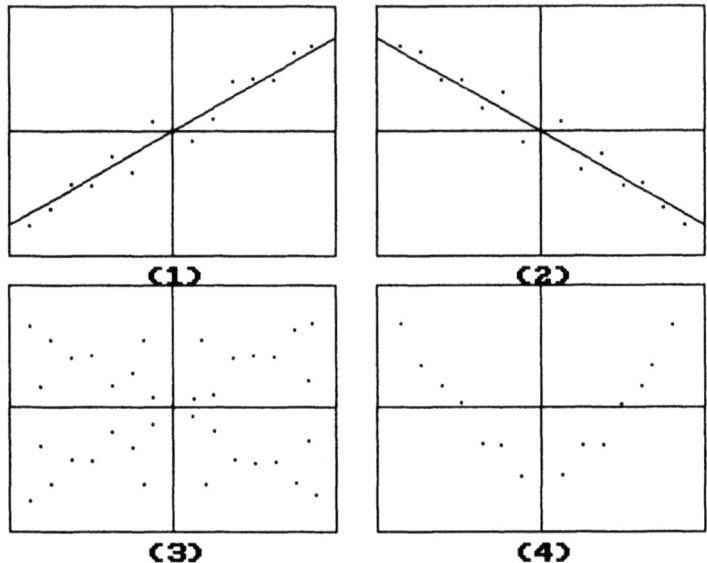

Abbildung 1.8: Streuungsdiagramme

den Ursprung des Koordinatensystems in den *Schwerpunkt* $(\bar{x}, \bar{y})$, so wird folgendes deutlich:

- Im Falle (1) liegen die Beobachtungspunkte relativ zum neuen Ursprung vorwiegend im 1. und 3. Quadranten, also
  $s_{XY} = \frac{1}{n} \sum_{i=1}^{n}(x_i - \bar{x})(y_i - \bar{y}) > 0$.
- Im Falle (2) liegen die Beobachtungspunkte relativ zum neuen Ursprung vorwiegend im 2. und 4. Quadranten, also $s_{XY} < 0$.
- Im Falle (3) verteilen sich die Beobachtungspunkte relativ zum neuen Ursprung fast gleichmäßig auf alle Quadranten, also $s_{XY} \approx 0$.
- Im Falle (4) liegt eine parabolische Beziehung zwischen X und Y tendenziell vor, die aber an der Größe von s_{XY} nicht erkennbar wird.

Halten wir also fest: s_{XY}, die *Kovarianz* von X und Y, erlaubt Aussagen über die Richtung der Abhängigkeit. X, Y heißen *korreliert*, falls $s_{XY} \neq 0$ gilt, andernfalls *unkorreliert*. Fall (4) in Abbildung 1.8 zeigt, daß aus der Unkorreliertheit von X, Y nicht unbedingt auf die (statistische) Unabhängigkeit der beiden Merkmale geschlossen werden darf. In der Tat ist z.B. $s_{XY} = 0$, wenn die Verteilung von X völlig symmetrisch um $\bar{x}$ ist und $Y = (X - \bar{x})^2$ gilt, also Y perfekt von X abhängt ($K^* = 1$). Jedenfalls ist $s_{XY} > 0$, wenn X und Y sich gleichläufig verhalten (*positive Korrelation*), und $s_{XY} < 0$, falls sie sich gegenläufig verhalten (*negative Korrelation*). Weiter gilt

$$s_{aX+bY}^2 = a^2 s_X^2 + b^2 s_Y^2 + 2ab s_{XY}.$$

Also sind X, Y genau dann unkorreliert, wenn $s_{X+Y}^2 = s_X^2 + s_Y^2$.
Der absolute Wert von s_{XY} ist jedoch noch vom Maßstab der Merkmale abhängig. In der Tat gilt die sogenannte *Bilinearität*:

$$Z = a + bX, \quad W = c + dY \quad \Rightarrow \quad s_{ZW} = bd s_{XY}.$$

Zur Normierung dividiert man die Kovarianz durch das Produkt der beiden Standardabweichungen und erhält den *Korrelationskoeffizienten (nach Bravais-Pearson)* (Maßkorrelationskoeffizient, Produkt-Moment-Korrelationskoeffizient)

$$r = \frac{s_{XY}}{s_X s_Y} = \frac{\sum_{i=1}^n (x_i - \bar{x})(y_i - \bar{y})}{\sqrt{\sum_{i=1}^n (x_i - \bar{x})^2 \sum_{i=1}^n (y_i - \bar{y})^2}}.$$

Da $-1 \leq r \leq 1$ gilt und r maßstabsunabhängig ist, gibt r nicht nur über die Richtung (Vorzeichen von r und s_{XY} stimmen überein) sondern auch über die Stärke der Korrelation (absoluter Wert von r) Aufschluß. Die Extremwerte ± 1 werden genau dann angenommen, wenn alle Punktepaare (x_i, y_i) auf einer Geraden liegen:

$$|r| = 1 \quad \Rightarrow \quad y_i = a + bx_i, \ i = 1, \ldots, n, \ b = \frac{r s_Y}{s_X}, \ a = \bar{y} - b\bar{x}.$$

Ein hoher Wert von $|r|$ und damit hohe Korrelation zeigt einen starken linearen Zusammenhang von X und Y an (die Punktwolke läßt sich gut durch eine Gerade approximieren). Aussagen über Ursachen eines solchen Zusammenhangs lassen sich allerdings aus r nicht ableiten.

b) *Grundlagen der Regressionsrechnung.*
Während in der Korrelationsrechnung die beiden Merkmale X und Y symmetrisch behandelt werden (man beachte die Formeln für s_{XY} bzw. r), geht man in der Regressionsrechnung von einer asymmetrischen Beziehung aus. Die Bezeichnung der Merkmale sei so gewählt, daß Y die abhängige und X die unabhängige Variable ist. Man spricht von einer *Regression von Y auf X*, wenn in das Streuungsdiagramm eine Funktion $Y = f(X)$ an die aus den Beobachtungspaaren bestehende Punktwolke so angepaßt wird, daß die aufgrund der Funktion berechneten Werte $y_i' = f(x_i)$ möglichst nahe an den jeweils beobachteten Werten y_i liegen

und f eine möglichst einfache funktionale Gestalt aufweist (würde man beliebige Funktionen zulassen, wäre ein perfekter „fit" immer möglich).

Man spricht von einer *linearen Regression*, wenn $f(x) = a + bx$ gesetzt wird. Zur Bestimmung der *Regressionskoeffizienten* a, b bedient man sich des auf C. F. Gauß (1777–1855) zurückgehenden *Prinzips der kleinsten Quadrate* (KQ-Prinzip): Man wähle a und b in der *Regressionsgleichung* $y'_i = a + bx_i$ so, daß die Summe der Quadrate der Abweichungen e_i von den beobachteten Y-Werten minimal wird:

$$\sum_{i=1}^{n} e_i^2 = \sum_{i=1}^{n} (y'_i - y_i)^2 \longrightarrow \text{Min!}$$

Diese Extremwertaufgabe führt im Falle von $s_X^2 > 0$ zu den folgenden *Normalgleichungen* (Nullsetzen der partiellen Ableitungen der Quadratabweichungssumme nach den Regressionsparametern)

$$\sum_{i=1}^{n} y_i = na + b \sum_{i=1}^{n} x_i$$
$$\sum_{i=1}^{n} x_i y_i = a \sum_{i=1}^{n} x_i + b \sum_{i=1}^{n} x_i^2,$$

die a, b eindeutig festlegen. Auflösung nach a und b ergibt

$$a = \bar{y} - b\bar{x}$$
$$b = \frac{s_{XY}}{s_X^2} = \frac{\sum_{i=1}^{n}(x_i - \bar{x})(y_i - \bar{y})}{\sum_{i=1}^{n}(x_i - \bar{x})^2}.$$

Somit stimmt das Vorzeichen von b mit dem der Kovarianz überein. Steigt X um eine Einheit, so verändert sich Y im Durchschnitt um b Einheiten.

Als Maß für die Güte der Anpassung verwendet man das *Bestimmtheitsmaß* (Bestimmtheitskoeffizient)

$$B = \frac{\sum_{i=1}^{n}(y'_i - \bar{y})^2}{\sum_{i=1}^{n}(y_i - \bar{y})^2}.$$

Der *Streuungszerlegungsformel*

$$\sum_{i=1}^{n}(y_i - \bar{y})^2 = \sum_{i=1}^{n}(y_i - y'_i)^2 + \sum_{i=1}^{n}(y'_i - \bar{y})^2$$

für die mit dem KQ-Prinzip berechnete Regressionsgleichung $y'_i = a + bx_i$ entnimmt man, daß B normiert ist, $0 \leq B \leq 1$, und daß $B = 1$ genau dann gilt, wenn die Abweichungsquadratsumme verschwindet, d.h. alle Beobachtungspaare auf der Regressionsgeraden liegen. $B \cdot 100\%$ wird als der durch die lineare Regression von Y auf X erklärte Varianzanteil von Y bezeichnet.

Durch einfache Umformungen erhält man die Beziehung $B = r^2$, was die oben erwähnten Eigenschaften von r beweist. Aus dieser Beziehung folgt auch, daß sich für die umgekehrte Regression von X auf Y,

$$x' = g(y) = a' + b'y,$$

der gleiche Wert des entsprechend definierten Bestimmtheitsmaßes ergibt (r^2 ist ja symmetrisch in X und Y). Für diese „inverse" Regression erhält man mit der KQ-Methode

$$a' = \bar{x} - b'\bar{y}, \quad b' = s_{XY}/s_Y^2.$$

Aufgabe 1.4/1
Folgende Kontingenztabelle sei gegeben:

$x \backslash y$	2	4	6	8
10	4	1	4	3
20	3	3	0	0
30	4	1	4	3

a) Sind die Merkmale X, Y unabhängig?
b) Bestimmen Sie $\bar{x}$.
c) Bestimmen Sie $h(Y|X = 30)$.

Aufgabe 1.4/2
Gegeben seien die folgenden 12 Beobachtungen des zweidimensionalen Merkmals (X, Y):

$$(1,1),(2,3),(2,1),(2,2),(1,2),(2,1),(1,1),(2,1),(2,3),(1,3),(2,1),(2,2)$$

a) Erstellen Sie die Kontingenztabelle.
b) Sind X, Y unabhängig?

Aufgabe 1.4/3
Gegeben sei folgender bivariater Datensatz ordinalskalierter Merkmale:

$$(5,8),(7,9),(2,4),(1,6),(6,6)$$

Bestimmen Sie den Wert von γ, τ, τ_b und r_S und interpretieren Sie die Ergebnisse.

Aufgabe 1.4/4
Bei verschiedenen Computershops werden die Absatzzahlen für Kleinrechner und die Werbeausgaben ermittelt. Durchschnittlich liegen die Absatzzahlen bei 50 Stück (Standardabweichung 10) und die Werbeausgaben bei 10000 DM (Standardabweichung 2000). Gleichzeitig wurde der Wert 0.8 als Korrelationskoeffizient zwischen diesen beiden Merkmalen ermittelt. Errechnen Sie die Regressionsgerade mit Hilfe des KQ-Prinzips.

Aufgabe 1.4/5

a) Für eine 2-dimensionale Häufigkeitsverteilung liegt folgende unvollständige Kontingenztabelle vor:

$x \backslash y$	1	3	5
2	10	20	
4	20		60
			100

a1) Vervollständigen Sie die Kontingenztabelle unter der Voraussetzung, daß $\bar{y} = 3$ ist.
a2) Bestimmen Sie $h(Y|X=4)$.
a3) Bestimmen Sie $F(4,1)$.

b) Ergänzen Sie die folgende Kontingenztabelle für den Fall, daß X und Y unabhängig sind.

$x \backslash y$	y_1	y_2	
x_1	60		100
x_2			900

Aufgabe 1.4/6
Eine Erhebung im Wohnungsbau ergab bei 50 ausgewählten Bauobjekten folgendes Ergebnis hinsichtlich der Merkmale $X=$„Vollwärmeschutz" und $Y=$„Fertigstellungsjahr":

$x \backslash y$	< 1975	$\geq$ 1975
ohne	6	4
mit	14	26

Begründen Sie die Auswahl einer geeigneten Maßzahl, um den Zusammenhang der Variablen in dieser Gruppe zu kennzeichnen, berechnen Sie diese und werten Sie das Ergebnis aus.

Aufgabe 1.4/7

a) Welcher Zusammenhang besteht zwischen dem Regressionskoeffizienten b, dem Korrelationskoeffizienten r und der Kovarianz für standardisierte Merkmale X und Y?

b) Gegeben sind die folgenden Wertepaare:

x_i	1	1	2	3	3	4	5	5
y_i	7	5	3	4	2	3	1	1

Berechnen Sie die Parameter einer linearen KQ-Regressionsfunktion mit X als unabhängiger Variablen.

Ergänzungen und Bemerkungen

- In der Literatur und der statistischen Software werden unter der Überschrift „Assoziationsmaße" eine Reihe weiterer Maßzahlen für die Stärke der Abhängigkeit zwischen zwei nominalskalierten Merkmalen betrachtet. So enthält $SPSS/PC^+$ die von χ^2 abgeleiteten Maße $\Phi = \sqrt{\chi^2/n}$ (Phi-Koeffizient) und $V = \sqrt{\chi^2/[n(M-1)]}$ (Cramérs V) sowie eine auf Goodman und Kruskal (1954) zurückgehende Maßzahl, die angibt, wie sich die Vorhersage der Ausprägung einer statistischen Einheit in einer Variablen durch Ausnutzung der Information über deren Ausprägung in der anderen Variablen verbessern läßt (PRE-Maß Lambda). Vgl. hierzu auch Everitt (1970).

- Der Kontingenzkoeffizient wurde von Pearson (1904) als Assoziationsmaß eingeführt. Die obere Schranke K_{max} für den Kontingenzkoeffizienten wurde von Pawlik (1959) hergeleitet.

- Einen Überblick über die verschiedenen Rangkorrelationskoeffizienten, die zwischen ihnen bestehenden Beziehungen und ihre Eigenschaften findet der interessierte Leser im Klassiker von Kendall (1948), sowie in Hildebrand/Laing/Rosenthal (1977). Als deutschsprachige Literatur sei Büning/Trenkler (1978) empfohlen.

- In 1.4.3.b) wurde die einfache lineare Regression von Y auf X dargestellt. Nichtlineare Regressionen sowie weitere komplexere Regressionsmodelle werden ebenfalls im Rahmen der Dependenzanalyse in der Ökonometrie untersucht (vgl. Bamberg/Schittko (1979) oder Hübler (1989)).

1.5 Datenreduktion

Zur Reduktion großer Datensätze bieten sich Methoden zur Variablenreduktion oder Methoden zur Reduktion der Fallzahl an. Wir beschränken uns in diesem Abschnitt auf kardinalskalierte Merkmale.

1.5.1 Faktorenanalyse zur Variablenreduktion

Sind die ursprünglich erhobenen Merkmale $X_1, \ldots, X_p$ korreliert, d.h. werden durch sie nicht wirklich überschneidungsfreie Eigenschaften der statistischen Einheiten gemessen, so „verbergen" sich hinter ihnen möglicherweise ein oder mehrere gemeinsame nicht beobachtete (latente) Faktoren $F_1, \ldots, F_m$ ($m \leq p$). Diese Faktoren gilt es, aus dem Datensatz mittels der festgestellten Abhängigkeitsstruktur zu extrahieren. Gelingt dies, so kann dadurch eine Reduktion des Datensatzes erfolgen: Statt der Ausprägungen in $X_1, \ldots, X_p$ kann jede statistische Einheit durch ihre Ausprägung in den gemeinsamen Faktoren charakterisiert werden. Multivariate Datensätze können so möglicherweise in univariate oder bivariate transformiert werden, ohne allzuviel an Information zu verlieren.

Liegen n Beobachtungen in den Variablen $X_1, \ldots, X_p$ vor, so ist die *Datenmatrix*

$$X = \begin{pmatrix} x_{11} & \cdots & x_{1p} \\ \vdots & \ddots & \vdots \\ x_{n1} & \cdots & x_{np} \end{pmatrix}$$

der Ausgangspunkt der Analyse. Häufig standardisiert man die Variablen, d.h. man bildet $z_{ij} = (x_{ij} - \bar{x}_j)/s_j$ (s_j bezeichne die Standardabweichung von X_j) und erhält die *standardisierte Datenmatrix*

$$Z = \begin{pmatrix} z_{11} & \cdots & z_{1p} \\ \vdots & \ddots & \vdots \\ z_{n1} & \cdots & z_{np} \end{pmatrix}$$

Die Maßkorrelationskoeffizienten r_{ij} lassen sich in der symmetrischen *Korrelationsmatrix*

$$R = \begin{pmatrix} r_{11} & \cdots & r_{1p} \\ \vdots & \ddots & \vdots \\ r_{p1} & \cdots & r_{pp} \end{pmatrix}$$

zusammenfassen. R repräsentiert die Ähnlichkeitsstruktur zwischen den Variablen und entspricht der Varianz-Kovarianzmatrix der standardisierten Variablen $Z_1, \ldots, Z_p$. In Matrixschreibweise gilt:

$$R = \frac{1}{n} Z'Z \,.$$

Für die Faktorenanalyse (FA) macht man folgende Annahmen:

- Das faktorenanalytische Grundmodell läßt sich durch folgendes Schema veranschaulichen:

$$F_1, \ldots F_m \Big\langle\begin{matrix} Z_1 & \longleftarrow & U_1 \\ \vdots & \vdots & \vdots \\ Z_p & \longleftarrow & U_p \end{matrix}$$

Beobachtbar sind dabei die standardisierten Variablen $Z_1, \ldots, Z_p$, die durch gemeinsame Faktoren $F_1, \ldots, F_m$ und die Einzelfaktoren $U_1, \ldots, U_p$ darstellbar sind. Dabei sollen die Faktoren so bestimmt werden, daß F_1 möglichst viel Variation der Ausgangsdaten erfaßt, die Restvarianz am besten durch F_2 erfaßt wird, usw. Für spätere Datenanalysen können dann die Ausprägungen der wichtigsten gemeinsamen Faktoren den ursprünglichen Datensatz ersetzen.

- F_i, U_i seien standardisierte nicht beobachtete Variable.
- Es gilt
$$Z_i = b_{i1}F_1 + \cdots + b_{im}F_m + d_iU_i \quad (i = 1, \ldots, p),$$
d.h. die beobachtbaren Variablen lassen sich als Linearkombination der latenten Variablen darstellen. Unter Benutzung der Matrixschreibweise läßt sich diese Annahme für n Beobachtungswerte wie folgt fassen:
$$Z = FB' + UD \text{ mit}$$
$$F = \begin{pmatrix} f_{11} & \cdots & f_{1m} \\ \vdots & \ddots & \vdots \\ f_{n1} & \cdots & f_{nm} \end{pmatrix}, U = \begin{pmatrix} u_{11} & \cdots & u_{1p} \\ \vdots & \ddots & \vdots \\ u_{n1} & \cdots & u_{np} \end{pmatrix},$$
$$B = \begin{pmatrix} b_{11} & \cdots & b_{1m} \\ \vdots & \ddots & \vdots \\ b_{p1} & \cdots & b_{pm} \end{pmatrix}, D = \begin{pmatrix} d_1 & & 0 \\ & \ddots & \\ 0 & & d_p \end{pmatrix}.$$

Dabei nennt man F die Matrix der Faktorenwerte (factor scores), B die Faktorladungsmatrix und b_{ij} bzw. d_i die Faktorladungen. Die Matrix $(B \mid D)$ wird oft auch als Faktorenmuster bezeichnet.

- Es gilt:
$$s_{F_iU_j} = s_{U_jU_k} = 0 \ (i = 1, \ldots m, \ k, j = 1 \ldots p, \ k \neq j),$$
d.h. die latenten Variablen sind unkorreliert. In Matrixschreibweise lautet die Annahme wie folgt
$$\frac{1}{n}U'U = I, \ U'F = 0 = F'U,$$
wobei I die Einheitsmatrix bezeichnet.

Aus den gemachten Annahmen folgt dann
$$R = BCB' + DD',$$
wobei C die Varianz-Kovarianzmatrix der Faktoren ist. Wird zusätzlich
$$s_{F_i,F_j} = 0 \ (i \neq j) \ \text{(unkorrelierte gemeinsame Faktoren)}$$

gefordert, so folgt
$$R = BB' + DD'.$$

Diese Gleichungen für R bezeichnet man als *Fundamentaltheorem der Faktorenanalyse*.

Für die Matrix
$$R_h = R - DD'$$
ergibt sich unter Gültigkeit der Unkorreliertheit der gemeinsamen Faktoren die Gleichung
$$R_h = BB',$$
und damit gilt für die Hauptdiagonalelemente der Matrix R die Varianzzerlegung:
$$s_{Z_i}^2 = 1 = \sum_{j=1}^{m} b_{ij}^2 + d_i^2.$$

Die Summe
$$h_i^2 = \sum_{j=1}^{m} b_{ij}^2$$
heißt *Kommunalität* der i-ten Variablen,
$$\sum_{i=1}^{p} h_i^2$$
heißt *Gesamtkommunalität*.

Die Bestimmung der Faktorladungen und der Faktoren (*Faktorenextraktion*) ist nicht eindeutig möglich, da die Annahmen das Modell nicht identifizierbar machen. Verschiedene Modellvarianten, bei denen es immer darum geht, eine gegebene Korrelations- oder Kovarianzmatrix durch eine einfache Faktorenstruktur möglichst gut zu repräsentieren, unterscheiden sich deshalb in den folgenden Schritten:

- Vorgabe der Zahl der Faktoren
  Bei der Hauptkomponentenmethode (PCA) werden genausoviele Faktoren wie erhobene Variable bestimmt. Bei der Hauptfaktorenmethode (PFA) wird die Zahl der Faktoren, die hier kleiner als die Zahl der Variablen sein kann, nach bestimmten Abbruchkriterien anhand des vorliegenden Datensatzes festgelegt.

- Vorgabe der Kommunalitäten
  Bei der PCA wird $h_i^2 = 1$ gesetzt, d.h. $R_h = R$ angenommen. Für die PFA sind verschiedene Kriterien im multivariaten Fall vorgeschlagen worden, z.B. $h_i^2 = \max_{j \neq i} |r_{ij}|$.

- Verfahren zur Faktorenextraktion
  Bei der PCA und der PFA werden die Faktoren so extrahiert, daß der erste Faktor den größtmöglichen Teil der Varianz erklärt, usw. In beiden Fällen erfordern die Extraktionsverfahren die Lösung von Eigenwert- und Eigenvektorproblemen.

- Rotationsverfahren
  Ein Übergang von rechtwinkligen, d.h. unabhängigen Faktoren, zu neuen rechtwinkligen oder zu möglicherweise sogar schiefwinkligen, d.h. abhängigen Faktoren, erleichtert oft die Interpretation der Ergebnisse (Einfachstruktur).

- Berechnung der Faktorenwerte
  Bei der PCA können die Faktorenwerte direkt berechnet werden; bei der PFA können sie nur näherungsweise bestimmt werden.

Die zur Verfügung stehenden Softwarepakete stellen für die verschiedenen Schritte eine Reihe unterschiedlicher Optionen bereit.

1.5.2 Clusteranalyse zur Reduktion der Fallzahl

Neben der Möglichkeit, die Zahl der betrachteten Variablen mittels FA zu verringern, können große Datensätze möglicherweise auch dadurch reduziert werden, daß die Vielzahl der erhobenen statistischen Einheiten durch einige wenige Gruppenrepräsentanten in der weiteren Analyse vertreten werden.

Geht man von der Ähnlichkeit der statistischen Einheiten aus, vergleicht man zunächst also die statistischen Einheiten hinsichtlich der Variablen mittels eines Ähnlichkeits- oder Distanzmaßes und versucht man darauf aufbauend Gruppen homogener statistischer Einheiten zu bilden, so wendet man Verfahren der *Clusteranalyse* an. Ihr Ausgangspunkt ist also die symmetrische *Distanz-* oder *Ähnlichkeitsmatrix*

$$D = \begin{pmatrix} d_{11} & \cdots & d_{1n} \\ \vdots & \ddots & \vdots \\ d_{n1} & \cdots & d_{nn} \end{pmatrix}$$

der Distanzen oder Ähnlichkeiten zwischen den Zeilen der Datenmatrix.

Clusteranalytische Modelle setzen sich aus den folgenden Schritten zusammen:

- Festlegung eines Ähnlichkeits- oder Distanzmaßes zwischen den statistischen Einheiten, z.B. durch die Euklidische Distanz

$$d_{ik} = \sqrt{\sum_{j=1}^{p}(x_{ij}-x_{kj})^2}, \; (i,k=1,\ldots,n).$$

- Festlegung eines Ähnlichkeits- oder Distanzmaßes für Gruppen von statistischen Einheiten, z.B. kleinste Distanz bzw. größte Ähnlichkeit zwischen den Elementen zweier verschiedener Gruppen (nearest neighbour).

- Festlegung eines Cluster-Algorithmus, z.B. beginnend mit der Gruppe, die aus den zwei statistischen Einheiten mit minimaler Distanz besteht, werden schrittweise diejenigen Elemente hinzugefügt, die minimalen Kleinst-Abstand zu den bisherigen Gruppenmitgliedern haben, bis dieser Abstand einen Grenzwert überschreitet, dann wird mit einer neuen Gruppe begonnen usw., bis das Verfahren abbricht (agglomeratives Verfahren, single linkage).

Die üblichen statistischen Softwarepakete enthalten in der Regel nur wenige clusteranalytische Verfahren, so daß sich der Einsatz spezieller Software (wie z.B. CLUSTAN) zur Reduktion der Fallzahl empfiehlt.

Aufgabe 1.5/1
„Leute, die viel reisen, haben Glück, sind reich, kennen sich in der Welt aus, während die Daheimhocker kein Geld oder kleine Kinder haben, zu alt oder nicht gesund sind." (Aus einer amerikanischen Untersuchung, nach DIE ZEIT, 2. 1. 1981, S. 39.) Sind Sie vom Ergebnis dieser Studie beeindruckt?

Aufgabe 1.5/2
Warum lassen sich die Faktorenladungen in der FA nicht mittels KQ-Methode wie bei der Regressionsrechnung bestimmen?

Ergänzungen und Bemerkungen

- Verfahren, die sich auf die Analyse der Zusamenhänge zwischen Variablen beziehen, nennt man R-Techniken. Zu ihnen zählt die FA. Verfahren, die sich auf die Analyse der Zusammenhänge zwischen den statistischen Einheiten beziehen, nennt man Q-Techniken. Die Clusteranalyse ist ein Beispiel für eine Q-Technik. Allerdings ist diese Einteilung nicht sehr trennscharf. So läßt sich die FA, angewandt auf die Zeilen statt der Spalten der Datenmatrix Z, auch clusteranalytisch und damit als Q-Technik einsetzen.

- Während bei Faktoren- und Clusteranalyse die Beobachtungsvariablen symmetrisch behandelt werden, erfordert die Regression die Einteilung der Variablen in (eine) abhängige und unabhängige Variablen. In vielen Lehrbüchern wird im ersten Fall von Verfahren der multivariaten Statistik (im engeren Sinne), im zweiten Fall von ökonometrischen Verfahren gesprochen.

- Zur Geschichte der FA, aber auch zur Tradition der Fehlinterpretation ihrer Ergebnisse—insbesondere auf dem Gebiet der Intelligenzmessung—sei das spannend geschriebene Buch von Gould (1988) zur Lektüre empfohlen. Als Begründer der FA werden üblicherweise Ch. Spearman (1863–1945) und F. Galton (1822–1911) genannt. Die PCA geht auf veröffentlichte Arbeiten von K. Pearson und H. Hotelling in den Dreißiger Jahren zurück.

- Faktoren- und clusteranalytische Verfahren sind natürlich insbesondere im Falle von $p > 2$ Variablen interessant. Man spricht dann von multivariater Statistik. Eine umfassende Darstellung multivariater Statistik bieten Chatfield/Collins (1980), Hartung/ Elpelt (1989) oder Backhaus u.a. (1987). Darüber hinaus gibt es zahlreiche Einzeldarstellungen wie zum Beispiel Arminger (1979), Lewis-Beck (1994) und Kim/Mueller (1978) zur FA oder Bock (1973), Bailey (1994) und Aldenderfer/Blashfield (1984) zur Clusteranalyse oder Ehrenberg (1982) zur Datenreduktion.

Kapitel 2

Grundzüge der Wahrscheinlichkeitsrechnung und ausgewählte Wahrscheinlichkeitsverteilungen

Die induktive Statistik verfolgt das Ziel, aus Ergebnissen über zufällig aus der Grundgesamtheit ausgewählte statistische Einheiten Aussagen über die Grundgesamtheit herzuleiten. Diese Aussagen sind in der Regel mit Unsicherheiten behaftet. Die mathematische Disziplin, die sich mit der Beschreibung von Zufallsvorgängen befaßt, die die Unsicherheit quantitativ abzuschätzen erlaubt, ist die Wahrscheinlichkeitsrechnung bzw. -theorie.

In den Abschnitten 2.1–2.4 werden grundlegende Konzepte der Wahrscheinlichkeitsrechnung zur Beschreibung beliebiger Zufallsexperimente eingeführt. Für die Statistik sind jedoch einige spezielle Experimente von Interesse. Soweit diese zu diskreten Zufallsvariablen führen, werden sie in den Abschnitten 2.5–2.9 gesondert behandelt.

Die Bedeutung spezieller stetiger Wahrscheinlichkeitsverteilungen für die Statistik hat im wesentlichen zwei Gründe:

- die Möglichkeit, diskrete Verteilungen durch leichter zu handhabende stetige Verteilungen zu approximieren (Grenzwertsätze),
- der Einsatz spezieller stetiger Verteilungen als Modellverteilung zur Beschreibung komplexer stochastischer Phänomene.

Die Abschnitte 2.10–2.13 enthalten die Vorstellung wichtiger spezieller stetiger Verteilungen.

Im abschließenden Abschnitt 2.14 werden wichtige Grenzwertsätze vorgestellt.

2.1 Grundbegriffe der Wahrscheinlichkeitsrechnung

Ausgangspunkt der Überlegungen in diesem Abschnitt ist der Begriff „Zufallsexperiment" oder „*Zufallsvorgang*". Darunter versteht man einen Vorgang,

- der nach bestimmten, festen Regeln abläuft und prinzipiell beliebig oft wiederholbar ist,

- der zu verschiedenen, sich gegenseitig ausschließenden, möglichen Ergebnissen führen kann, die alle bekannt sind,

- dessen konkreter Ausgang jedoch unbekannt ist.

Beispiele für Zufallsvorgänge sind das einmalige Werfen eines Würfels oder einer Münze, die Ziehung der Lottozahlen oder das Ziehen einer Zufallsstichprobe vom Umfang n aus einer gegebenen endlichen Grundgesamtheit. Aber auch komplexere Vorgänge lassen sich als Zufallsvorgänge interpretieren.

Die möglichen sich gegenseitig ausschließenden Ergebnisse ω eines Zufallsexperiments nennt man *Elementarereignisse* und ihre Gesamtheit Ω bezeichnet man als *Ergebnisraum*. Im Falle des einmaligen Werfens eines Würfels besteht der Ergebnisraum aus der Menge der möglichen „Augenzahlen": $\{1, 2, 3, 4, 5, 6\}$. Betrachtet man eine Zufallsstichprobe vom Umfang n als Zufallsexperiment, so sind für $n = 1$ die Elementarereignisse gerade die statistischen Einheiten der Grundgesamtheit (wir setzen hier und im folgenden voraus, daß die statistischen Einheiten der Grundgesamtheit mit den Auswahleinheiten der statistischen Untersuchung übereinstimmen); allgemein sind es n-tupel $(x_1, \ldots, x_n)$ mit x_i aus der Grundgesamtheit.

Neben den Elementarereignissen sind auch beliebige (zusammengesetzte) *Ereignisse* interessant. So könnten wir uns im Falle des Würfelwerfens für das Eintreten des Ereignisses A = „eine gerade Zahl fällt" interessieren. A läßt sich mit der Teilmenge $\{2,4,6\}$ von Ω identifizieren. Ganz allgemein entsprechen beliebige Teilmengen von Ω möglichen (sich nicht mehr notwendigerweise ausschließenden) Ergebnissen des Zufallsexperiments (Ereignisse). Die aus der Mengenlehre bekannten Verknüpfungsoperationen für Mengen lassen sich auf Ereignisse übertragen. Seien A, B Ereignisse, also Teilmengen von Ω:

- Die Menge $A \cap B$ besteht aus allen Elementarereignissen, die sowohl in A als auch in B enthalten sind. $A \cap B$ entspricht dem Ereignis „A und B treten ein".

- Die Menge $A \cup B$ besteht aus allen Elementarereignissen, die in A oder in B enthalten sind. $A \cup B$ entspricht dem Ereignis „A oder B treten ein" (hier ist nicht das ausschließende oder gemeint).

- Die Menge $\bar{A} = \Omega \setminus A$ besteht aus allen Elementarereignissen, die nicht in A enthalten sind. $\bar{A}$ entspricht dem Ereignis „A tritt nicht ein" und heißt Komplement von A.

Betrachtet man als Beispiel das Zufallsexperiment „Einmaliges Werfen eines Würfels" und sei $A = \{2, 4, 6\}$ („eine gerade Zahl fällt") und $B = \{1, 3, 5\}$ („eine ungerade Zahl fällt"), so gilt:

- $A \cap B = \emptyset$, d.h. kein Elementarereignis kann auftreten, das sowohl in A als auch in B liegt (keine der Zahlen von 1 bis 6 ist gerade und ungerade zugleich). Man nennt $\emptyset$ allgemein das *unmögliche Ereignis*. Gilt $A \cap B = \emptyset$, so heißen A, B *disjunkte* Ereignisse.

- $A \cup B = \Omega$, d.h. jedes Elementarereignis gehört zu A oder zu B. Ω heißt deshalb auch das *sichere Ereignis*. Gilt $A \cup B = \Omega$ und sind gleichzeitig A, B disjunkt, so spricht man von einer *Zerlegung von Ω*. Allgemein gilt: $\{A_n\}_{n \in I\!N}$ bildet eine Zerlegung von Ω, wenn gilt: $\cup_n A_n = \Omega$ (die Mengen $A_1, A_2, \ldots$ sind *erschöpfend*) und $A_i \cap A_j = \emptyset$ für alle $i \neq j$ (die Mengen $A_1, A_2, \ldots$ sind *paarweise disjunkt*).

- $\bar{A} = B$, d.h. ein Elementarereignis, das nicht in A liegt, muß in B liegen.

Wie lassen sich nun Ereignissen und ihren Verknüpfungen Zahlen zuordnen, die sich als „Wahrscheinlichkeiten des Eintretens des betreffenden Ereignisses" interpretieren lassen?

- Ist der Ergebnisraum endlich ($|\Omega| = N$), so läßt sich für alle Teilmengen A von Ω eine Wahrscheinlichkeit wie folgt festlegen:

$$W(A) = \frac{\text{Anzahl der günstigen Fälle für } A}{\text{Anzahl der möglichen Fälle}} = \frac{|A|}{|\Omega|} = \frac{1}{N} \cdot |A|.$$

Im Beispiel „Werfen eines Würfels" erhält man $W(A) = \frac{1}{6} \cdot 3 = \frac{1}{2}$ für $A = \{2, 4, 6\}$.

Dieser sogenannte *klassische Wahrscheinlichkeitsbegriff* (er stammt von Laplace (1749-1827)) ordnet jedem Elementarereignis die Wahrscheinlichkeit $1/N$ zu. Man spricht deshalb auch von einem „Gleichmöglichkeitsmodell". Offensichtlich gilt $0 \leq W(A) \leq 1$ für alle Teilmengen A aus Ω. (Wir schreiben $A \in \mathbf{P}(\Omega)$, wobei $\mathbf{P}(\Omega)$ für die Potenzmenge von Ω steht, die Menge aller Teilmengen von Ω.)

Man kann W also als Funktion von $\mathbf{P}(\Omega)$ in das Intervall $[0,1]$ auffassen:

$$W : \mathbf{P}(\Omega) \rightarrow [0, 1] \text{ mit } W(\Omega) = 1 \text{ und } W(\emptyset) = 0.$$

- Liegt ein beliebig oft unter gleichen Rahmenbedingungen wiederholbarer Zufallsvorgang vor, so läßt sich mit Hilfe des relativen Häufigkeitsbegriffs ein *frequentistischer* oder *statistischer Wahrscheinlichkeitsbegriff* (er stammt von R. v. Mises (1883–1953)) einführen: Der Zufallsvorgang werde n mal durchgeführt und mit $h_n(A)$ die relative Anzahl der Durchführungen bezeichnet, bei denen A eintrat. Die Definition lautet dann

$$W(A) = \lim_{n \to \infty} h_n(A).$$

Hier gilt natürlich ebenfalls $0 \leq W(A) \leq 1$.

- Die allgemeinste Antwort auf das gestellte Problem ist die exakte Fassung des Wahrscheinlichkeitsbegriffs durch Kolmogoroff (1903–1987), der *axiomatische Wahrscheinlichkeitsbegriff*:
Sei **S** eine Familie von Teilmengen (die Ereignisse) von Ω mit

(S1) $\Omega \in \mathbf{S}$

(S2) $A \in \mathbf{S} \Rightarrow \bar{A} \in \mathbf{S}$

(S3) $A_1, A_2, \ldots \in \mathbf{S} \Rightarrow \bigcup_n A_n \in \mathbf{S}$

und sei W eine Funktion $W : \mathbf{S} \to [0, 1]$ mit

(W1) $W(\Omega) = 1$

(W2) $W(\bigcup_n A_n) = \sum_n W(A_n)$ für alle Folgen $\{A_n\}_{n \in \mathbb{N}}$ von Ereignissen aus **S**, die paarweise disjunkt sind (d.h. $A_i \cap A_j = \emptyset$ für alle $i \neq j$),

dann heißt W *Wahrscheinlichkeit (Wahrscheinlichkeitsmaß)* auf Ω. Die Eigenschaft (W2) wird als *σ-Additivität* — wird sie nur für endlich viele A_n gefordert, als Additivität — bezeichnet. Die Eigenschaften (S1)–(S3) machen **S** zu einer *σ-Algebra*. Wir nennen **S** die *Ereignisalgebra*.

Aus den Axiomen ergeben sich eine Reihe von Rechenregeln. Die wichtigsten wollen wir hier festhalten:

(W3) $W(\bar{A}) = 1 - W(A)$

(W4) $W(A \cup B) = W(A) + W(B) - W(A \cap B)$

(W5) $A \subseteq B \Rightarrow W(A) \leq W(B)$ und $W(B \setminus A) = W(B) - W(A)$

(W6) Ist $\{A_n\}_{n \in \mathbb{N}}$ eine Zerlegung von Ω, so gilt $W(B) = \sum_n W(B \cap A_n)$ für ein beliebiges Ereignis $B \in \mathbf{S}$.

Definiert man

$$W(A|B) = \frac{W(A \cap B)}{W(B)} \text{ falls } W(B) > 0,$$

so ist $W(\cdot|B)$ ein Wahrscheinlichkeitsmaß auf B (mit Ereignisalgebra $\mathbf{S} \cap B = \{A \cap B : A \in \mathbf{S}\}$). $W(\cdot|B)$ heißt die durch das Ereignis B *bedingte Wahrscheinlichkeit* und $W(A|B)$ läßt sich interpretieren als die Wahrscheinlichkeit für das Eintreten von A unter der Voraussetzung, daß B eintritt bzw. eingetreten ist. Es gilt dann:

(W7) Sei $\{A_n\}_{n \in IN}$ eine Zerlegung von Ω mit $W(A_n) > 0$ und $A_n \in S$ für alle $n \in IN$. Dann gilt:

a) *Satz von der totalen Wahrscheinlichkeit:*

$$W(B) = \sum_{n \in IN} W(B|A_n)W(A_n)$$

b) *Formel von Bayes*

$$W(A_i|B) = \frac{W(B|A_i)W(A_i)}{\sum_{n \in IN} W(B|A_n)W(A_n)} \text{ für alle } i$$

Man definiert außerdem: Zwei Ereignisse A, B heißen *unabhängig* genau dann, wenn

(W8) $W(A \cap B) = W(A)W(B)$.

Sind A, B unabhängig, so auch jeweils $\bar{A}, B$ und $A, \bar{B}$ und $\bar{A}, \bar{B}$.

Aufgabe 2.1/1
Lassen sich die folgenden Aussagen adäquat mit dem oben entwickelten wahrscheinlichkeitstheoretischen Modell erfassen?

a) „Es wäre ja doch reiner Zufall gewesen, wenn man in diesen fünf Tagen, das Fernsehgerät einschaltend, nicht den Papst getroffen hätte." (Süddeutsche Zeitung vom 20.11.1980, als der Papst Deutschland besuchte.)
b) „Der derzeitige Erkenntnisstand über Technologiewirkungen ... rechtfertigt keine Wahrscheinlichkeitsaussage über die Entwicklung des Arbeitsplätzeangebots im kommenden Jahrzehnt." (Ein Arbeitsmarktexperte laut Capital 11/1980.)
c) Laut dpa-Meldung vom 18.10.1980 „ist das Verletzungsrisiko von Fahrzeuginsassen, die bei einem Unfall nicht angeschnallt sind, zehnmal höher."
d) „Je länger ich ohne Sturz blieb, desto wahrscheinlicher wurde es, daß ich einen haben würde." (Ein Major über seine Erfahrungen bei der Kavallerie.)

Machen Sie sich dabei insbesondere jeweils die Begriffe Zufallsexperiment, Elementarereignis, Ereignis, Ergebnisraum klar.

Aufgabe 2.1/2

a) Sind disjunkte Ereignisse unabhängig?
b) Zeigen Sie für $A, B \in \mathbf{S}$ mit $W(A) > 0$ und $W(B) > 0$:
   A, B unabhängig $\iff W(A|B) = W(A) \iff W(B|A) = W(B)$.
c) Sei $\Omega = \{\omega_1, \ldots, \omega_n\}$ ein endlicher Ergebnisraum. Zeigen Sie, daß jeder Vektor $(p_1, \ldots, p_n)$ von Zahlen mit $p_i \geq 0$ für alle i und $\sum_{i=1}^{n} p_i = 1$ ein Wahrscheinlichkeitsmaß auf Ω festlegt.

Aufgabe 2.1/3

a) Ein medizinischer Diagnosetest habe folgende Eigenschaften: 90% der Tests von Gesunden sind negativ, 90% der Tests von Kranken sind positiv. Wie groß ist die Wahrscheinlichkeit, daß eine Person mit positivem Testergebnis tatsächlich krank ist, wenn die Wahrscheinlichkeit, daß eine sich der Untersuchung stellende Person krank ist, 0,1 beträgt?
b) Wie groß ist die Wahrscheinlichkeit, aus einem Skatblatt zwei Könige zu ziehen, wenn

   b1) die beiden Karten nacheinander ohne Zurücklegen
   b2) die beiden Karten nacheinander mit Zurücklegen
   b3) die beiden Karten gleichzeitig

   gezogen werden? Welche Ereignisse sind hierbei unabhängig?
c) „'Weiße Ostern sind eher wahrscheinlich als weiße Weihnachten', meinte ein Meteorologe mit Blick auf die Wetterstatistik der letzten Jahre." (Süddeutsche Zeitung 8.12.1980.) Diskutieren Sie anhand dieser Aussage die verschiedenen Wahrscheinlichkeitskonzepte.
d) „Unmögliche Ereignisse haben die Wahrscheinlichkeit 0, Ereignisse mit Wahrscheinlichkeit 0 sind unmöglich." Wie beurteilen Sie diese Aussage in einem statistischen Lehrbuch?

Ergänzungen und Bemerkungen

- Die Axiome von Kolmogoroff legen formale Bedingungen fest, die an eine Wahrscheinlichkeitsdefinition zu stellen sind. Fragen der Konsistenz und der mathematischen Begründung dieser Axiome werden in den Büchern zur Maßtheorie und zur Wahrscheinlichkeitstheorie ausführlich behandelt. Auf eine Begründung der Axiome im Rahmen einer Theorie rationalen Entscheidens (Entscheidungslogik) bei Ramsey und de Finetti (vgl. Stegmüller (1973), Teil I.4) sei hier besonders hingewiesen.

- Die Axiome Kolmogoroffs legen fest, was „Wahrscheinlichkeit" genannt werden darf. Aus ihnen läßt sich jedoch nicht ableiten, welches Wahrscheinlichkeitsmaß in konkreten Problemstellungen verwendet werden soll.

Mit den Wahrscheinlichkeitsbegriffen nach Laplace und nach v.Mises haben wir zwei Ansätze zur Festlegung eines solchen Maßes für bestimmte Situationen kennengelernt. Beide sind jedoch in der Literatur auch kritisiert und durch andere Konzepte ersetzt, teilweise ersetzt oder zumindest ergänzt worden (vgl. z.B. Gnedenko (1970), Schnorr (1971)).
Eine zentrale Stellung in diesem Zusammenhang nimmt die Diskussion um die Definition eines subjektiven Wahrscheinlichkeitsbegriffs ein, die u.a. auf Vorschläge von Ramsey, de Finetti und Savage zurückgeht (vgl. hierzu Savage (1972), Stegmüller (1973), Gottinger (1980), Dillmann (1990)).
Bezüglich des verwendeten Wahrscheinlichkeitsbegriffs in diesem Buch wollen wir uns auf eine pragmatische Lösung zurückziehen: Je nach Anwendungsbeispiel werden wir sowohl objektive (im Sinne von Laplace oder v. Mises) als auch subjektive Interpretationen der Wahrscheinlichkeit benutzen.

- Neben der Interpretation der Wahrscheinlichkeit, die ein wissenschaftstheoretisches Problem darstellt, bleibt ein praktisches Problem: die Berechnung der Wahrscheinlichkeiten. Bereits im Falle einer endlichen Grundgesamtheit und bei Vorliegen des Gleichmöglichkeitsmodells stellen sich dem Statistiker bei der numerischen Bestimmung der Wahrscheinlichkeiten umfangreiche kombinatorische Aufgaben (vgl. z.B. Ramb (1974)). Wir werden einige Male auf einfache kombinatorische Formeln zurückgreifen. Auf die Schwierigkeit der Lösung dieses Problems im Rahmen einer subjektiven Wahrscheinlichkeitsauffassung sei hier eigens hingewiesen (vgl. Stegmüller (1973) und Gottinger (1974)).

- Dem historisch interessierten Leser sei zur Geschichte der Wahrscheinlichkeitstheorie, aber auch der Statistik, Kennedy (1985) empfohlen.

- Eine mehr technische Bemerkung zum Schluß: In der mathematischen Statistik nennt man (Ω, S) einen Meßraum und (Ω, S, W) einen *Wahrscheinlichkeitsraum*. Ein Mengensystem S mit (S1) und (S2) aber (S3) nur für endliche Folgen von Ereignissen nennt man eine Algebra oder einen Mengenkörper. Im Falle einer endlichen oder abzählbar unendlichen Grundgesamtheit (diskrete Grundgesamtheit) können wir $S = P(\Omega)$ unseren Überlegungen zugrunde legen. Maßtheoretische Überlegungen zeigen, daß im Falle einer überabzählbaren (nicht diskreten) Grundgesamtheit $S = P(\Omega)$ in der Regel nicht gesetzt werden darf. Aus praktischen Gründen wird bei konkreten Problemstellungen oft auch bei diskreten Grundgesamtheiten eine kleinere Ereignisalgebra S als $P(\Omega)$ betrachtet, z.B. S bestehend aus einem Ereignis A, dem Komplement $\bar{A}$ sowie dem sicheren Ereignis Ω und dem unmöglichen Ereignis $\emptyset$. (Zeigen Sie, daß S die Axiome (S1)–(S3) erfüllt.)

2.2 Eindimensionale Wahrscheinlichkeitsverteilungen

Zentral für diesen und die beiden folgenden Abschnitte ist der Begriff der *Zufallsvariablen*. Die Definition eines Zufallsexperimentes wurde im vorhergehenden Abschnitt bewußt weit gefaßt, um möglichst viele zufällige Vorgänge mit Hilfe der Wahrscheinlichkeitsrechnung behandeln zu können. Dies hat allerdings zur Folge, daß die im Ergebnisraum Ω zusammengefaßten möglichen Ergebnisse von sehr verschiedenartiger Natur sein können: Augenzahlen beim Würfeln, Branchenzugehörigkeit von zufällig ausgewählten Industrieunternehmen eines Wirtschaftsraumes usw.. Auch interessiert man sich nicht immer für alle zunächst definierten Elementarereignisse, sondern nur für eine bestimmte Zerlegung von Ω. Um eine einheitliche Behandlung all dieser Problemstellungen zu ermöglichen, ist es sinnvoll, den einzelnen Elementarereignissen reelle Zahlen zuzuordnen: Im Falle quantitativer Merkmale kann dies einfach durch die Zuordnung der jeweiligen Merkmalsausprägungen zu jedem Elementarereignis, im Falle qualitativer Merkmale durch Zuordnung von Klassifikationszahlen geschehen. Handelt es sich um ein eindimensionales Merkmal, so entspricht aufgrund der gerade beschriebenen Zuordnung jedem Elementarereignis genau eine reelle Zahl. Man definiert deshalb:

Eine Abbildung $X: \Omega \to I\!R$, die jedem Elementarereignis ω aus Ω genau eine reelle Zahl $x \in I\!R$ zuordnet, heißt *eindimensionale Zufallsvariable*.

Betrachten wir die Eigenschaften einer eindimensionalen Zufallsvariablen X etwas genauer:

- Die Funktion X ist zunächst nur für Elementarereignisse definiert. Statt vom Elementarereignis ω können wir nun von der Realisierung $X(\omega) = x$ sprechen. Ebenso lassen sich aber auch zusammengesetzte Ereignisse statt als Teilmengen von Ω mit Hilfe von X als Teilmenge von $I\!R$ darstellen: So entspricht dem Ereignis „beim einmaligen Würfeln fällt eine Augenzahl die kleiner als vier ist" die Menge $\{1, 2, 3\} \subset I\!R$. (Sie haben sicher bereits bemerkt, daß wir in Abschnitt 2.1 den Begriff „Augenzahl x" und die Zahl x nicht unterschieden haben; implizit haben wir dort also bereits vom Zufallsvariablenbegriff Gebrauch gemacht.)

- Die Menge

$$X(\Omega) = \{x \in I\!R | x = X(\omega) \text{ für mindestens ein } \omega \in \Omega\} \subset I\!R$$

heißt *Träger* (Wertebereich) von X oder *Menge aller möglichen Realisierungen* von X. Ist $X(\Omega)$ endlich oder besteht $X(\Omega)$ aus abzählbar unendlich vielen Werten, so heißt X *diskrete* Zufallsvariable; besteht der Wertebereich von X aus allen Zahlen eines bestimmten Intervalls von $I\!R$, aus $I\!R$ selbst oder sogar aus einer Vereinigung von Intervallen von $I\!R$, so heißt X *stetige* Zufallsvariable. (Eigentlich wäre hier der Begriff „kontinuierliche Zufallsvariable" besser angebracht; eine neue, den Begriff

„stetig" motivierende Charakterisierung der stetigen Zufallsvariablen mit Hilfe der Verteilungsfunktion werden wir im Verlauf dieses Abschnitts kennenlernen).

- Betrachten wir das Zufallsexperiment „Ziehen einer statistischen Einheit aus einer Grundgesamtheit". Wir interessieren uns dort für ein quantitatives bzw. quantifizierbares eindimensionales Merkmal X, d.h. X ordnet der gezogenen statistischen Einheit die empirische Beobachtung x des Merkmals X, zu. In der gerade eingeführten Sprechweise: Jedes Merkmal X läßt sich — betrachtet man eine Teilerhebung vor der konkreten Durchführung als Zufallsexperiment — als Zufallsvariable auffassen, und $W(X = x)$ gibt die Wahrscheinlichkeit an, daß die gezogene statistische Einheit gerade die Merkmalsausprägung x aufweist. Damit haben wir den Begriff „Chance" aus 1.2 durch den Begriff „Wahrscheinlichkeit" präzisiert. Auch wäre es nach dem eben Gesagten genauer, von einer Wahrscheinlichkeitsauswahl statt einer Zufallsauswahl zu sprechen. Beide Begriffe werden aber in der Literatur nach wie vor synonym gebraucht. Ebenfalls synonym werden wir in der Folge die Begriffe „Merkmal" und „die zu einem Merkmal zugehörige Zufallsvariable X" gebrauchen, wenn aus dem Kontext klar hervorgeht, was gemeint ist.

- Definiert man beim Würfelwurf X als Augenzahl, so gilt offensichtlich $|\Omega| = |X(\Omega)|$. Im allgemeinen gilt aber $|X(\Omega)| < |\Omega|$. Werden beispielsweise aus einer Urne mit 10 Kugeln, die rot, grün oder gelb sind, zwei Kugeln durch Z.m.Z. ausgewählt, und ist X die Anzahl der ausgewählten roten Kugeln, so gilt offenbar $|X(\Omega)| = 3 < 100 = |\Omega|$.

- Sei $A \subset \Omega$ ein beliebiges Ereignis. Die Zufallsvariable X, die den Wert 1 annimmt, wenn das Ereignis A eintritt, und den Wert 0, wenn A nicht eintritt, heißt *Indikatorvariable von A*. Es gilt dann: $W(X = 1) = W(A)$ und $W(X = 0) = W(\bar{A}) = 1 - W(A)$. Eine Zufallsvariable X, die genau zwei Werte annimmt, heißt *dichotom*. Steht eine dichotome Zufallsvariable (also ein Merkmal mit genau zwei Ausprägungen) im Mittelpunkt des Interesses statistischer Untersuchung, spricht man von einer sogenannten *homograden* Fragestellung; als *heterograde* Fragestellung bezeichnet man Untersuchungen von kardinalskalierten Merkmalen und den ihnen zugeordneten Zufallsvariablen.

Will man Zufallsexperimente näher charakterisieren, d.h. will man Klarheit darüber erhalten, mit welcher Wahrscheinlichkeit verschiedene mögliche Ereignisse als konkrete Ergebnisse eines Zufallsexperiments auftreten (z.B. die Wahrscheinlichkeit, daß beim einmaligen Werfen eines Würfels eine Zahl kleiner oder gleich 2 erscheint), so liegt es nahe (analog zur Häufigkeitsverteilung in der deskriptiven Statistik), den Begriff der *Wahrscheinlichkeitsverteilung einer* (zum Zufallsexperiment gehörenden) *Zufallsvariable* einzuführen und nach Konzepten für ihre Beschreibung zu suchen:

Die Funktion $F(x)$, die jeder reellen Zahl $x \in \mathbb{R}$ die Wahrscheinlichkeit
$$F(x) = W(X \leq x)$$
zuordnet, daß die Zufallsvariable X einen Wert kleiner oder gleich x annimmt, heißt *Verteilungsfunktion von X*. Sie legt die Wahrscheinlichkeitsverteilung einer Zufallsvariablen vollständig fest.

Zur genaueren Beschreibung der Wahrscheinlichkeitsverteilung einer Zufallsvariablen X ist es sinnvoll, diskrete und stetige Zufallsvariablen getrennt zu behandeln:

a) Im Falle einer diskreten Zufallsvariablen X heißt die Funktion $f(x)$, die jeder reellen Zahl x die Wahrscheinlichkeit
$$f(x) = W(X = x)$$
zuordnet, daß X genau den Wert x annimmt, *Wahrscheinlichkeitsfunktion von X*. Da sich im diskreten Fall der Wertebereich von X in der Form $x_1, x_2, x_3, \ldots$ angeben läßt, ist die Wahrscheinlichkeitsfunktion von der Gestalt
$$f(x) = \begin{cases} f(x_i) & x = x_i \text{ aus dem Wertebereich von } X \\ 0 & \text{sonst} \end{cases}$$
Es gilt:
$$f(x_i) \geq 0, \quad \sum_i f(x_i) = 1,$$
$$W(a < X \leq b) = \sum_{a < x_i \leq b} f(x_i) = F(b) - F(a).$$
Die Verteilungsfunktion hat dann die Form
$$F(x) = \sum_{x_i \leq x} f(x_i).$$
Die graphische Darstellung der Wahrscheinlichkeitsfunktion ergibt somit ein *Stabdiagramm*, die der Verteilungsfunktion das Bild einer *Treppenfunktion*.

b) Für eine stetige Zufallsvariable ist zu fordern, daß die zugehörige Verteilungsfunktion $F(x)$ stetig ist. Auch ist es unmöglich, eine Summendarstellung von $F(x)$ zu erwarten. Man präzisiert die Definition einer stetigen Zufallsvariablen X in der folgenden Weise:
X heißt stetig, falls eine nicht-negative reellwertige Funktion $f(x)$ existiert, so daß für jede reelle Zahl a gilt:
$$F(a) = W(X \leq a) = \int_{-\infty}^{a} f(x)\,dx.$$
Die Funktion $f(x)$ heißt *Dichtefunktion* (Dichte) von X. Es gilt:

- $\int_{-\infty}^{\infty} f(x)\,dx = 1$.
- $f(x) \geq 0$, aber nicht notwendigerweise $f(x) \leq 1$.
- $W(a < X \leq b) = \int_a^b f(x)\,dx = F(b) - F(a)$.
- $W(X = a) = 0$ für jedes $a \in I\!R$, also
  $W(a \leq X \leq b) = W(a \leq X < b) = W(a < X \leq b) = W(a < X < b)$,
  was für diskrete Zufallsvariablen im allgemeinen nicht gilt.
- $F'(x) = f(x)$, falls $f(x)$ in x stetig ist.
- Graphisch ergibt sich die Wahrscheinlichkeit, daß die stetige Zufallsvariable X Werte zwischen a und b annimmt, als die Fläche zwischen Dichtefunktion und Abszisse innerhalb der Grenzen $X = a$ und $X = b$ (Abbildung 2.1).

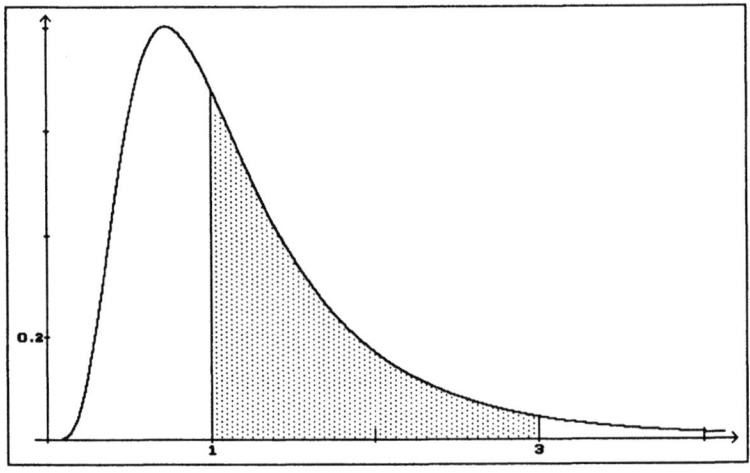

Abbildung 2.1: Dichtefunktion; $W(1 \leq X \leq 3)$

Aufgabe 2.2/1

a) Welche Eigenschaften besitzt die Verteilungsfunktion einer Zufallsvariablen X?

b) „Eine Zufallsvariable ist eine Funktion, die reelle Zahlenwerte mit bestimmten Wahrscheinlichkeiten annimmt." Nehmen Sie Stellung.

Aufgabe 2.2/2
Betrachten Sie das Zufallsexperiment „Zweimaliges Werfen eines idealen Würfels". Definieren Sie eine geeignete Zufallsvariable, wenn das Merkmal „Summe der Augenzahlen" interessiert; stellen Sie ihre Wahrscheinlichkeitsfunktion sowie Verteilungsfunktion graphisch dar.

Aufgabe 2.2/3
Die Dichtefunktion einer stetigen Zufallsvariablen X sei gegeben durch

$$f(x) = \begin{cases} x & \text{für } 0 \leq x \leq 1 \\ -x+2 & \text{für } 1 \leq x \leq 2 \\ 0 & \text{sonst} \end{cases}$$

a) Berechnen Sie $W(0.5 \leq x \leq 2)$.
b) Berechnen Sie $F(1.5)$.
c) Berechnen Sie a so, daß $W(X \leq a) = 0.8$.
d) Bestimmen Sie die Verteilungsfunktion von X.

Aufgabe 2.2/4
Welche der folgenden Funktionen ist nicht Dichtefunktion einer stetigen Zufallsvariablen X?

$$f_1(x) = \begin{cases} 2x & \text{für } 0 \leq x \leq 2 \\ 0 & \text{sonst} \end{cases}$$

$$f_2(x) = \begin{cases} \frac{3}{2}x & \text{für } 0 \leq x \leq 2 \\ 0 & \text{sonst} \end{cases}$$

$$f_3(x) = \begin{cases} x+1 & -1 \leq x \leq 0 \\ -x+1 & 0 \leq x \leq 1 \\ 0 & \text{sonst} \end{cases}$$

Aufgabe 2.2/5
Ein Wirtschaftsforschungsinstitut hält für die Inflationsrate alle Werte im Intervall $4 \leq Y \leq 6$ für prinzipiell möglich und unterstellt für ihre Prognose die folgende Dichtefunktion:

$$f(y) = \begin{cases} \frac{1}{2}y - 2 & 4 \leq y \leq 6 \\ 0 & \text{sonst} \end{cases}$$

Berechnen Sie die Wahrscheinlichkeit, daß die Inflationsrate zwischen 5 und 6 liegt.

Ergänzungen und Bemerkungen

- Die oben gegebene Definition einer Zufallsvariablen X ist für die von uns zu betrachtenden Anwendungen zwar ausreichend, aber mathematisch nicht ganz vollständig. Um ein ursprünglich auf Ω definiertes Wahrscheinlichkeitsmaß auf $I\!R$ übertragen zu können, muß folgende Zusatzbedingung erfüllt sein: $X^{-1}(-\infty, x] \in \mathbf{S}$ für alle $x \in I\!R$, d.h. die Mengen $\{\omega | X(\omega) \leq x\}$ müssen für alle reellen Zahlen $x \in I\!R$ Ereignisse sein. Dies erst garantiert die Übertragbarkeit des ursprünglich auf $(\Omega, \mathbf{S})$ definierten Wahrscheinlichkeitsmaßes W auf den neuen Meßraum $(I\!R, \mathbf{B})$, wobei $\mathbf{B}$ die sogenannte Borel-Algebra ist: die von allen Intervallen der Form $(-\infty, x]$ erzeugte σ-Algebra auf $I\!R$, die alle Intervalle aus $I\!R$ enthält. Ist I ein beliebiges Intervall aus diesem Mengensystem, so garantiert die formulierte Zusatzbedingung, daß W vermöge $W(I) = W(\{\omega \in \Omega | X(\omega) \in I\})$ von $(\Omega, \mathbf{S})$ in eindeutiger Weise auf $(I\!R, \mathbf{B})$ übertragen wird. (Vgl. hierzu Bücher zur Maßtheorie oder Wahrscheinlichkeitstheorie wie z.B. Henze (1971)).

- Die Einteilung der Zufallsvariablen in diskrete und stetige ist nicht erschöpfend. Z.B. lassen sich sogenannte gemischte Zufallsvariablen definieren, bei denen X sowohl einen diskreten als auch einen stetigen Teil besitzt.

- Die Verteilung einer Zufallsvariablen X heißt *symmetrisch* zum Punkt x_0, wenn für die Wahrscheinlichkeitsfunktion bzw. für die Dichte gilt: $f(x_0 + c) = f(x_0 - c)$ für alle c.

2.3 Mehrdimensionale Wahrscheinlichkeitsverteilungen

Werden im Rahmen einer statistischen Untersuchung gleichzeitig mehrere, sagen wir m, eindimensionale Merkmale erhoben, so läßt sich jeder statistischen Einheit bezüglich jedes Merkmals je eine Merkmalsausprägung zuordnen. Wird nun — wie im vorangehenden Abschnitt beschrieben — jedes Merkmal durch eine Zufallsvariable X_i beschrieben, erhalten wir eine *m-dimensionale Zufallsvariable*

$$X = (X_1, \ldots, X_m): \begin{array}{l} \Omega \to I\!R^m \\ \omega \to (X_1(\omega), \ldots, X_m(\omega)). \end{array}$$

Die Verteilungsfunktion $F(x)$, die jedem $x = (x_1, \ldots, x_m) \in I\!R^m$ die Wahrscheinlichkeit

$$F(x) = W(X_1 \leq x_1, \ldots, X_m \leq x_m)$$

(die Wahrscheinlichkeit also, daß X_1 Werte höchstens gleich x_1 und ... und X_m Werte höchstens gleich x_m annimmt) zuordnet, heißt *gemeinsame Verteilungsfunktion* der Zufallsvariablen $X = (X_1, \ldots, X_m)$.

Für die weiteren Ausführungen ist es wieder sinnvoll, diskrete und stetige Zufallsvariablen zu unterscheiden; außerdem sollen die sich im Unterschied zur eindimensionalen Zufallsvariablen neu ergebenden Fragestellungen und Definitionen aus Übersichtlichkeitsgründen am Beispiel zweier Merkmale (X, Y) demonstriert werden. Die Verallgemeinerung der folgenden Resultate und Definitionen von $m = 2$ auf mehrdimensionale Zufallsvariablen beliebiger Dimension sollte Ihnen keine Schwierigkeiten bereiten.

a) Eine zweidimensionale Zufallsvariable (X, Y) heißt *diskret*, wenn sie nur endlich viele oder abzählbar unendlich viele Werte annimmt. Der Wertebereich von (X, Y) besteht also aus Paaren (x_i, y_j); $i = 1, \ldots, k$, $j = 1, \ldots, l$, bzw. $i, j \in I\!N$. Die Funktion $f(x, y)$, die jedem $(x, y) \in I\!R$ die Wahrscheinlichkeit $W(X = x, Y = y)$ zuordnet, heißt *gemeinsame Wahrscheinlichkeitsfunktion* von X und Y:

$$f(x,y) = \begin{cases} W(X = x_i, Y = y_j) & \text{falls } (x, y) = (x_i, y_j) \\ 0 & \text{sonst} \end{cases}$$

Ist der Wertebereich endlich, gilt also $i = 1, \ldots, k$ und $j = 1, \ldots, l$, so läßt sich f übersichtlich in einer Tabelle (*Kontingenztabelle*, $k \times l$-*Felder-Tafel*) oder durch ein Stabdiagramm über der x-y-Ebene darstellen. Die Verteilungsfunktion $F(x, y)$ ist dann von der Form

$$F(x,y) = \sum_{x_i \leq x} \sum_{y_j \leq y} f(x_i, y_j).$$

Definiert man $f_X(x_i) = \sum_j f(x_i, y_j)$, so ist offensichtlich $f_X(x_i) = W(X = x_i)$. Die durch diese Wahrscheinlichkeitsfunktion für alle x_i definierte Verteilung nennt man die *Randverteilung* von X. Entsprechend wird durch $f_Y(y_j) = \sum_i f(x_i, y_j)$ die Randverteilung von Y definiert.

Neben der gemeinsamen Wahrscheinlichkeitsverteilung und den zwei Randverteilungen lassen sich im Falle einer zweidimensionalen Zufallsvariablen (X, Y) durch

$$f(x_i | y_j) = W(X = x_i | Y = y_j) = \frac{f(x_i, y_j)}{f(y_j)}$$

$$f(y_j | x_i) = W(Y = y_j | X = x_i) = \frac{f(x_i, y_j)}{f(x_i)}$$

für jedes y_j bzw. x_i zwei weitere Wahrscheinlichkeitsfunktionen definieren: *die bedingten Wahrscheinlichkeitsfunktionen* von X bzw. Y.

Analog dem Unabhängigkeitsbegriff für Ereignisse definiert man: Zwei Zufallsvariablen X und Y heißen *unabhängig*, wenn gilt:

$$f(x_i, y_j) = f_X(x_i) \cdot f_Y(y_j) \text{ für alle } i, j.$$

Die Frage nach der Unabhängigkeit ist eine zentrale Fragestellung in statistischen Untersuchungen von mehrdimensionalen Zufallsvariablen (Merkmalen).

b) Eine zweidimensionale Zufallsvariable (X, Y) heißt *stetig*, wenn die gemeinsame Verteilungsfunktion $F(x, y)$ in beiden Variablen stetig ist. In diesem Fall existiert eine nicht-negative Funktion $f(x,y)$, so daß die Verteilungsfunktion die Gestalt hat:

$$F(a,b) = \int_{-\infty}^{a} \int_{-\infty}^{b} f(x,y)\, dy\, dx.$$

$f(x,y)$ heißt *gemeinsame Dichtefunktion (bzw. gemeinsame Dichte)* von X, Y. Die *Randverteilung* von X bzw. Y ist definiert durch die jeweilige Dichtefunktion

$$f_X(x) = \int_{-\infty}^{\infty} f(x,y)\, dy \quad \text{für alle } x$$

$$f_Y(y) = \int_{-\infty}^{\infty} f(x,y)\, dx \quad \text{für alle } y.$$

Die bedingten Verteilungen sowie die Unabhängigkeit sind im stetigen Fall analog zum diskreten Fall definiert. Dabei sind Summationen über den diskreten Wertebereich durch Integrationen über den kontinuierlichen Wertebereich zu ersetzen.

Aufgabe 2.3/1

a) Definieren Sie Unabhängigkeit zweier Zufallsvariablen X und Y mit Hilfe der bedingten Wahrscheinlichkeitsfunktion (bzw. Dichte) sowie der jeweiligen Randverteilung.
b) Eine Urne enthalte 10 Kugeln: 4 weiße und 6 schwarze Kugeln. Sie ziehen zwei Kugeln nacheinander aus der Urne. Definieren Sie für $i = 1, 2$:

$$X_i = \begin{cases} 0 & \text{im } i\text{-ten Zug erhält man eine schwarze Kugel} \\ 1 & \text{im } i\text{-ten Zug erhält man eine weiße Kugel} \end{cases}$$

Zeigen Sie: Im Falle von Ziehen mit Zurücklegen (Z.m.Z.) sind X_1 und X_2 unabhängig; im Falle von Ziehen ohne Zurücklegen (Z.o.Z.) abhängig.

Aufgabe 2.3/2

Die gemeinsame Wahrscheinlichkeitsfunktion der zweidimensionalen Zufallsvariablen (X, Y) sei gegeben durch folgende Tabelle:

$x \backslash y$	1	2	3	4
-2	0.2	0.1	0	0.1
0	0.3	0	0.1	0
2	0	0.1	0.1	0

a) Bestimmen Sie die Randverteilungen, die Verteilungsfunktion sowie die bedingten Verteilungen von (X, Y).
b) Berechnen Sie

$$W(X \geq 0, Y < 3),\ W(X \geq 2, Y < 4),\ W(X \geq -3, Y \leq 4).$$

c) Sind X, Y unabhängig?

Aufgabe 2.3/3
Eine Urne enthalte 5 weiße, 2 schwarze und 3 blaue Kugeln. Man ziehe zweimal mit Zurücklegen. Erstellen Sie die gemeinsame Wahrscheinlichkeitsfunktion für die Zufallsvariable (X, Y), wobei $X=$„Anzahl der weißen Kugeln in der Stichprobe" und $Y =$ „Anzahl der schwarzen Kugeln in der Stichprobe" bedeutet.

Aufgabe 2.3/4
Diskutieren Sie folgende Aussagen:

- „Die Randverteilungen enthalten bereits alle Informationen über die gemeinsame Wahrscheinlichkeitsfunktion".
- „Zweidimensionale Zufallsvariablen sind entweder diskret oder stetig".

Ergänzungen und Bemerkungen

- Eine mehrdimensionale Zufallsvariable läßt sich als ein Zufallsvektor auffassen, dessen Komponenten eindimensionale Zufallsvariablen sind.
- Sind die einzelnen Komponenten einer mehrdimensionalen Zufallsvariablen von der Zeit abhängig, so nennt man $X_T = (\Omega, \mathbf{S}, W, (X_t)_{t \in T})$ einen *stochastischen Prozeß*. Dabei kann (X_t) sowohl eine endliche, abzählbar unendliche oder überabzählbare Menge von Zufallsvariablen sein. Grundlegende Definitionen der Theorie stochastischer Prozesse findet man in Fisz (1976), Kapitel 8 oder Breiman (1969).

2.4 Maßzahlen einer Wahrscheinlichkeitsverteilung

Neben der expliziten Angabe der Wahrscheinlichkeitsfunktion oder der Verteilungsfunktion sowie deren graphischen Darstellungen läßt sich die Wahrscheinlichkeitsverteilung einer Zufallsvariablen X auch durch sogenannte *Maßzahlen* (Parameter der Verteilung) charakterisieren (vgl. Abschnitt 1.3).

a) Sei X eine eindimensionale Zufallsvariable. Dann wird durch

$$\mu = E(X) = \begin{cases} \sum_i x_i\, f(x_i) & X \text{ ist diskret} \\ \int_{-\infty}^{\infty} x\, f(x)\, dx & X \text{ ist stetig} \end{cases}$$

ein die Lage der Verteilung von X kennzeichnender Parameter festgelegt: der *Erwartungswert* von X. Allgemeiner: Ist g eine auf $I\!R$ definierte reellwertige Funktion, so wird durch $g(X)$ eine neue Zufallsvariable definiert, nämlich die Zufallsvariable $\Omega \ni \omega \to g(X(\omega))$, deren Realisation gerade $g(x)$ ist, wenn x die Realisation von X ist. Existieren

$$E(g(X)) = \sum_i g(x_i) f(x_i) \text{ bzw. } \int_{-\infty}^{\infty} g(x) f(x) \, dx,$$

so nennt man diese den Erwartungswert der Zufallsvariablen $g(X)$. Es gilt

$$E(g_1(X) + g_2(X)) = E(g_1(X)) + E(g_2(X)).$$

Ist g eine lineare Funktion von X, also $g(X) = aX + b$, so erhält man

$$E(aX + b) = aE(X) + b.$$

b) Die wichtigste Maßzahl der Streuung für eine eindimensionale Zufallsvariable X ist die *Varianz*

$$\sigma^2 = V(X) = \begin{cases} \sum_i (x_i - E(X))^2 f(x_i) & X \text{ ist diskret} \\ \int_{-\infty}^{\infty} (x - E(X))^2 f(x) \, dx & X \text{ ist stetig} \end{cases}$$

$\sigma = ST(X) = \sqrt{V(X)}$ heißt die *Standardabweichung* von X. Für die Varianz gilt ferner

$$V(aX + b) = a^2 V(X)$$
$$V(X) = E(X^2) - [E(X)]^2.$$

Letztere Eigenschaft wird Verschiebungssatz der Varianz genannt.

c) Sei (X, Y) eine zweidimensionale Zufallsvariable und $g(x, y)$ eine reellwertige Funktion in zwei Variablen. Dann heißt

$$E(g(X,Y)) = \begin{cases} \sum_i \sum_j g(x_i, y_j) f(x_i, y_j) & (X, Y) \text{ diskret} \\ \int_{-\infty}^{\infty} \int_{-\infty}^{\infty} g(x, y) f(x, y) \, dx \, dy & (X, Y) \text{ stetig} \end{cases}$$

der Erwartungswert der Zufallsvariablen $g(X, Y)$ (falls die entsprechenden Summen bzw. Integrale existieren). Folgende Regeln lassen sich ableiten:

- $E(\sum_{i=1}^m X_i) = \sum_{i=1}^m E(X_i)$
- $E(\prod_{i=1}^m X_i) = \prod_{i=1}^m E(X_i)$, falls $X_1, \ldots, X_m$ unabhängig
- $V(\sum_{i=1}^m X_i) = \sum_{i=1}^m V(X_i)$, falls $X_1, \ldots, X_m$ unabhängig.

Sind X, Y abhängige Zufallsvariablen, so interessieren nähere Aufschlüsse über Art und Stärke der Abhängigkeit. Dazu definiert man zunächst die *Kovarianz* zweier Zufallsvariablen X, Y durch

$$\sigma_{XY} = \text{Cov}(X, Y) = E(X \cdot Y) - E(X) \cdot E(Y).$$

Aus den obigen Regeln läßt sich sofort ableiten:

$$X, Y \text{ unabhängig} \Rightarrow \text{Cov}(X, Y) = 0.$$

Einfache Gegenbeispiele zeigen, daß die Umkehrung dieser Folgerung i.a. nicht gilt. Ist z.B. $E(X) = E(X^3) = 0$ (X ist symmetrisch verteilt) und $Y = X^2$, so ist offensichtlich $\text{Cov}(X, Y) = 0$, aber Y ist perfekt von X abhängig. Nennt man X, Y *unkorreliert*, wenn $\text{Cov}(X, Y) = 0$ gilt, so heißt dies: Die Unkorreliertheit ist eine schwächere Bedingung an zwei Zufallsvariablen als die Unabhängigkeit. Weiter gilt:

- $\text{Cov}(X, Y) = E\{[X - E(X)][Y - E(Y)]\}$
- $\text{Cov}(X, Y) \neq 0 \Rightarrow X, Y$ sind abhängig
- $\text{Cov}(X, Y) > 0 \Rightarrow X, Y$ variieren gleichläufig
- $\text{Cov}(X, Y) < 0 \Rightarrow X, Y$ variieren gegenläufig
- $V(X + Y) = V(X) + V(Y) + 2\text{Cov}(X, Y)$
- $V(\sum_{i=1}^{m} X_i) = \sum_{i=1}^{m} V(X_i) + \sum\sum_{i \neq j} \text{Cov}(X_i, X_j)$.

Während die Kovarianz also bereits Aufschluß über das Vorliegen und die Art der Abhängigkeit zweier Zufallsvariablen X, Y gibt, läßt sich Aufschluß über die Stärke des Zusammenhangs (genau: des linearen Zusammenhangs) mit Hilfe des aus der deskriptiven Statistik bekannten *Korrelationskoeffizienten* R (nach Bravais/Pearson) gewinnen:

$$R(X, Y) = \frac{\text{Cov}(X, Y)}{\sqrt{V(X) V(Y)}}.$$

Er ist definiert, falls $\sigma_X^2 = V(X) \neq 0$ und $\sigma_Y^2 = V(Y) \neq 0$, also X und Y „echte" Zufallsvariablen sind. Es gilt:

- $-1 \leq R(X, Y) \leq +1$
- $R(X, Y) < 0 \Leftrightarrow \text{Cov}(X, Y) < 0 \Rightarrow X, Y$ variieren gegenläufig
- $R(X, Y) > 0 \Leftrightarrow \text{Cov}(X, Y) > 0 \Rightarrow X, Y$ variieren gleichläufig
- $|R(X, Y)| = 1 \Leftrightarrow$ es besteht eine lineare Relation zwischen X und Y (für fast alle Werte im Falle stetiger Zufallsvariablen), nämlich $Y = \alpha + \beta X$ mit $\alpha = E(Y) - \beta E(X)$, $\beta = R(X, Y) \sqrt{V(Y)/V(X)}$.

Mit Hilfe der jeweiligen Randverteilungen lassen sich im Falle der zweidimensionalen Zufallsvariablen (X, Y) analog zu a) und b) Maßzahlen für die eindimensionalen Zufallsvariablen X und Y ableiten und bestimmen. Ferner bezeichnet man die Erwartungswerte der bedingten Verteilungen als *bedingte Erwartungswerte*. Exemplarisch sei hier im diskreten Fall der bedingte Erwartungswert von X gegeben $Y = y_j$ aufgeführt:

$$E(X|Y = y_j) = \sum_{i=1}^{k} x_i f(x_i | y_j).$$

Aufgabe 2.4/1
a) Berechnen Sie Erwartungswert und Varianz der in Aufgabe 2.2/2 beschriebenen Zufallsvariablen. Läßt sich der Erwartungswert hier ohne Rechnung ermitteln?
b) Berechnen Sie Erwartungswert und Varianz der in Aufgabe 2.2/3 beschriebenen Zufallsvariablen.

Aufgabe 2.4/2
Erläutern Sie folgende Aussagen:
a) Die Kovarianz gibt Aufschluß über das Vorliegen und die Art der Abhängigkeit zweier Zufallsvariablen X, Y; nicht aber über die Stärke des Zusammenhangs.
b) Der Korrelationskoeffizient ist ein Maß für die Stärke des Zusammenhangs zweier Zufallsvariablen.
c) Die Unkorreliertheit ist eine schwächere Bedingung an zwei Zufallsvariablen als die Unabhängigkeit.

Aufgabe 2.4/3
Wir betrachten die in Aufgabe 2.3/2 gegebene zweidimensionale Zufallsvariable (X, Y).
a) Berechnen Sie den Erwartungswert der Zufallsvariablen X bzw. Y.
b) Berechnen Sie den Erwartungswert der Zufallsvariablen $g(X,Y) = XY$.
c) Lassen sich aus den Ergebnissen zu a) und b) Aussagen über Unabhängigkeit/ Abhängigkeit der Zufallsvariablen X, Y ableiten?
d) Berechnen Sie $E(X|Y = 1)$.

Aufgabe 2.4/4
Ein mit der Prognose von Wachstumsrate (X) und Inflationsrate (Y) der bundesdeutschen Wirtschaft beauftragtes Wirtschaftsforschungsinstitut hält für 2000 die Wachstumsraten -1, 0 und +1 sowie die Inflationsraten 4% und 5% für möglich. Aufgrund einer eingehenden Analyse der weltwirtschaftlichen Lage werden folgende Wahrscheinlichkeiten errechnet:

$x \backslash y$	4	5
−1	0.1	0.5
0	0.1	0.2
1	0	0.1

a) Berechnen Sie $E(X)$ und $E(Y)$.
b) Wie groß ist die Wahrscheinlichkeit für eine Wachstumsrate von -1, wenn eine Inflationsrate von 5% aufgrund neuerer Erkenntnisse bereits als sicher angenommen werden kann?
c) Überprüfen Sie, ob X und Y unabhängige Zufallsvariablen sind.
d) Überprüfen Sie, ob X und Y unkorrelierte Zufallsvariablen sind.

Ergänzungen und Bemerkungen

- Betrachtet man als Zufallsexperiment das Ziehen einer statistischen Einheit und ist X die einem eindimensionalen Merkmal zugeordnete Zufallsvariable, so wählt man in der Regel die folgende Bezeichnungsweise:
  $E(X) = \mu_X = \mu$ („arithmetisches Mittel der Grundgesamtheit")
  $V(X) = \sigma_X^2 = \sigma^2$ („Grundgesamtheitsvarianz")
  $ST(X) = \sigma_X = \sigma$ („Standardabweichung der Grundgesamtheit"). Entsprechend nennt man die Verteilung von X *Grundgesamtheitsverteilung*.
  Bei Vorliegen einer zweidimensionalen Zufallsvariablen (X_1, X_2) wählt man die folgende Bezeichnungsweise:
  $\text{Cov}(X_1, X_2) = \sigma_{X_1, X_2} = \sigma_{12}$ („Kovarianz der Grundgesamtheit")
  $V(X_i) = \text{Cov}(X_i, X_i) = \sigma_{ii} = \sigma_i^2$
  $R(X_1, X_2) = \rho(X_1, X_2) = \rho$ („Korrelationskoeffizient der Grundgesamtheit").

- Existiert für eine positive ganze Zahl k und eine Zahl c der Erwartungswert $E\{(X-c)^k\}$, so nennt man diesen Wert *k-tes Moment um c* (Moment k-ter Ordnung um c) der Zufallsvariablen X. Von besonderer Bedeutung für die Charakterisierung von Verteilungen sind die k-ten Momente um 0, $E(X^k)$, sowie die k-ten Momente um $E(X)$ (zentrale Momente), $E\{(X - E(X))^k\}$. So ist das erste Moment um 0 genau der Erwartungswert, das 2. zentrale Moment die Varianz von X. Die Kenntnis zusätzlicher Momente charakterisiert die Verteilung von X immer besser. Wir werden sehen, daß bei Vorgabe eines gezielten Verteilungstyps einer Zufallsvariablen oft bereits die Kenntnis weniger Momente zur eindeutigen Festlegung der Wahrscheinlichkeitsverteilung ausreicht (parametrische Klasse von Verteilungen). Im allgemeinen kann man dies aber nicht erwarten.

- Nimmt eine Zufallsvariable X nur nicht-negative Werte an und besitzt sie einen endlichen Erwartungswert $E(X)$, so gilt für jede positive Zahl k: $W(X \geq k) \leq E(X)/k$ (vgl. Fisz (1976), 98-100). Daraus folgt die sogenannte Tschebyscheffsche Ungleichung: $W(|X - E(X)| \geq k\sigma) \leq 1/k^2$, die die Bedeutung der Standardabweichung und damit der Varianz als Kennzahl für die Streuung einer Verteilung hervorhebt.

- Ist $(X_1, \ldots, X_m)$ eine m-dimensionale Zufallsvariable, so faßt man die verschiedenen Varianzen und Kovarianzen der Grundgesamtheit in der sogenannten Varianz-Kovarianz-Matrix zusammen:

$$\Sigma = \begin{pmatrix} \sigma_1^2 & \sigma_{12} & \cdots & \sigma_{1m} \\ \sigma_{21} & \sigma_2^2 & \cdots & \sigma_{2m} \\ \vdots & \vdots & \ddots & \vdots \\ \sigma_{m1} & \sigma_{m2} & \cdots & \sigma_m^2 \end{pmatrix}$$

Die Varianz-Kovarianzmatrix ist Ausgangspunkt vieler multivariater Verfahren und spielt eine wichtige Rolle bei der ökonometrischen Modellbildung.

2.5 Binomialverteilungen

Wir betrachten ein Zufallsexperiment, das sich unter gleichen Bedingungen n-mal wiederholen läßt. Dabei setzen wir voraus, daß sich die einzelnen Durchführungen des Zufallsexperiments, die wir Versuche nennen wollen, nicht gegenseitig beeinflussen. Weiter soll bei jedem einzelnen Versuch nur interessieren, ob ein bestimmtes Ereignis A eintritt oder nicht. Ein solches Experiment bezeichnet man als Bernoulli-Experiment oder Bernoullische Versuchsanordnung nach Jacob Bernoulli (1654–1705). Beispiele hierfür sind:

- Eine Münze wird 10-mal geworfen, und wir interessieren uns bei jedem Münzwurf dafür, ob „Zahl" fällt oder nicht.

- Ein Würfel wird 20-mal geworfen, und unser Interesse gilt bei jedem Wurf dem Ereignis $A=$„ungerade Zahl fällt"$=\{1,3,5\}$.

- Aus einer Urne mit 10 Kugeln, von denen 3 rot sind, wird eine Stichprobe vom Umfang n durch Ziehen mit Zurücklegen gewonnen. Jede in die Stichprobe gelangte Kugel wird daraufhin untersucht, ob sie rot ist oder nicht. Man interessiert sich für die Zahl der gezogenen roten Kugeln.

Die beschriebenen Zufallsexperimente lassen sich exakt wie folgt charakterisieren:

- Ein Zufallsexperiment, dem ein endlicher oder unendlicher Ergebnisraum Ω zugrundeliegt, wird n-mal wiederholt (n ist eine feste natürliche Zahl, also insbesondere endlich).

- Bei jeder Durchführung des Zufallsexperiments, bei jedem Versuch also, interessiert nur, ob ein bestimmtes Ereignis A eintritt oder nicht. Jeder Versuch läßt sich also durch die folgenden dichotomen Zufallsvariablen beschreiben:

$$X_i = \begin{cases} 1 & A \text{ tritt im } i\text{-ten Versuch ein} \\ 0 & A \text{ tritt im } i\text{-ten Versuch nicht ein} \end{cases} \quad (i = 1, \ldots, n).$$

- Die Versuche beeinflussen sich gegenseitig nicht, d.h. die Zufallsvariablen X_i ($i = 1, \ldots, n$) sind unabhängig.

- Die Wahrscheinlichkeit, daß in einem Versuch A eintritt, sei bekannt und damit konstant für alle Versuche (da Unabhängigkeit vorliegt):

$$W(A) = W(X_i = 1) = \pi, \; i = 1, \ldots, n.$$

Ist man nun an der Wahrscheinlichkeit interessiert, daß das Ereignis A bei n Versuchen genau x-mal eintritt ($x = 0, 1, \ldots, n$), so kann man diese Fragestellung wie folgt präzisieren: Gesucht ist die Wahrscheinlichkeitsverteilung der Zufallsvariablen

$$X = \sum_{i=1}^{n} X_i.$$

Kombinatorische Überlegungen ergeben

$$f_B(x) = \begin{cases} \binom{n}{x}\pi^x(1-\pi)^{n-x} & \text{für } x = 0, \ldots, n \\ 0 & \text{sonst} \end{cases}$$

als Wahrscheinlichkeitsfunktion der Zufallsvariablen X.

Die durch diese Wahrscheinlichkeitsfunktion definierte Verteilung heißt *Binomialverteilung* mit den Parametern n und π. Eine (diskrete) Zufallsvariable X mit dieser Wahrscheinlichkeitsfunktion heißt *binomialverteilt* mit den Parametern n und π, und wir schreiben dafür:

$$X \sim BV(n, \pi).$$

Für den Erwartungswert und die Varianz einer binomialverteilten Zufallsvariablen $X \sim BV(n, \pi)$ errechnet man:

$$E(X) = n\pi \text{ und } V(X) = n\pi(1 - \pi).$$

Als Verteilungsfunktion erhält man schließlich

$$F_B(x_0) = \begin{cases} \sum_{k \leq x_0} \binom{n}{k}\pi^k(1-\pi)^{n-k} & \text{für } x_0 \geq 0 \\ 0 & \text{für } x_0 < 0. \end{cases}$$

Bei $x_0 \geq 0$ ist über alle nicht-negativen ganzen Zahlen k, die nicht größer als x_0 sind und im Wertebereich von X (d.h. $k \leq n$) liegen, zu summieren.

Aufgabe 2.5/1

Welche der folgenden Fragestellungen lassen sich durch Anwendung der Binomialverteilung beantworten? Berechnen Sie die mit Hilfe der Binomialverteilung bestimmbaren Wahrscheinlichkeiten.

a) Wie groß ist die Wahrscheinlichkeit, beim 10-maligen Werfen eines Würfels genau viermal eine „6" zu würfeln?
b) Wie groß ist die Wahrscheinlichkeit, beim Zahlenlotto in einer Ziehung genau drei Richtige zu haben?
c) In Ihrer Heimatstadt kennen Sie jeden 10. Einwohner persönlich. Wie groß ist die Wahrscheinlichkeit dafür, daß Sie auf dem Heimweg von Ihrer Stammkneipe keinen Bekannten trafen, wenn Sie sich daran erinnern, daß Ihnen 10 einzelne Personen begegneten?

d) Wie in c), aber diesmal sind Sie sicher, daß Sie nur eine Gruppe von 10 Personen trafen.
e) Aus einer Urne mit 100 Kugeln werden 5 Kugeln gezogen. Wie groß ist die Wahrscheinlichkeit dafür, daß darunter keine rote Kugel ist, wenn in der Urne selbst 10 rote Kugeln sind und die Stichprobe

- durch Ziehen mit Zurücklegen (Z.m.Z.)
- durch Ziehen ohne Zurücklegen (Z.o.Z.)
- durch Ziehen von 5 Kugeln auf einen Schlag

gewonnen wurde?

Aufgabe 2.5/2
Nach der Gliederung der amtlichen Berufssystematik gehörten bei der Bundestagswahl 1990 2340 von 3696 Kandidaten dem Bereich „Dienstleistungsberufe" an. Davon waren 390 Lehrer. 894 Kandidaten waren Frauen (Das Parlament 23. 11. 1990, S. 2).
Wie groß ist die Wahrscheinlichkeit, daß von 100 Kandidaten, die durch Z.m.Z. ausgewählt wurden, mehr als 20

a) „Dienstleistungsberufen" angehören,
b) Lehrer sind,
c) Frauen sind?

Aufgabe 2.5/3
In einem Regierungsbezirk sind 70% der Einwohner gegen, 30% für den Bau einer Deponie für Sondermüll in ihrer Region. Auf der Durchreise durch dieses Gebiet befragen Sie 8 verschiedene Einwohner zu diesem Problem.

a) Stellen Sie die möglichen Ergebnisse in einer Tabelle dar.
b) Interpretieren Sie das wahrscheinlichste und das am wenigsten wahrscheinliche Ergebnis.

Ergänzungen und Bemerkungen

- Die Ergebnisse eines Zufallsexperiments der betrachteten Art lassen sich offensichtlich darstellen durch n-Tupel $(x_1, \ldots, x_n)$, wobei $x_i = 0$ oder $x_i = 1$ für $i = 1, \ldots, n$ gilt. Beachten Sie, daß die Realisation x der Zufallsvariablen $X = \sum_{i=1}^{n} X_i$ bis auf die Anordnung (Reihenfolge) der Zahlen 0 und 1 die Ergebnisse des Zufallsexperiments vollständig charakterisiert und alle n-Tupel gleichmöglich sind (Laplace-Annahme).

2.6 Negative Binomialverteilungen

Wir betrachten die gleiche Versuchsanordnung wie in 2.5, legen aber die Zahl n der Wiederholungen nicht fest. Vielmehr soll das Experiment so lange wiederholt werden, bis genau k-mal das Ereignis A beobachtet wurde. Mit X bezeichnen wir die Zufallsvariable, deren Realisation gerade diese Anzahl der Wiederholungen ist. Für die Wahrscheinlichkeitsfunktion ergibt sich

$$f_{NB}(x) = \begin{cases} \binom{x-1}{k-1}\pi^k(1-\pi)^{x-k} & \text{für } x = k, k+1, \ldots \\ 0 & \text{sonst} \end{cases}$$

Eine (diskrete) Zufallsvariable X (mit abzählbar unendlich vielen Ausprägungen) mit dieser Wahrscheinlichkeitsfunktion heißt *negativ binomialverteilt* mit den Parametern k und π:

$$X \sim NBV(k, \pi).$$

Gilt speziell $k = 1$, so spricht man von der *geometrischen* Verteilung.

Aufgabe 2.6/1
In einer großen Arbeitsstätte mit einem Frauenanteil von 20% unter den Beschäftigten soll eine Beschäftigtenstichprobe durch Z.m.Z. gezogen werden. Die Stichprobenziehung soll beendet werden, wenn 2 Frauen in der Stichprobe sind. Wie groß ist die Wahrscheinlichkeit, daß die Stichprobe genau 8 Personen umfaßt?

Aufgabe 2.6/2
Wie groß ist die Wahrscheinlichkeit, daß beim 5. Wurf zweier idealer Würfel zum zweiten Mal die Summe der Augenzahlen 5 beträgt?

Ergänzungen und Bemerkungen

- Setzt man $x = r+k$, so läßt sich die Wahrscheinlichkeitsfunktion schreiben als

$$f(r+k) = \begin{cases} \binom{r+k-1}{k-1}\pi^k(1-\pi)^r & r = 0, 1, \ldots \\ 0 & \text{sonst} \end{cases}$$

Man spricht deshalb auch von einer negativen Binomialverteilung der Ordnung k. Andere Bezeichnung: Pascal-Verteilung.

- Der Name der Verteilung rührt daher, daß die Terme der Taylorschen Reihenentwicklung von $\pi^{-k} = [1 - (1 - \pi)]^{-k}$ nach $(1 - \pi)$ multipliziert mit π^k mit den Werten der Wahrscheinlichkeitsfunktion übereinstimmen.

2.7 Hypergeometrische Verteilungen

Ein wichtiges Beispiel für die Anwendung der Binomialverteilung ist das Ziehen einer Stichprobe vom (festen) Umfang n aus einer beliebigen Grundgesamtheit. Dabei muß unterstellt werden, daß die Stichprobe durch Ziehen mit Zurücklegen gewonnen wird und jeder in die Stichprobe gelangte Merkmalsträger nur daraufhin untersucht wird, ob eine bestimmte Merkmalsausprägung (Eigenschaft) A vorliegt oder nicht.

Wir wollen nun den Fall behandeln, daß aus einer Grundgesamtheit eine Stichprobe vom Umfang n durch Ziehen ohne Zurücklegen entnommen wird. Dabei setzen wir voraus, daß die betrachtete Grundgesamtheit endlich ist, also N Elemente enthält. Jedes Element in der Stichprobe soll nur auf das Vorliegen einer bestimmten Eigenschaft A untersucht werden. Beispiele hierfür finden sich in der Qualitätskontrolle (Endabnahme) bei Fertigungsprozessen (aus der Tagesproduktion von N Teilen werden n ausgewählt und auf Funktionstüchtigkeit geprüft) oder in der Wareneingangskontrolle (Annahmekontrolle) von Betrieben (aus einer Lieferung von 100000 Schrauben werden 100 entnommen und auf Ausschußstücke hin überprüft).

Die Klasse von Problemstellungen, die hier betrachtet werden soll, kann durch folgende Bedingungen exakt festgelegt werden:

- Aus einer endlichen Grundgesamtheit vom Umfang N wird eine Stichprobe vom Umfang n durch Ziehen ohne Zurücklegen gewonnen ($n \leq N$).

- Das Ergebnis des i-ten Zuges ($i = 1, \ldots, n$) wird beschrieben durch die Zufallsvariable

$$X_i = \begin{cases} 1 & i\text{-ter gezogener Merkmalsträger hat Eigenschaft } A \\ 0 & i\text{-ter gezogener Merkmalsträger hat Eigenschaft } \bar{A} \end{cases}$$

- Die Anzahl M der statistischen Einheiten in der Grundgesamtheit, die die Eigenschaft A aufweisen, ist bekannt und damit auch die Anzahl $N - M$ der statistischen Einheiten in der Grundgesamtheit, die die Eigenschaft A nicht haben ($M \leq N$).

Entsprechend der in 2.5 betrachteten Fragestellung interessieren wir uns wieder für die Wahrscheinlichkeit dafür, daß in der Stichprobe genau x statistische Einheiten mit der Eigenschaft A auftreten: Gesucht ist die Wahrscheinlichkeitsverteilung der Zufallsvariablen

$$X = \sum_{i=1}^{n} X_i.$$

Kombinatorische Überlegungen führen uns zur Wahrscheinlichkeitsfunktion

$$f_H(x) = \begin{cases} \binom{M}{x}\binom{N-M}{n-x}/\binom{N}{n} & x = \max\{0, n-N+M\}, \ldots, \min\{n, M\} \\ 0 & \text{sonst} \end{cases}$$

für die Zufallsvariable X. Die durch diese Wahrscheinlichkeitsfunktion definierte Verteilung heißt *Hypergeometrische Verteilung*. Ihre Parameter sind offensichtlich der Stichprobenumfang n, die Größe der Grundgesamtheit N und die Anzahl M der statistischen Einheiten in der Grundgesamtheit mit der Eigenschaft A. Eine (diskrete) Zufallsvariable X mit dieser Wahrscheinlichkeitsfunktion heißt *hypergeometrisch verteilt* (mit den Parametern n, N und M), und wir schreiben dafür:

$$X \sim HV(n, N, M).$$

Die ersten beiden Momente, Erwartungswert und Varianz, einer hypergeometrisch verteilten Zufallsvariablen $X \sim HV(n, N, M)$ sind:

$$E(X) = n\frac{M}{N}, \quad V(X) = n\frac{M}{N}(1 - \frac{M}{N})\frac{N-n}{N-1}.$$

Als Verteilungsfunktion erhält man schließlich

$$F_H(x_0) = \begin{cases} \sum_{k \leq x_0} \binom{M}{k}\binom{N-M}{n-k}/\binom{N}{n} & \text{für } x_0 \geq 0 \\ 0 & \text{für } x_0 < 0 \end{cases}$$

Zu summieren ist dabei über alle nicht-negativen Zahlen k, die nicht größer als x_0 sind und im Träger der Wahrscheinlichkeitsfunktion liegen.

Setzt man $\pi = M/N$, dann erhält man als Erwartungswert bzw. als Varianz für eine hypergeometrisch verteilte Zufallsvariable die Formeln $E(X) = n\pi$ bzw. $V(X) = n\pi(1-\pi)(N-n)/(N-1)$. Ein Vergleich mit den entsprechenden Formeln für eine binomialverteilte Zufallsvariable ergibt:

- Die Erwartungswerte stimmen überein.

- Wegen $\lim_{N \to \infty}(N-n)/(N-1) = 1$ (n endlich, fest) stimmen für unendliche Grundgesamtheiten die Varianzen überein.

Der Faktor $(N-n)/(N-1)$ wird deshalb auch „Endlichkeitskorrektur" genannt. Es läßt sich zeigen: Die Binomialverteilung $BV(n, \pi)$ ist Grenzverteilung der Hypergeometrischen Verteilung $HV(n, N, M)$ (für $N \to \infty$, $M \to \infty$ und $M/N \to \pi$, n fest). Praktisch bedeutet dies, daß man bei großer Grundgesamtheit und dazu relativ kleinem Stichprobenumfang (man spricht von einem *kleinen Auswahlsatz* n/N) zur Berechnung der entsprechenden Wahrscheinlichkeiten statt der „eigentlich zuständigen" Hypergeometrischen Verteilung $HV(n, N, M)$ die Binomialverteilung $BV(n, M/N)$ benutzen kann, ohne sich dadurch wesentliche Ungenauigkeiten einzuhandeln. Dies gilt insbesondere dann, wenn eine endliche Stichprobe aus einer unendlichen Grundgesamtheit gezogen wird. Für endliche Grundgesamtheiten soll hier und im folgenden zur Präzisierung des Begriffs „kleiner Auswahlsatz" die Formel $n/N \leq 0.05$ verwendet werden (Faustregel für die Approximation der

Hypergeometrischen Verteilung durch die Binomialverteilung). Die hier beschriebene Approximation wollen wir symbolisch durch folgende Schreibweise darstellen:

$$HV(n, N, M) \rightsquigarrow BV(n, \tfrac{M}{N}) \text{ bei } \tfrac{n}{N} \leq 0.05.$$

Aufgabe 2.7/1
Ein Los von 100 Stück soll laut Liefervertrag höchstens 5% Ausschuß enthalten. Zur Kontrolle werden beim Wareneingang jedem Los gleichzeitig 10 verschiedene Stücke entnommen. Das Los wird abgelehnt, wenn unter den entnommenen Stücken mindestens ein defektes Stück ist. Wie groß ist die Wahrscheinlichkeit für die Ablehnung eines Loses, das gerade noch den Vertragsbedingungen entspricht, und wie beurteilen Sie dieses Prüfverfahren?

Aufgabe 2.7/2

a) Eine Urne enthalte 5 Kugeln, davon seien 3 weiß und 2 schwarz. Man zieht eine Stichprobe vom Umfang 2 ohne Zurücklegen. Berechnen Sie die Wahrscheinlichkeiten dafür, jeweils keine, eine oder zwei weiße Kugeln zu erhalten.

b) Berechnen Sie die entsprechenden Wahrscheinlichkeiten für eine durch Ziehen mit Zurücklegen gewonnene Stichprobe. Vergleichen Sie diese Ergebnisse mit denen von a).

c) Zeigen Sie für die in a) bzw. in b) angeführten Beispiele die Richtigkeit der jeweiligen Formeln für Erwartungswert und Varianz.

Aufgabe 2.7/3
Von den 10449 Ende März 1990 registrierten Teilzeitbeschäftigten im Hochstift Paderborn waren 9759 Frauen (Westfälische Volkszeitung 21./22. 11. 90). Wie groß ist die Wahrscheinlichkeit, daß in einer durch

- Ziehen ohne Zurücklegen
- Ziehen mit Zurücklegen

gewonnenen Stichprobe vom Umfang 10 aus dieser Grundgesamtheit nur Frauen sind?

Ergänzungen und Bemerkungen

- Eine ausführliche Darstellung der Zusammenhänge zwischen verschiedenen Definitionen für Zufallsstichproben und Hypergeometrischer Verteilung sowie Binomialverteilung gibt Basler (1991).

- Zum Beweis des Satzes, daß die Binomialverteilung unter bestimmten Bedingungen Grenzverteilung der Hypergeometrischen Verteilung ist, vergleiche man Fisz (1976), Abschnitt 5.4 zur *Pólya-Verteilung*.

- Die Festlegung $n/N \leq 0.05$ für einen kleinen Auswahlsatz stellt natürlich nur eine — wenn auch in Lehrbüchern weit verbreitete — Konvention dar. Das gleiche gilt auch für weitere in diesem Buch angeführte „Faustregeln".

2.8 Poisson-Verteilungen

Die Poisson-Verteilung wurde von dem französischen Naturwissenschaftler Siméon-Denis Poisson (1781 - 1840) in einer 1837 erschienenen Schrift als Grenzverteilung der Binomialverteilung eingeführt:

Sind die Zufallsvariablen X_n binomialverteilt mit den Parametern n und π_n für $n = 1, 2, \ldots$ so, daß $n\pi_n$ für $n \to \infty$ gegen eine Zahl $\lambda > 0$ konvergiert, dann konvergieren die X_n für $n \to \infty$ gegen eine Zufallsvariable X mit der Wahrscheinlichkeitsfunktion

$$f_P(x) = \begin{cases} \frac{\lambda^x}{x!} e^{-\lambda} & \text{für } x = 0, 1, 2, \ldots \\ 0 & \text{sonst.} \end{cases}$$

Die dadurch definierte Verteilung heißt *Poisson-Verteilung* mit dem Parameter λ. Eine Zufallsvariable X mit dieser Wahrscheinlichkeitsfunktion heißt *Poisson-verteilt* mit dem Parameter λ, und wir schreiben dafür:

$$X \sim PV(\lambda).$$

Es gilt $E(X) = \lambda = V(X)$, und als Verteilungsfunktion dieser diskreten Zufallsvariablen (mit abzählbar unendlichem Wertebereich) erhält man

$$F_P(x_0) = \begin{cases} \sum_{k \leq x_0} \frac{\lambda^k}{k!} e^{-\lambda} & \text{für } x_0 \geq 0 \\ 0 & \text{für } x_0 < 0. \end{cases}$$

Dabei wird über alle nicht-negativen ganzen Zahlen, die kleiner oder gleich x_0 sind, summiert. (Vgl. Tabelle 1 im Anhang.)

Bei der praktischen Anwendung der Poisson-Verteilung beachte man, daß aufgrund der Bedingung $n\pi_n \to \lambda$ bei dem oben beschriebenen Grenzprozeß $n \to \infty$ auch gleichzeitig $\pi_n \to 0$ gelten muß. Hieraus läßt sich ableiten, daß die Poisson-Verteilung $PV(\lambda)$ für $\lambda = n\pi$ bei großem Stichprobenumfang n und gleichzeitig kleiner Wahrscheinlichkeit π eine hinreichend gute

Approximation der Binomialverteilung $BV(n,\pi)$ darstellt. Als Faustregel für „großes n und kleines π" wollen wir $n \geq 50$ und $\pi \leq 0.1$ verwenden. Diese Approximation bezeichnen wir symbolisch durch

$$BV(n,\pi) \rightsquigarrow PV(n\pi) \text{ für } n \geq 50, \pi \leq 0.1.$$

Tendenziell ist ein umso größeres n erforderlich, je kleiner π ist (häufig hat man als Faustregel auch $n\pi \geq 5$). Entsprechend eignet sich die Poisson-Verteilung als Modell für empirische Verteilungen, wenn eine Bernoullische Versuchsanordnung mit sehr vielen Einzelversuchen (n groß) und einem beim Einzelversuch sehr unwahrscheinlichen Ereignis A (π klein; seltenes Ereignis A) vorliegt. Beispiele hierfür sind:

- die pro Zeiteinheit von einer Unfallversicherung abzuwickelnden Schadensfälle mit einer Schadenssumme über 1 Million DM
- die pro Minute am Ausleihschalter einer Bibliothek abzufertigenden Personen
- die Anzahl der Druckfehler pro Buchseite bei einem sehr sorgfältig arbeitenden Autor.

Ist hierbei $\lambda = n\pi = E(X)$, also die durchschnittliche Merkmalsausprägung von X, bekannt, so kann man statt der eigentlich zuständigen Binomialverteilung $BV(n,\pi)$ die Poisson-Verteilung $PV(\lambda)$ als theoretische Verteilung verwenden.

Aufgabe 2.8/1

a) Beschreiben Sie für ein genanntes Beispiel die unterstellte Bernoullische Versuchsanordnung. Welche Voraussetzung wird dabei getroffen? Muß π bekannt sein?
b) Kann man die Poisson-Verteilung auch als Grenzverteilung der Hypergeometrischen Verteilung auffassen?

Aufgabe 2.8/2

Der Anteil von Negativreaktionen auf eine Malariaschutzimpfung betrage 0.2%. Wenn 1000 Menschen geimpft werden, wie groß sind die Wahrscheinlichkeiten dafür, daß bei

- null
- höchstens drei
- mindestens fünf

Personen Nebenwirkungen auftreten?

Aufgabe 2.8/3
„In fertigen und getesteten Programmen, schätzen Informatiker, liegt pro 5000 Zeilen Code noch mindestens ein Fehler verborgen" (Der Spiegel Nr. 42 (1990), S.93).

a) Bestimmen Sie jeweils unter der günstigsten Annahme der Experten die Verteilung der Zufallsvariablen

   a1) $X=$„Anzahl der Fehler pro 5000 Zeilen Code",
   a2) $Y=$„Anzahl der Fehler pro 10000 Zeilen Code".

b) Wie groß ist dann jeweils die Wahrscheinlichkeit dafür, daß ein Programm mit 5000 Zeilen

   b1) genau 2 Fehler enthält?
   b2) höchstens 2 Fehler enthält?
   b3) mehr als 2 Fehler enthält?

Aufgabe 2.8/4
Ein Unternehmen liefert isolierten Draht in Rollen zu je 100m Länge. Es wird garantiert, daß die Wahrscheinlichkeit für mehr als drei fehlerhafte Stellen in der Isolierschicht einer Rolle nur 0.143 beträgt. Wie viele fehlerhafte Stellen sind auf einer Rolle zu erwarten?

Aufgabe 2.8/5
Montags zwischen 7.30 und 8.00 Uhr sind an einer Tankstelle durchschnittlich 2 Kunden zu bedienen. Wie groß ist die Wahrscheinlichkeit, daß während dieser Zeit 3 Kunden zu bedienen sind?

Ergänzungen und Bemerkungen

- Auch für Poisson-verteilte Zufallsvariable sind die Werte von $f_P(x)$ tabellarisch zusammengefaßt; eine kleinere Tabelle finden Sie im Anhang, eine ausführliche z.B. in Owen (1962).

2.9 Multinomialverteilungen

Wie im Falle der Binomialverteilung interessieren wir uns wieder für ein Zufallsexperiment, das sich unter gleichen Bedingungen n-mal wiederholen läßt. Auch setzen wir wieder voraus, daß die einzelnen Durchführungen des Zufallsexperiments (Versuche) sich nicht gegenseitig beeinflussen. Bei jedem einzelnen Versuch soll jetzt jedoch interessieren, ob eines der Ereignisse $A_1, \ldots, A_k$ eintrat, wobei gelten soll: die Ereignisse A_j ($j = 1, \ldots, k$) sind disjunkt und schöpfen den Ergebnisraum Ω des Zufallsexperiments vollständig aus (d.h. $\{A_j\}_{j=1,\ldots,k}$ bildet eine Zerlegung von Ω). Beispiele hierfür sind:

- Ein Würfel wird 20-mal geworfen, und unser Interesse gilt bei jedem Wurf den Ereignissen $A_1, \ldots, A_6$ mit $A_i=$„die Augenzahl i fällt",

- Aus einer Urne mit 10 roten, 5 grünen und 5 gelben Kugeln wird 10-mal eine Kugel entnommen und festgestellt, welche Farbe diese hat. Nach jedem Zug wird die entnommene Kugel in die Urne zurückgelegt. Wir interessieren uns für die Zahl der roten, gelben und grünen Kugeln in der Stichprobe.

Zufallsexperimente dieser Art lassen sich wie folgt exakt erfassen:

- Ein Zufallsexperiment, dem der Ergebnisraum Ω zugrundeliegt, wird n-mal wiederholt (n ist eine natürliche Zahl, also insbesondere endlich).

- Sei $A_1, \ldots, A_k$ eine Zerlegung von Ω, d.h.

$$\bigcup_{j=1}^{k} A_j = \Omega \text{ und } A_r \cap A_s = \emptyset \text{ für } r \neq s.$$

Bei jedem Einzelversuch i ($i = 1, \ldots, n$) interessiert, welches der Ereignisse A_j ($j = 1, \ldots, k$) eingetroffen ist. Das Ergebnis eines Versuches i läßt sich also durch einen Vektor $x^{(i)} = (x_1^{(i)}, \ldots, x_k^{(i)}) \in \{0,1\}^k$ beschreiben. Ist dabei A_r eingetroffen, so hat dieser Vektor folgendes Aussehen: $x_r^{(i)} = 1$ und alle $x_s^{(i)} = 0$ für $s \neq r$. $x^{(i)}$ läßt sich also als Realisation einer k-dimensionalen Zufallsvariablen $X^{(i)}$ auffassen, die aus k dichotomen Zufallsvariablen $X_j^{(i)}$ ($j = 1, \ldots, k$) besteht:

$$X^{(i)} = (X_1^{(i)}, \ldots, X_k^{(i)}).$$

- Die Zufallsvariablen $X^{(i)}$ sind unabhängig.

- $W(A_j) = W(X_j^{(i)} = 1) = \pi_j$ sei bekannt und konstant für alle Versuche $i = 1, \ldots, n$. Es gilt natürlich

$$\sum_{j=1}^{k} \pi_j = 1.$$

Ist man nun an der Wahrscheinlichkeit interessiert, daß bei n Versuchen das Ereignis A_1 genau x_1-mal, das Ereignis A_2 genau x_2-mal, ..., das Ereignis A_k genau x_k-mal eintritt (wobei $\sum_{j=1}^{k} x_j = n$), dann läßt sich diese Fragestellung wie folgt präzisieren:

Gesucht ist die Wahrscheinlichkeitsverteilung der k-dimensionalen Zufallsvariablen

$$X = (X_1, \ldots, X_k) = \sum_{i=1}^{n} X^{(i)} \text{ mit } X_j = \sum_{i=1}^{n} X_j^{(i)}, \, j = 1, \ldots, k.$$

Kombinatorische Überlegungen ergeben

$$f_M(x_1,\ldots,x_k) = \begin{cases} \frac{n!}{x_1!\ldots x_k!}\pi_1^{x_1}\cdots\pi_k^{x_k} & x_j = 0,\ldots,n,\ \sum_{j=1}^k x_j = n \\ 0 & \text{sonst} \end{cases}$$

als Wahrscheinlichkeitsfunktion der k-dimensionalen Zufallsvariablen X. Die durch diese Wahrscheinlichkeitsfunktion definierte Verteilung heißt *Multinomialverteilung* mit den Parametern $n, \pi_1,\ldots,\pi_k$. Entsprechend heißt eine Zufallsvariable X mit dieser Wahrscheinlichkeitsfunktion *multinomialverteilt*:

$$X \sim MV(n, \pi_1,\ldots,\pi_k).$$

Die eindimensionalen Randverteilungen der X_j ($j = 1,\ldots,k$) sind jeweils binomial: $X_j \sim BV(n, \pi_j)$. Also haben wir

$$E(X_j) = n\pi_j \text{ und } V(X_j) = n\pi_j(1-\pi_j),\ j = 1,\ldots,k.$$

Ferner sind die eindimensionalen Randverteilungen untereinander negativ korreliert:

$$\text{Cov}(X_r, X_s) = -n\pi_r\pi_s,\ r,s = 1,\ldots,k,\ r \neq s.$$

Wegen der Beziehung $\sum_{j=1}^k X_j = n$ reicht zur Beschreibung von X natürlich die (k-1)-dimensionale Zufallsvariable $(X_1,\ldots,X_{k-1})$ aus. Im Falle $k = 2$ erhält man die (eindimensionale) Binomialverteilung.

Aufgabe 2.9/1
Die erwerbstätige Bevölkerung einer Kleinstadt setzt sich wie folgt zusammen: 40% Arbeiter, 30% Angestellte, 20% Selbständige, 10% andere.
Zum Jahreswechsel befragt die Lokalzeitung 10 zufällig ausgewählte Erwerbstätige nach ihren Zukunftserwartungen. Wie wahrscheinlich ist es, daß 2 Arbeiter, 3 Angestellte und 5 Selbständige befragt werden?

Aufgabe 2.9/2
In einer Bevölkerung seien 50% katholisch und 40% evangelisch. Wie groß ist die Wahrscheinlichkeit, daß unter 6 zufällig ausgewählten Personen genau 3 katholisch und 2 evangelisch (d.h. eine Person weder katholisch noch evangelisch) sind?

Ergänzungen und Bemerkungen

- Die Reihe der von uns eingeführten diskreten Wahrscheinlichkeitsverteilungen ist keineswegs vollständig; zu weiteren Konzepten bzw. Verallgemeinerungen vergleiche z.B. Feller (1968), Fisz (1976) oder Patel/Kapadia/Owen (1976).

2.10 Normalverteilungen

Die überragende Bedeutung der Normalverteilung für die Wahrscheinlichkeitstheorie und die Statistik wurde historisch bereits sehr früh deutlich:

- In einer 1733 erschienenen Schrift entwickelte Abraham de Moivre (1667–1754) die Normalverteilung als Grenzverteilung der Binomialverteilung. Auch Pierre Simon Laplace (1749-1827) beschäftigte sich mit der Approximation der Binomialverteilung durch die Normalverteilung.

- Carl Friedrich Gauß (1777-1855) zeigte, daß Meßergebnisse, die durch sehr viele unabhängig voneinander wirkende Fehlerquellen (Meßgenauigkeit der benutzten Meßgeräte, Ableseungenauigkeiten des Beobachters usw.) zufällig beeinflußt werden, approximativ normalverteilt sind, wenn nur vorausgesetzt wird, daß für alle Fehlerquellen die Fehlerauswirkungen auf die Meßergebnisse einer identischen Wahrscheinlichkeitsverteilung mit endlichem Mittelwert und endlicher Varianz folgen.

Aus diesen beiden unterschiedlichen Herleitungen der Normalverteilung wird bereits die Wichtigkeit dieser Verteilung für die Statistik (sowohl für theoretische Überlegungen als auch für praktische Anwendungen) klar:

- Als Grenzverteilung der Binomialverteilung und — wie man heute weiß — vieler anderer (diskreter wie auch stetiger) Verteilungen dient sie der Approximation dieser Verteilungen bei sehr vielen Wiederholungen des entsprechenden Zufallsexperiments (n groß).

- Einer Reihe empirisch beobachtbarer Größen, die bestimmten, jedoch sehr allgemeinen Bedingungen genügen, lassen sich stetige Zufallsvariablen zuordnen, die normalverteilt oder zumindest annähernd normalverteilt sind, d.h. die Normalverteilung ist eine wichtige theoretische Verteilung.

- Ein spezielles, in der induktiven Statistik im Mittelpunkt stehendes Zufallsexperiment ist das Ziehen einer Stichprobe. Eine Reihe für die Schätz- und Testtheorie wichtige, dieses Zufallsexperiment charakterisierende Zufallsvariablen sind annähernd normalverteilt.

Während wir auf diese Überlegungen im Abschnitt 2.14 noch näher eingehen, wollen wir uns jetzt der Definition einer normalverteilten Zufallsvariablen zuwenden. Die durch die Dichte

$$f_N(x) = \frac{c_N}{\sigma} e^{-\frac{1}{2}[(x-\mu)/\sigma]^2}, \quad x \in I\!R,$$

für $\sigma, \mu \in I\!R$ mit $\sigma > 0$ definierte Wahrscheinlichkeitsverteilung heißt *Normalverteilung* oder *Gauß-Verteilung*. Die Normierungskonstante $c_N = 0.3989\ldots$ ist definiert als $c_N = 1/\sqrt{2\pi}$ ($\pi = 3.14\ldots$ ist hier die Kreiszahl), e^t bezeichnet die Exponentialfunktion mit Basis $e = 2.718\ldots$. Eine stetige

Zufallsvariable X mit dieser Dichte heißt *normalverteilt* mit den Parametern μ und σ, und wir schreiben dafür:

$$X \sim NV(\mu, \sigma).$$

Als Erwartungswert bzw. Varianz einer normalverteilten Zufallsvariablen $X \sim NV(\mu, \sigma)$ erhält man:

$$E(X) = \mu, \quad V(X) = \sigma^2.$$

Die Verteilungsfunktion ist definiert durch

$$F_N(x_0) = \frac{c_N}{\sigma} \int_{-\infty}^{x_0} e^{-\frac{1}{2}[(x-\mu)/\sigma]^2} \, dx, \quad x_0 \in I\!R.$$

Betrachten wir die Dichtefunktion einer normalverteilten Zufallsvariablen X mit $E(X) = \mu$ und $V(X) = \sigma^2$ etwas genauer (man erhält hieraus erste Aufschlüsse darüber, welche empirischen Größen sich eventuell durch eine normalverteilte Zufallsvariable darstellen lassen):

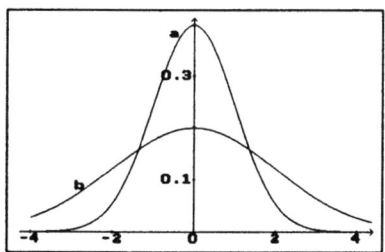

Abbildung 2.2: $NV(0, \sigma)$ mit a) $\sigma = 1$, b) $\sigma = 2$

- Als graphische Darstellung der Dichtefunktion erhält man eine Glockenkurve (siehe Abbildung 2.2).

- Die Dichtefunktion ist achsensymmetrisch zur Geraden $x = \mu$; die Verteilungsfunktion ist punktsymmetrisch zu $(\mu, 0.5)$.

- Die Dichtefunktion hat genau ein Maximum, und zwar bei $x = \mu$.

- Sie hat zwei Wendepunkte bei $x = \mu \pm \sigma$.

- Ihre beiden Äste nähern sich asymptotisch der Abzisse.

- Ersetzt man μ durch $\mu' = \mu + a$, so verschiebt sich die Glockenkurve im ganzen um a in Abszissenrichtung.

- Ersetzt man σ durch $\sigma' = b\sigma$, wobei $0 < b < 1$ bzw. $b > 1$, so wird die Glockenkurve in Ordinatenrichtung um b gestaucht bzw. gestreckt und in Abszissenrichtung um $1/b$ gestreckt bzw. gestaucht.

Eine Sonderstellung unter den normalverteilten Zufallsvariablen nimmt die Zufallsvariable ein, die normalverteilt ist mit dem Erwartungswert 0 und der Varianz 1. Wir wollen diese mit T bezeichnen:

$$T \sim NV(0,1).$$

Ihre Dichtefunktion hat die Darstellung

$$f_T(t) = c_N e^{-\frac{1}{2}t^2}, \quad t \in I\!R.$$

Eine Zufallsvariable T mit dieser Dichtefunktion heißt *standardnormalverteilt*; $NV(0,1)$ nennt man die *Standardnormalverteilung*. Die Bedeutung der Standardnormalverteilung liegt im folgenden:

Jede normalverteilte Zufallsvariable X mit dem Erwartungswert μ und der Varianz σ^2, $X \sim NV(\mu, \sigma)$, läßt sich standardisieren, d.h. durch die lineare Transformation $T = (X - \mu)/\sigma$ in die standardnormalverteilte Zufallsvariable T transformieren. Dies ist ein Spezialfall folgender Eigenschaft:

$$X \sim NV(\mu, \sigma) \Rightarrow bX + a \sim NV(b\mu + a, |b|\sigma).$$

Zur Berechnung bestimmter Wahrscheinlichkeiten kann man die Standardisierung wie folgt benutzen:

$$\begin{aligned} F_N(x_0) &= W(X \leq x_0) = W\left(\frac{X-\mu}{\sigma} \leq t_0 = \frac{x_0 - \mu}{\sigma}\right) \\ &= W(T \leq t_0) = F_T(t_0). \end{aligned}$$

Jede Frage nach der Wahrscheinlichkeit, mit der eine normalverteilte Zufallsvariable bestimmte Werte annimmt, läßt sich also — nach Standardisierung — mit Hilfe der Verteilungsfunktion der Standardnormalverteilung beantworten. Aus diesem Grunde genügt es, die Werte der Verteilungsfunktion der Standardnormalverteilung tabelliert vorliegen zu haben. Da aufgrund der Symmetrie der Dichtefunktion

$$F_N(-x_0) = 1 - F_N(x_0)$$

gilt, kann man sich bei der Tabellierung der $NV(0,1)$ auf Werte $t \geq 0$ beschränken. Im Anhang dieses Buches finden Sie die Funktion

$$\Phi(t) = W(-t \leq T \leq t)$$

für einige spezielle Werte $t > 0$ tabelliert (Tabelle 2, siehe auch Abbildung 2.3). Sie gibt die Wahrscheinlichkeit an, daß die Realisation einer $NV(\mu, \sigma)$-

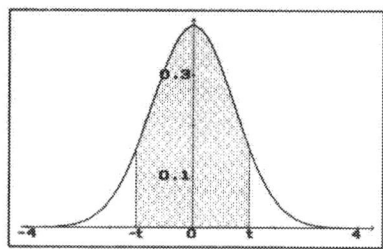

Abbildung 2.3: Standardnormalverteilung und $\Phi(t)$

verteilte Zufallsvariablen im *zentralen Schwankungsintervall* $[\mu - t\sigma, \mu + t\sigma]$ liegt. Offensichtlich gilt

$$\Phi(t) = F_T(t) - F_T(-t) = 2F_T(t) - 1,$$

so daß sich die Verteilungsfunktion $F_T(t)$ aus dieser Tabelle ableiten läßt. Die Tabellierung der Werte von $\Phi(t)$ hat jedoch einige rechentechnische Vorteile für bestimmte Problemstellungen in der Schätz- und Testtheorie.

Eine wichtige Eigenschaft, die sogenannte *Reproduktionseigenschaft*, normalverteilter Zufallsvariabler sei zum Schluß dieses Abschnitts genannt:
Sind $X_i \sim NV(\mu_i, \sigma_i)$ für $i = 1, \ldots, n$ unabhängig, dann ist

$$X = a_0 + \sum_{i=1}^{n} a_i X_i \sim NV\left(a_0 + \sum_{i=1}^{n} a_i \mu_i, \sqrt{\sum_{i=1}^{n} a_i^2 \sigma_i^2}\right)$$

für konstante reelle Zahlen a_i ($i = 0, \ldots, n$) (X ist eine lineare Transformation der unabhängigen Zufallsvariablen X_i).
Gilt dabei insbesondere $\mu_1 = \ldots = \mu_n = \mu$, $\sigma_1 = \ldots = \sigma_n = \sigma$, $a_0 = 0$ und $a_1 = \ldots = a_n = 1$, so erhält man

$$X = \sum_{i=1}^{n} X_i \sim NV\left(n\mu, \sigma\sqrt{n}\right).$$

Aufgabe 2.10/1
Erläutern Sie die folgenden Aussagen:

a) Die Normalverteilung ist eine stetige Verteilung.
b) Die Normalverteilung ist eine eindimensionale Verteilung.
c) Die Normalverteilung ist die wichtigste Verteilung.

Aufgabe 2.10/2
Betrachten Sie $BV(n, \frac{1}{2})$ sowie $BV(n, \frac{1}{4})$ für $n = 2, 4, 12$. Stellen Sie die jeweiligen Wahrscheinlichkeitsfunktionen graphisch dar und versuchen Sie, sich anhand der graphischen Darstellung der Wahrscheinlichkeitsfunktionen Bedingungen für die Approximation der Binomialverteilung durch die Normalverteilung klar zu machen.

Aufgabe 2.10/3
Die Stärke eines Geldscheins sei normalverteilt mit Mittelwert 0.03 cm und Standardabweichung 0.004 cm. Bestimmen Sie die Verteilung der Höhe eines Geldscheinbündels,

a) das aus 150 identischen Kopien eines zufällig ausgewählten Geldscheines
b) das aus 150 zufällig ausgewählten Geldscheinen

besteht.

Aufgabe 2.10/4

a) Für eine normalverteilte Zufallsvariable X mit Erwartungswert -2 gilt $W(X \leq 3) = 0.81594$. Bestimmen Sie die Standardabweichung von X.

b) Für eine normalverteilte Zufallsvariable X mit Erwartungswert 10 und Standardabweichung 2 bestimme man die Größe c so, daß $W(X < c) = 0.08$ (gerundet) gilt.

Aufgabe 2.10/5
Der Durchmesser der in einer Röhrenfabrik hergestellten Teilstücke einer Pipeline sei normalverteilt mit Mittelwert $\mu=1200$ mm und Standardabweichung $\sigma = 50$ mm.

a) Berechnen Sie die Wahrscheinlichkeit dafür, daß eine zufällig ausgewählte Röhre einen Durchmesser von

- weniger als 1150 mm,
- zwischen 1150 mm und 1210 mm,
- mindestens 1210 mm,
- mehr als 1230 mm besitzt.

b) Röhren, die um mehr als 5% vom Mittelwert abweichen, gelten als Ausschuß. Wieviel Prozent Ausschuß sind zu erwarten?
c) Welche Bedeutung hat die Standardisierung einer normalverteilten Zufallsvariablen?

Ergänzungen und Bemerkungen

- Es kann gezeigt werden: Sind X_1 und X_2 unabhängig, dann ist die Zufallsvariable $X = X_1 + X_2$ genau dann normalverteilt, wenn X_1 und X_2 normalverteilt sind.

- Zu den am Schluß erwähnten Eigenschaften der Normalverteilung (genauer: von Funktionen normalverteilter Zufallsvariablen) vgl. Kalbfleisch (1979), Abschnitt 6.6 und Abschnitt 7.3.

2.11 Exponential-, Weibull- und Gammaverteilungen

Ein wichtiges Beispiel für eine Poisson-verteilte Zufallsvariable ist die Anzahl des Eintreffens eines seltenen Ereignisses innerhalb eines festen Zeitraumes T (vgl. Abschnitt 2.8). Hieraus läßt sich ableiten, daß die Zeit X, die zwischen dem Eintreten zweier Ereignisse verstreicht (die Anzahl des Eintretens sei Poisson-verteilt mit dem Parameter $\lambda > 0$) eine Zufallsvariable mit folgender Dichtefunktion ist:

$$f_E(x) = \begin{cases} \lambda e^{-\lambda x} & x \geq 0 \\ 0 & x < 0. \end{cases}$$

Die zugehörige Wahrscheinlichkeitsverteilung heißt *Exponentialverteilung* mit dem Parameter λ (siehe Abbildung 2.4). Eine Zufallsvariable X mit der be-

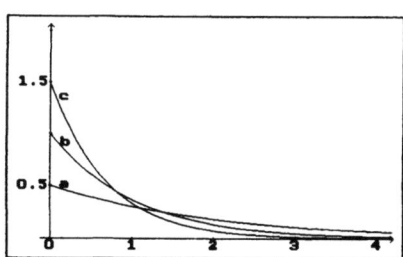

Abbildung 2.4: $EV(\lambda)$ mit $\lambda=$ a) 0.5 b) 1.0 c) 1.5

schriebenen Dichtefunktion heißt *exponentialverteilt* mit dem Parameter λ:

$$X \sim EV(\lambda).$$

Für den Erwartungswert und die Varianz einer Zufallsvariablen $X \sim EV(\lambda)$ gilt:

$$E(X) = 1/\lambda, \quad V(X) = 1/\lambda^2.$$

Schließlich ergibt sich als Verteilungsfunktion durch Integration der Dichtefunktion:
$$F_E(x_0) = \begin{cases} 1 - e^{-\lambda x_0} & x_0 \geq 0 \\ 0 & x_0 < 0. \end{cases}$$

Für Anwendungen in der Qualitätskontrolle und zur Modellierung von Lebensdauerverläufen technischer Aggregate eignet sich die Weibull-Verteilung. Die Zufallsvariable X heißt *Weibull-verteilt* mit den Parametern α und β ($\alpha, \beta > 0$),
$$X \sim WV(\alpha, \beta),$$
falls die Dichtefunktion folgende Gestalt hat:
$$f_W(x) = \begin{cases} \alpha \beta x^{\beta-1} e^{-\alpha x^\beta} & \text{für } x > 0 \\ 0 & \text{sonst} \end{cases}$$

Die ersten zwei Momente der Weibull-Verteilung sind:
$$E(X) = \alpha^{-1/\beta} \Gamma(1 + \tfrac{1}{\beta}), \ V(X) = \alpha^{-2/\beta} \left[\Gamma(1 + \tfrac{2}{\beta}) - \Gamma(1 + \tfrac{1}{\beta})^2 \right].$$

$\Gamma(\kappa)$, die Gammafunktion, ist definiert durch
$$\Gamma(\kappa) = \int_0^\infty x^{\kappa-1} e^{-x} dx.$$

Für natürliche Zahlen κ läßt sich die Gammafunktion jedoch einfacher darstellen:
$$\Gamma(\kappa) = (\kappa - 1)! \text{ für } \kappa \in I\!N.$$

In Abhängigkeit von den Parametern ergeben sich sehr unterschiedliche Verläufe für die Dichtefunktion (siehe Abbildung 2.5). Die Exponentialvertei-

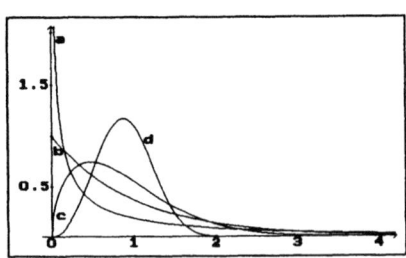

Abbildung 2.5: $WV(1, \kappa)$ mit $\kappa=$ a) 0.5 b) 1 c) 1.5 d) 3

lungen sind spezielle Weibull-Verteilungen: die Weibull-Verteilung mit $\alpha = \lambda$ und $\beta = 1$ ist gerade die Exponentialverteilung mit Parameter λ.

Betrachten wir noch einmal das in 2.11 eingangs erwähnte Beispiel und fragen diesmal aber nach der Zeitspanne bis zum κ-maligen Eintreffen eines

Ereignisses (κ ist eine beliebige natürliche Zahl). Diese Zeitspanne X ist eine stetige Zufallsvariable mit folgender Dichtefunktion:

$$f_\Gamma(x) = \begin{cases} \frac{\lambda^\kappa}{\Gamma(\kappa)} x^{\kappa-1} e^{-\lambda x} & x \geq 0 \\ 0 & x < 0. \end{cases}$$

Die Wahrscheinlichkeitsverteilung mit dieser Dichte heißt *Gammaverteilung* mit den Parametern $\kappa > 0$ und $\lambda > 0$. Sie ist auch für nicht-ganzzahliges κ definiert (siehe Abbildung 2.6). Eine Zufallsvariable X mit der beschriebenen

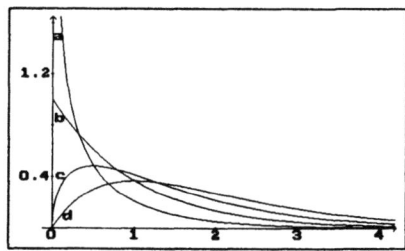

Abbildung 2.6: $\Gamma V(1, \beta)$ mit $\beta=$ a) 0.5 b) 1 c) 1.5 d) 3

Dichtefunktion heißt *gammaverteilt:*

$$X \sim \Gamma V(\kappa, \lambda).$$

Der Parameter λ gibt die erwartete Häufigkeit des Eintreffens des betrachteten Ereignisses innerhalb eines festen Zeitraumes wieder. Für den Erwartungswert und die Varianz einer gammaverteilten Zufallsvariablen $X \sim \Gamma V(\kappa, \lambda)$ gilt:

$$E(X) = \kappa/\lambda, \quad V(X) = \kappa/\lambda^2.$$

Als Verteilungsfunktion ergibt sich

$$F_\Gamma(x_0) = \begin{cases} \int_0^{x_0} f_\Gamma(x) \, dx & x_0 \geq 0 \\ 0 & x_0 < 0. \end{cases}$$

Aufgabe 2.11/1

a) Zeigen Sie, daß $f_E(x)$ eine Dichtefunktion ist.

b) Zeigen Sie: Die Exponentialverteilung ist ein Spezialfall der Gammaverteilung.

Aufgabe 2.11/2
Auf einem bestimmten Autobahnabschnitt ereignet sich im Durchschnitt jeden Tag ein Unfall. Berechnen Sie die Wahrscheinlichkeiten für folgende Ereignisse:

a) An einem bestimmten Tag geschieht kein (ein) Unfall.
b) An zwei aufeinanderfolgenden Tagen ereignet sich kein Unfall.
c) Zwischen zwei Unfällen liegen a unfallfreie Tage ($a = 1$ und $a = 3$).
d) Zwischen zwei Unfällen liegen höchstens

- zwei unfallfreie Tage
- eine unfallfreie Woche.

Ergänzungen und Bemerkungen

- Von besonderer Bedeutung ist die Gammaverteilung im Rahmen der Bayesschen Schätztheorie (Diskussion „konjugierter Verteilungen").
- Die Werte der Gammafunktion für halbzahlige Argumente erhält man mittels $\Gamma(0.5) = \sqrt{\pi}$ und $\Gamma(x+1) = x\Gamma(x)$, $x > 0$.
- Für Anwendungen wichtig ist die folgende Eigenschaft der Exponentialverteilung: $W(X > x' + x | X > x') = W(X > x)$, d.h. die Exponentialverteilung ist eine Verteilung „ohne Gedächtnis".
- Die Weibull-Verteilung wurde von dem schwedischen Physiker W. Weibull 1929 veröffentlicht.

2.12 Chi-Quadrat-, Student- und F-Verteilungen

Sind $X_1, \ldots, X_\nu$ standardnormalverteilte unabhängige Zufallsvariable, dann hat die Zufallsvariable $\chi^2 = \sum_{i=1}^{\nu} X_i^2$ die folgende Dichtefunktion:

$$f_{\chi^2}(x) = \begin{cases} 2^{-\nu/2}/\Gamma(\nu/2) x^{(\nu-2)/2} e^{-x/2} & \text{für } x > 0 \\ 0 & \text{sonst} \end{cases}$$

Dabei ist Γ wieder die in Abschnitt 2.11 definierte Gammafunktion. Obige Dichtefunktion ist auch für nicht-ganzzahlige Werte von ν definiert (siehe Abbildung 2.7). Eine Zufallsvariable χ^2 mit dieser Dichtefunktion heißt χ^2-*verteilt* mit ν Freiheitsgraden oder kurz $\chi^2 V(\nu)$-verteilt:

$$\chi^2 \sim \chi^2 V(\nu).$$

Wie man unschwer erkennt, ist die $\chi^2 V(\nu)$-Verteilung eine spezielle Gammaverteilung, nämlich für $\lambda = 1/2$ und $\kappa = \nu/2$. Es gilt

$$E(\chi^2) = \nu, \quad V(\chi^2) = 2\nu.$$

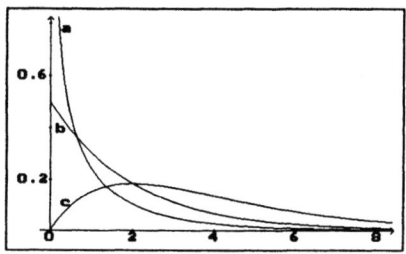

Abbildung 2.7: $\chi^2 V(\nu)$ mit $\nu = $ a) 1 b) 2 c) 4

Für große ν läßt sich die $\chi^2 V(\nu)$-Verteilung durch die Normalverteilung mit dem Mittelwert $\mu=\nu$ und der Standardabweichung $\sigma = \sqrt{2\nu}$ approximieren.

Ist X standardnormalverteilt und Y $\chi^2 V(\nu)$-verteilt, und sind X, Y unabhängig, so ist die Zufallsvariable

$$T = \frac{X}{\sqrt{Y/\nu}}$$

Student- oder *t-verteilt* mit ν Freiheitsgraden,

$$T \sim SV(\nu)$$

d.h. die Dichtefunktion von T hat die Form

$$f_S(t) = \frac{\Gamma(\frac{\nu+1}{2})}{\sqrt{2\nu\pi}\Gamma(\frac{\nu}{2})} \left(1 + \frac{t^2}{\nu}\right)^{-\frac{\nu+1}{2}}, \quad -\infty < t < \infty$$

Es gilt $E(T) = 0$ für $\nu > 1$ und $V(T) = \frac{\nu}{\nu-2}$ für $\nu > 2$. Für $\nu \leq 1$ hat T keinen Erwartungswert, für $\nu \leq 2$ keine Varianz, d.h. die entsprechenden Integrale existieren nicht (siehe Abbildung 2.8). Für $\nu=1$ bezeichnet man

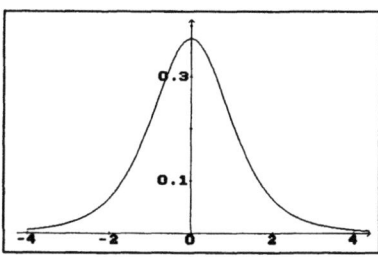

Abbildung 2.8: $SV(4)$

die Student-Verteilung auch als Cauchy-Verteilung. Für große ν läßt sich die $SV(\nu)$-Verteilung durch die Standardnormalverteilung approximieren.

Sind X_1, X_2 unabhängig und χ^2-verteilt mit ν_1 bzw. ν_2 Freiheitsgraden, so ist die Zufallsvariable
$$Y = \frac{X_1/\nu_1}{X_2/\nu_2}$$
F-verteilt mit ν_1 und ν_2 Freiheitsgraden,
$$Y \sim FV(\nu_1, \nu_2),$$
d.h. die Dichtefunktion hat die Form
$$f_F(y) = \begin{cases} \frac{\Gamma((\nu_1+\nu_2)/2)\nu_1^{\nu_1/2}\nu_2^{\nu_2/2}y^{\nu_1/2-1}}{\Gamma(\nu_1/2)\Gamma(\nu_2/2)(\nu_2+\nu_1 y)^{(\nu_1+\nu_2)/2}} & \text{für } y > 0 \\ 0 & \text{sonst} \end{cases}$$

Es ist
$$E(Y) = \frac{\nu_2}{\nu_2-2} \text{ für } \nu_2 > 2,$$
$$V(Y) = \frac{2\nu_2^2(\nu_1+\nu_2-2)}{\nu_1(\nu_2-4)(\nu_2-2)^2} \text{ für } \nu_2 > 4.$$

Für $\nu_2 \leq 2$ ist der Erwartungswert und für $\nu_2 \leq 4$ die Varianz nicht definiert (siehe Abbildung 2.9). Das Quadrat einer $SV(\nu)$-verteilten Zufallsvariable

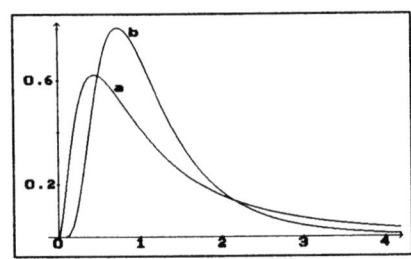

Abbildung 2.9: a) $FV(6,4)$ b) $FV(16,10)$

ist F-verteilt mit 1 und ν Freiheitsgraden. Ferner ist der Kehrwert einer $FV(\nu_1, \nu_2)$-verteilten Zufallsvariablen wieder F-verteilt und zwar mit ν_2 und ν_1 Freiheitsgraden:
$$X \sim FV(\nu_1, \nu_2) \Longrightarrow \frac{1}{X} \sim FV(\nu_2, \nu_1).$$

Aufgabe 2.12/1
Welche Zufallsvariablen sind

a) $\chi^2 V(\nu)$-verteilt?
b) $SV(\nu)$-verteilt?
c) $FV(\nu_1, \nu_2)$-verteilt?

Aufgabe 2.12/2
Bestimmen Sie anhand der Tabellen im Anhang des Buches die Werte x, für die $W(X \leq x) = 0.95$ gilt, falls

a) $X \sim \chi^2 V(5)$,
b) $X \sim SV(5)$,
c) $X \sim FV(5,5)$.

Ergänzungen und Bemerkungen

- Beweise der angeführten Sätze findet der mathematisch geschulte Leser in Krickeberg/Ziezold (1977).

- Die Chi-Quadrat-Verteilung wurde im Zusammenhang mit der Entwicklung des Chi-Quadrat-Testes durch Karl Pearson 1900 eingeführt. 1922 erfuhr der Chi-Quadrat-Test durch R. A. Fisher eine Neufassung.

- William Gosset (1876–1937) publizierte als Braumeister bei Guiness-Company in Dublin unter dem Pseudonym „Student" seine insbesondere zur Behandlung kleiner Stichproben wichtigen statistischen Forschungsarbeiten. Hierzu zählt auch die Herleitung der Student-Verteilung.

- Die F-Verteilung wurde von R. A. Fisher (1890–1962) eingeführt (vgl. Barnard (1990)).

2.13 Zweidimensionale Normalverteilungen

Nachdem wir wichtige eindimensionale stetige Verteilungen kennengelernt haben, soll zum Schluß noch eine mehrdimensionale stetige Verteilung vorgestellt werden: die mehrdimensionale (multivariate) Normalverteilung. Aus Gründen der Übersichtlichkeit beschränken wir uns wieder auf die Darstellung der zweidimensionalen (bivariaten) Normalverteilung: Die durch die Dichtefunktion

$$f_{2N}(x,y) = \frac{1}{\pi \sigma_X \sigma_Y \sqrt{1-\rho^2}} e^{-\frac{1}{(1-\rho^2)}\left(t_x^2 + t_y^2 - 2\rho t_x t_y\right)}$$

$$t_x = \frac{x-\mu_X}{\sigma_X}, \quad t_y = \frac{y-\mu_Y}{\sigma_Y}$$

für alle $(x,y) \in I\!R^2$ definierte Wahrscheinlichkeitsverteilung heißt *zweidimensionale* oder *bivariate Normalverteilung*. Ein Zufallsvektor (X,Y) mit dieser Dichtefunktion heißt *(zweidimensional) normalverteilt:*

$$(X,Y) \sim NV_2(\mu_X, \mu_Y, \sigma_X, \sigma_Y, \rho).$$

Dabei sind $\mu_X = E(X)$, $\mu_Y = E(Y)$, $\sigma_X^2 = V(X)$, $\sigma_Y^2 = V(Y)$ die Momente der jeweiligen Randverteilungen, ρ ist der in Abschnitt 2.4 eingeführte Korrelationskoeffizient $\rho(X,Y)$.

Die besondere Bedeutung der zweidimensionalen Normalverteilung unter den stetigen zweidimensionalen Verteilungen beruht nicht zuletzt darauf, daß für eine zweidimensional normalverteilte Zufallsvariable (X,Y) gilt:
X,Y sind unabhängig genau dann, wenn $\rho(X,Y) = 0$ ist, d.h. wenn X,Y unkorreliert sind.

Aufgabe 2.13/1
Definieren Sie die Dichtefunktion einer zweidimensionalen Zufallsvariablen (X,Y), für die gilt:

$$R(X,Y) = 0, \; X \sim NV(0,1), \; Y \sim NV(0,1).$$

Aufgabe 2.13/2

a) Erstellen Sie eine graphische Darstellung der Dichtefunktion der bivariaten Normalverteilung für $\rho = 0$, $\mu_X = \mu_Y = 0$ und $\sigma_X = \sigma_Y = 1$.
b) Welche geometrischen Figuren bilden die „Höhenlinien" (Punkte gleicher Dichte) der Dichtefunktion der bivariaten Normalverteilung im allgemeinen Fall?

Ergänzungen und Bemerkungen

- Für eine umfassende Übersicht über stetige Verteilungen verweisen wir auf Patel/Kapadia/Owen (1976).

- Die mehrdimensionale Normalverteilung spielt eine zentrale Rolle bei der Konstruktion ökonometrischer Modelle (vgl. Bamberg/Schittko (1979), Abschnitt 4.1) und für verschiedene multivariate Verfahren.

2.14 Grenzwertsätze

In diesem und im folgenden Abschnitt sollen nun die in Abschnitt 2.10 genannten Gründe für die Bedeutung der Normalverteilung exakt gefaßt werden. Dies geschieht mit Hilfe von Grenzwertsätzen, die Aussagen über das Konvergenzverhalten einer Folge von Wahrscheinlichkeitsfunktionen bzw. Dichtefunktionen (lokale Grenzwertsätze) oder von Verteilungsfunktionen (globale Grenzwertsätze) erlauben.

2.14.1 Gesetz der großen Zahlen

Ausgangspunkt für die folgenden Betrachtungen ist der Begriff der *stochastischen Konvergenz*.

Man sagt, eine Folge von Zufallsvariablen $\{X_n\}_{n=1,2,...}$ *konvergiert stochastisch gegen Null*, wenn für beliebige reelle Zahlen $\varepsilon > 0$ gilt:

$$\lim_{n \to \infty} W(|X_n| \geq \varepsilon) = 0.$$

Entsprechend versteht man unter der stochastischen Konvergenz einer Folge $\{X_n\}_{n=1,2,...}$ *gegen eine Zufallsvariable* X, daß die Folge $\{X_n - X\}_{n=1,2,...}$ stochastisch gegen Null konvergiert, und unter der stochastischen Konvergenz einer Folge $\{X_n\}_{n=1,2,...}$ *gegen eine Konstante* c, daß die Folge $\{X_n - c\}_{n=1,2,...}$ stochastisch gegen Null konvergiert. Unter dem *(schwachen) Gesetz der großen Zahlen* versteht man dann folgende Aussage:

Seien $X_1, X_2, \ldots$ unabhängige Zufallsvariablen mit identischen Verteilungen (also insbesondere $E(X_i) = \mu$ und $V(X_i) = \sigma^2$ für alle $i = 1, 2, \ldots$). Sei $\bar{X}_n = \frac{1}{n} \sum_{i=1}^{n} X_i$ das arithmetische Mittel der Zufallsvariablen $X_1, \ldots, X_n$. Dann konvergiert $\{\bar{X}_n\}_{n=1,2,...}$ stochastisch gegen μ, d.h.

$$\lim_{n \to \infty} W(|\bar{X}_n - \mu| \geq \varepsilon) = 0 \quad \text{für alle } \varepsilon > 0.$$

Für den Spezialfall einer Bernoullischen Versuchsanordnung folgt daraus das sogenannte *Bernoullische Gesetz der großen Zahlen*:

Seien X_i die in Abschnitt 2.5 beschriebenen Indikatorvariablen mit den Werten 1 für Eintreten des Ereignisses A im i-ten Versuch und 0 für Nicht-Eintreten. Dann gilt für die relative Häufigkeit des Eintretens des Ereignisses A, $P_n = \frac{1}{n} X = \frac{1}{n} \sum_{i=1}^{n} X_i$, ($X$ mißt die absolute Häufigkeit):

$$\lim_{n \to \infty} W(|P_n - \pi| \geq \varepsilon) = 0 \quad \text{für alle } \varepsilon > 0.$$

Das Gesetz der großen Zahlen verdeutlicht den Zusammenhang zwischen dem Häufigkeitsbegriff und dem Wahrscheinlichkeitsbegriff und kann als Begründung für den frequentistischen Wahrscheinlichkeitsbegriff (in Situationen, die beliebig oft unter gleichen Bedingungen wiederholbar sind) herangezogen werden.

2.14.2 Zentraler Grenzwertsatz

Eine Folge von Verteilungsfunktionen $\{F_n\}_{n=1,2,...}$ einer Folge von Zufallsvariablen $\{X_n\}_{n=1,2,...}$ heißt *konvergent*, wenn eine Verteilungsfunktion F existiert, so daß gilt:

$$\lim_{n \to \infty} F_n(x) = F(x) \quad \text{für alle } x, \text{ in denen } F \text{ stetig ist.}$$

Die durch F definierte Verteilung heißt *Grenzverteilung* der Folge der Verteilungsfunktionen. Als *Satz von Lindeberg-Lévy* bezeichnet man dann die folgende Aussage:

Seien $\{X_i\}_{i=1,2,\ldots}$ unabhängige Zufallsvariablen mit identischer Verteilung (also insbesondere $E(X_i) = \mu$ und $V(X_i) = \sigma^2$ für alle i) und seien μ und σ endlich. Ist F_n die zur Zufallsvariablen

$$Y_n = \sum_{i=1}^{n}(X_i - \mu)/(\sigma\sqrt{n}),$$

der standardisierten Summe der ersten n X_i, gehörende Verteilungsfunktion, dann gilt

$$\lim_{n\to\infty} F_n(x) = F_T(x) \text{ für alle } x.$$

Die Grenzverteilung der Folge der Verteilungsfunktionen der Y_n ist also die Verteilungsfunktion der Standardnormalverteilung. Daraus folgt, daß die Zufallsvariable $\sum_{i=1}^{n} X_i$ unter den gegebenen Voraussetzungen asymptotisch normalverteilt ist mit dem Erwartungswert $n\mu$ und der Standardabweichung $\sigma\sqrt{n}$. Dies drückt man so aus:

Für $\sum_{i=1}^{n} X_i$ gilt unter den gemachten Voraussetzungen der *zentrale Grenzwertsatz*.

Wir schreiben

$$\sum_{i=1}^{n} X_i \rightsquigarrow NV(n\mu, \sigma\sqrt{n}).$$

Dies ist die Begründung dafür, daß man viele Größen, die additiv aus vielen unabhängig voneinander wirkenden Zufallsgrößen entstehen (von denen keine einzelne einen zu großen Einfluß auf die Summe hat), durch asymptotisch normalverteilte Zufallsvariablen darstellen darf.

2.14.3 Satz von de Moivre-Laplace

Die „globale Version" des Satzes von de Moivre-Laplace ergibt sich als Spezialfall des Satzes von Lindeberg-Lévy. (Historisch ist der Satz von de Moivre-Laplace bereits vor dem Lindeberg-Lévyschen Satz bewiesen worden.)

Liegt eine Bernoullische Versuchsanordnung vor, so ist die „Anzahl" $X = \sum_{i=1}^{n} X_i$ binomialverteilt mit $E(X) = n\pi$ und $V(X) = n\pi(1 - \pi)$. Die Zufallsvariablen X_i sind unabhängig und identisch verteilt mit $E(X_i) = \pi < \infty$ und $V(X_i) = \pi(1 - \pi) < \infty$. Nach dem Satz von Lindeberg-Lévy gilt dann für die zu

$$Y_n = \frac{X - n\pi}{\sqrt{n\pi(1 - \pi)}}$$

gehörende Verteilungsfunktion F_n:

$$\lim_{n\to\infty} F_n(x) = F_T(x) \text{ für alle } x.$$

Also ist die Anzahl X asymptotisch normalverteilt mit Erwartungswert $n\pi$ und Standardabweichung $\sqrt{n\pi(1-\pi)}$ (*Satz von de Moivre-Laplace*). Wir schreiben

$$X \sim BV(n, \pi) \rightsquigarrow NV(n\pi, \sqrt{n\pi(1-\pi)}).$$

Praktisch bedeutet dies: für hinreichend große n lassen sich die mit der Binomialverteilung $BV(n,\pi)$ zu berechnenden Wahrscheinlichkeiten mit Hilfe der Verteilungsfunktion der $NV(n\pi, \sqrt{n\pi(1-\pi)})$ ermitteln. Dabei erhält man für $n\pi(1-\pi) \geq 9$ bereits brauchbare Approximationen. Allerdings ist zu beachten, daß es sich bei der Binomialverteilung um eine diskrete, bei der Normalverteilung hingegen um eine stetige Verteilung handelt. Man approximiert den Wert der Verteilungsfunktion der Binomialverteilung an der Stelle x durch den Wert der Verteilungsfunktion der Normalverteilung am Zwischenwert $x + \frac{1}{2}$. Dies ist die sogenannte *Stetigkeitskorrektur* :
Zur Berechnung von $W(a \leq X \leq b)$ einer binomialverteilten Zufallsvariablen X mit Hilfe der entsprechenden Normalverteilung wählt man als Grenzen $a - \frac{1}{2}$ bzw. $b + \frac{1}{2}$; also:

$$W(a \leq X \leq b) = F_N(b + \tfrac{1}{2}) - F_N(a - \tfrac{1}{2}),$$

wenn X binomialverteilt ist und $n\pi(1-\pi) \geq 9$ gilt. Diese Stetigkeitskorrektur hat insbesondere den Effekt, daß die einzelnen Werte $x = 0, \ldots, n$ (mit positiven Wahrscheinlichkeiten) der diskreten Binomialverteilung durch die Intervalle $(x - \frac{1}{2}, x + \frac{1}{2}]$ (mit positiven Wahrscheinlichkeiten) der stetigen Normalverteilung und nicht etwa durch Punkte (deren Wahrscheinlichkeiten 0 sind) ersetzt werden.

Schließlich sei noch die „lokale Version" des Satzes von de Moivre-Laplace erwähnt: Für $0 < \pi < 1$ gilt für die binomialverteilte Zufallsvariable X:

$$\lim_{n \to \infty} (f_{B_n}(x)/f_{N_n}(x)) = 1.$$

Dabei ist f_{N_n} die zu $NV(n\pi, \sqrt{n\pi(1-\pi)})$ gehörende Dichte und f_{B_n} die zu $BV(n,\pi)$ gehörende Wahrscheinlichkeitsfunktion.

Aufgabe 2.14/1

a) Welches ist die grundlegende Voraussetzung bei allen in diesem Abschnitt betrachteten Grenzwertsätzen?

b) Welche Bedeutung hat das Gesetz der großen Zahlen und wie läßt sich dieser Name deuten?

c) Welche Konvergenzbegriffe liegen den hier betrachteten Grenzwertsätzen zugrunde? Spielt der Ihnen aus der Analysis her bekannte Konvergenzbegriff hier eine Rolle?

Aufgabe 2.14/2
Der Frauenanteil an der Gesamtzahl der Beschäftigten liegt im Land NRW bei 41.4% (Ende März 1990). Wie groß ist die Wahrscheinlichkeit, daß unter 100 zufällig ausgewählten Beschäftigten dieses Landes mehr als 30 Frauen sind (exakter Term zur Berechnung der Wahrscheinlichkeit und approximative Lösung mittels tabellierter Verteilung)?

Aufgabe 2.14/3
Als Regel für eine brauchbare Approximation der Binomialverteilung durch die entsprechende Normalverteilung werden in der Literatur unter anderen genannt:

- $n\pi(1-\pi) \geq 9$
- $n\pi \geq 5$ und $n(1-\pi) \geq 5$
- $n\pi > 5$, falls $\pi > 0.5$
- $\min\{n\pi, n(1-\pi)\} \geq 10$.

Welches Konstruktionsprinzip liegt allen diesen Regeln zugrunde?

Aufgabe 2.14/4
Über Jahre hinweg hatte auf einem berüchtigten Autobahnabschnitt jeder 5. Unfall den Tod eines Beteiligten zur Folge. Nach langen Diskussionen wurde für dieses Teilstück eine Geschwindigkeitsbeschränkung auf 100 km/h verfügt. Die verantwortlichen Politiker verkünden die Tatsache, daß von den seitdem dort vorgefallenen 120 Unfällen lediglich 20 tödlich ausgingen, als Beweis für die Richtigkeit dieser Maßnahme. Können Sie dem zustimmen?

Aufgabe 2.14/5
Eine Pharmagroßhandlung beliefert täglich 500 Apotheken. Die Wahrscheinlichkeit einer Reklamation beträgt bei allen Apotheken (unabhängig voneinander) 0.02. Die Wahrscheinlichkeit dafür, daß täglich zwischen 7 und 12 Apotheken reklamieren, soll bestimmt werden.

Ergänzungen und Bemerkungen

- Eine Verallgemeinerung des Satzes von Lindeberg-Lévy stellt der Satz von Ljapunoff dar. Hier wird eine Aussage analog zum Lindeberg-Lévyschen Satz für beliebig (nicht mehr notwendigerweise identisch) verteilte unabhängige Zufallsvariablen unter einer sehr allgemeinen (technischen) Zusatzbedingung bewiesen:

$$\sum_{i=1}^{n} X_i \rightsquigarrow NV\left(\sum_{i=1}^{n} \mu_i, \sqrt{\sum_{i=1}^{n} \sigma_i^2}\right)$$

(vgl. Fisz (1976), Abschnitt 6.9).

- Die lokale Version des Satzes von de Moivre-Laplace ist ein Spezialfall des Satzes von Gnedenko, der einen lokalen Grenzwertsatz für diskrete Verteilungen liefert (vgl. Fisz (1976), Abschnitt 6.10). Ein Beweis des (lokalen und globalen) Satzes von de Moivre-Laplace findet sich auch in Kreyszig (1979), Anhang 1, 375–377).

- Eine Darstellung weiterer Grenzwertsätze findet der Leser z.B. in Fisz (1976), Kapitel 6, oder in Büchern zur Wahrscheinlichkeitstheorie.

Kapitel 3

Statistische Inferenz: Einstichprobenfall und univariate Datensätze

Bei den bisher betrachteten Problemstellungen lagen jeweils Kenntnisse über bestimmte Parameter der Verteilung, über den Typ der Verteilung oder die genaue Verteilung einer Zufallsvariablen selbst vor. Wahrscheinlichkeitsaussagen über bestimmte Ereignisse oder mögliche Stichprobenrealisationen (Stichprobengrößen) waren gesucht. Dieses Schließen von der Verteilung auf Realisationen der Zufallsvariablen nennt man direktes Schließen, Deduktion oder *Inklusionsschluß*. Wie man in den vorausgehenden Kapiteln sah, liefert die Wahrscheinlichkeitsrechnung adäquate Methoden für den Inklusionsschluß. Die für den Statistiker interessantere und für die Praxis relevantere Aufgabe ist jedoch die umgekehrte Fragestellung: Wie lassen sich aufgrund von Zufallsvariablenrealisationen Aussagen über die Verteilung bzw. über deren Parameter treffen? Man spricht in diesem Zusammenhang vom indirekten Schließen oder *statistischer Inferenz*. Methoden des indirekten Schließens werden im Rahmen der induktiven Statistik entwickelt und sollen im folgenden dargestellt und diskutiert werden.

Klassischen statistischen Inferenzmethoden liegt folgende Ausgangssituation zugrunde: Eine Gesamtheit aller relevanten statistischen Einheiten für eine bestimmte Fragestellung kann aus Kostengründen nicht erhoben werden. Deshalb wird mittels eines Zufallsauswahlverfahrens ein Teil der statistischen Einheiten ausgewählt (Teilerhebung, Stichprobe) und hinsichtlich eines oder mehrerer Merkmale untersucht, beobachtet oder befragt. Mittels der so gewonnenen Informationen und unter Berücksichtigung der Struktur des der Teilerhebung zugrundeliegenden Zufallsexperimentes werden Rückschlüsse auf die interessierende Gesamtheit (Grundgesamtheit) gewonnen. Die so abgeleiteten Aussagen über die Grundgesamtheit können in der Regel nur mit Unsicherheit behaftete Aussagen sein. Die gewählte Vorgehensweise über ein Zufallsexperiment erlaubt aber, diese Unsicherheit mit wahrscheinlichkeitstheoretischen Überlegungen zu quantifizieren und zu kontrollieren.

Grundsätzlich lassen sich die Methoden der induktiven Statistik wie folgt einteilen:

- Methoden, bei denen auf Grundlage einer Zufallsvariablenrealisation ein bestimmter Parameter der Verteilung oder diese selbst geschätzt werden soll: *Schätzverfahren*.

- Methoden, bei denen eine Hypothese über die Verteilung oder ihre Parameter aufgrund einer Realisation überprüft werden soll: *Testverfahren*.

Bevor wir diese Verfahren exemplarisch im einzelnen vorstellen, soll aber die oben beschriebene Ausgangssituation noch einmal präzisiert werden.

3.1 Grundlagen der Stichprobentheorie

Soll aus den Informationen aus Teilerhebungen Aufschluß über die Merkmalsverteilung in der Grundgesamtheit gewonnen werden, so sind an die Auswahlmethode für die in der Teilerhebung zu erfassenden statistischen Einheiten der Grundgesamtheit bestimmte Anforderungen zu stellen. Diese Anforderungen sollen der Vermeidung von sogenannten *systematischen Fehlern* dienen. Insbesondere muß gesichert sein, daß zwischen Auswahlkriterium und Untersuchungsziel kein die Untersuchung verfälschender Zusammenhang besteht. Im Rahmen der *Stichprobentheorie* sind hierzu eine Vielzahl entsprechender Auswahltechniken entwickelt worden. Wir wollen uns hier auf das Konzept der *Zufallsauswahl* aus einer gegebenen Grundgesamtheit mit festem Stichprobenumfang n beschränken: Von einer Zufallsauswahl spricht man dann, wenn der Vorgang der Stichprobenziehung und der Merkmalserhebung bei jeder gezogenen statistischen Einheit sich als Zufallsexperiment mit einer entsprechend definierten Zufallsvariablen beschreiben läßt.

Für die Zufallsauswahl aus endlichen Grundgesamtheiten, bei denen Erhebungs- und Auswahleinheit identisch sind, (einstufige Stichproben) kann gefordert werden:

- Jedes Element der Grundgesamtheit besitzt eine von Null verschiedene, vor der Ziehung feststehende und bekannte Wahrscheinlichkeit, in die Stichprobe aufgenommen zu werden.

- Jedes Element der Grundgesamtheit besitzt die gleiche Wahrscheinlichkeit ausgewählt zu werden.

- Die Elementarereignisse des Zufallsexperimentes „Ziehen einer Stichprobe vom Umfang n" sind gleichwahrscheinlich (Laplace-Annahme), d.h. es gilt das Gleichmöglichkeitsmodell für die möglichen Stichprobenrealisationen.

Dabei ist jeweils die voranstehende Bedingung notwendig, aber für $n > 1$ nicht hinreichend für die folgende Bedingung. Erfüllt das Zufallsauswahlverfahren die Laplace-Annahme, so sprechen wir von einer uneingeschränkten oder reinen Zufallsauswahl. Wird weiter gefordert,

- die Ziehungen der n statistischen Einheiten erfolgen unabhängig voneinander, d.h. die Ergebnisse der einzelnen Ziehungen dürfen sich nicht gegenseitig beeinflussen,

so erhält man eine *einfache Stichprobe* vom Umfang n. Letztere Bedingung stellt man auch an Stichproben aus unendlichen Grundgesamtheiten.

Ordnet man dem zu untersuchenden Merkmal die Zufallsvariable X zu, so mißt die Verteilungsfunktion $F(x_0) = W(X \leq x_0)$ die Wahrscheinlichkeit, daß beim einmaligen Ziehen aus der Grundgesamtheit eine statistische Einheit ausgewählt wird mit der Ausprägung höchstens gleich x_0. Man bezeichnet die Verteilung von X auch als die Grundgesamtheitsverteilung (bezüglich des Merkmals X) und ihre Parameter als Grundgesamtheitsparameter.

Bezeichnet man mit X_i, der sogenannten Stichprobenvariablen, das Ergebnis der Feststellung der Merkmalsausprägung beim i-ten Zufallszug ($i = 1, \ldots, n$), so läßt sich der Ziehvorgang einer Stichprobe vom Umfang n durch $(X_1, \ldots, X_n)$ und dessen Verteilung beschreiben. Im Falle einer einfachen Stichprobe sind die Stichprobenvariablen offensichtlich alle unabhängig und identisch verteilt gemäß der Grundgesamtheitsverteilung, im Falle einer uneingeschränkten aber nicht einfachen Stichprobe sind die Stichprobenvariablen nicht unabhängig. Nur im ersten Falle läßt sich die gemeinsame Verteilungsfunktion als Produkt der Verteilungsfunktionen der Stichprobenvariablen darstellen.

Liegt eine endliche Grundgesamtheit vom Umfang N vor, deren Elemente konkret existieren (endliche *reale (konkrete) Grundgesamtheit*), so läßt sich eine Zufallsauswahl vom Umfang n z.B. wie folgt durchführen, bzw. durch das folgende Urnenmodell beschreiben: Man numeriert die Elemente der Grundgesamtheit von 1 bis N und gibt für jedes Element eine Kugel, beschriftet mit der entsprechenden Zahl, in eine Urne. Dann zieht man aus der verdeckten Urne nacheinander n Kugeln. Vor jedem Zug werden die in der Urne befindlichen Kugeln gut gemischt. Je nachdem, ob man die jeweils gezogene Kugel vor dem nächsten Zug wieder in die Urne zurücklegt oder nicht, unterscheidet man „*Ziehen mit Zurücklegen*" (Z.m.Z.) vom „*Ziehen ohne Zurücklegen*" (Z.o.Z.).

- Z.m.Z. liefert eine einfache Stichprobe. Der Stichprobenumfang n könnte sogar größer als N gewählt werden.

- Z.o.Z. ist ein Beispiel einer uneingeschränkten Zufallsauswahl, die keine einfache Stichprobe liefert. Hier ist immer $n \leq N$.

Liegt ein *kleiner Auswahlsatz* vor, d.h. ist n/N klein, so ist die Unterscheidung zwischen Z.m.Z. und Z.o.Z. praktisch vernachlässigbar. Oft werden in der

Praxis deshalb Stichproben, die durch Z.o.Z. gewonnen wurden und für die $n/N \leq 0.05$ gilt, wie einfache Stichproben behandelt. Ist die Grundgesamtheit unendlich und n endlich, so liegt auf jeden Fall ein kleiner Auswahlsatz vor. Im folgenden steht die Betrachtung einstufiger einfacher Stichproben aus endlichen Grundgesamtheiten im Vordergrund.

Aufgabe 3.1/1
Diskutieren Sie folgende Auswahlverfahren und prüfen Sie jeweils, ob es sich um eine (einfache) Zufallsstichprobe handelt:

a) Aus einer verdeckten Urne mit 10 Kugeln werden hintereinander 3 Kugeln gezogen. Jede gezogene Kugel wird vor dem nächsten Zug zurückgelegt.

b) Aus einer verdeckten Urne werden 3 Kugeln auf einen Schlag gezogen und deren Farbe jeweils registriert.

c) Aus der Kartei der Teilnehmer von Kursen einer Volkshochschule wird jede 10. Karteikarte gezogen und festgestellt, ob der entsprechende Kursteilnehmer weiblich oder männlich ist.

d) Aus dem Telefonbuch einer Stadt wird jeder 100. Telefonbesitzer ausgewählt, angerufen und—falls er sich meldet—in eine Befragung über die Einschätzung der Energiesituation der Bundesrepublik Deutschland einbezogen.

e) Um Aufschluß über die für Wohnraum zu zahlenden Mieten in einer Stadt zu erhalten, werden die Mieter aller Wohnungen im Erdgeschoß der Hochhäuser dieser Stadt befragt.

f) Zur Erforschung des betrieblichen Weiterbildungsangebots in einer Wirtschaftsregion werden in 10 zufällig ausgewählten Wirtschaftsbranchen alle Unternehmungen mit mehr als 1000 Beschäftigten in eine Untersuchung einbezogen.

g) Ziehung der Lottozahlen.

Aufgabe 3.1/2
Zur Präsidentenwahl 1948 traten in den USA der seit 1945 amtierende Präsident H. Sp. Truman von den Demokraten und der republikanische Herausforderer Th. E. Dewey an. Ein Meinungsforschungsinstitut sagte für den 1944 gegen Roosevelt unterlegenen Dewey dieses Mal einen klaren Sieg voraus. Die Prognose basierte auf einer Telefonumfrage. Die Wahl wurde jedoch von Truman gewonnen. Haben Sie eine Erklärung für diese Fehlprognose? Oder schließen Sie sich einfach der Meinung eines Bevölkerungswissenschaftlers an, der am 30. 12. 1980 im SDR erklärte: „Es ist immer schwierig mit Prognosen, insbesondere wenn sie in die Zukunft gehen."

Ergänzungen und Bemerkungen

- Zufallsauswahlverfahren und Charakterisierungen derselben werden eingehend bei Basler (1991) oder Hartung/Elpelt/Klösener (1991), Kapitel V, diskutiert. Zur konkreten Durchführung bedient man sich häufig sogenannter Zufallszahlen (vgl. Tabellen in Wetzel/Jöhnk/Naeve (1967) oder die Darstellung von stochastischen Simulationsverfahren z.B. in Rinne/Ickler (1986)).

- Weitere Stichprobenverfahren findet der interessierte Leser in Stenger (1986), Böltken (1976) und Henry (1990).

- Das Problem verzerrter nicht repräsentativer Stichproben und falscher Schlüsse daraus wird in Krämer (1991), Kap. 8, anhand einiger Beispiele knapp und treffend dargestellt.

- „Die zahlenmäßig größte und vielleicht auch bekannteste Stichprobe ist der Mikrozensus, die Repräsentativstatistik über die Bevölkerung und den Arbeitsmarkt. Die Befragung bezieht sich auf ein Prozent der Bevölkerung, also auf rund 600000 Einwohner." (Hölder (1985), S.34)

- „Das in der amtlichen Statistik am häufigsten angewandte Auswahlverfahren ist die geschichtete Zufallsauswahl. Die Grundgesamtheit wird in mehrere Gruppen, die sich gegenseitig ausschließen und zusammen die Grundgesamtheit voll ausschöpfen – in sogenannte Schichten — zerlegt. In jeder dieser Schichten erfolgt dann unabhängig von den anderen Schichten eine einfache Zufallsauswahl. Mit diesem Verfahren ist es möglich, das Ziehen von sehr ungünstigen Stichproben auszuschalten, ohne das Zufallsprinzip aufzugeben. Beispielsweise kann durch eine Schichtung nach einem quantitativen Merkmal verhindert werden, daß sich in der Stichprobe nur Einheiten mit großen Merkmalswerten befinden; bei einer Schichtung nach einer fachlichen Gliederung kann vermieden werden, daß sich die Stichprobeneinheiten zufällig auf eine Gliederungsposition konzentrieren. In der Regel ermöglicht die Schichtung einen erheblichen genauigkeitssteigernden Effekt gegenüber der einfachen Zufallsauswahl. Dieser Genauigkeitsgewinn ist umso größer, je homogener die Auswahleinheiten innerhalb einer Schicht bezüglich des interessierenden Erhebungsmerkmals sind." (Statistisches Bundesamt (1990), S. 1)

3.2 Bedeutung der Grenzwertsätze für die Inferenzstatistik

Wir wollen jetzt für das Zufallsexperiment „Ziehen einer Stichprobe" aus den Grenzwertsätzen aus Abschnitt 2.14 spezielle Aussagen ableiten. Eine genaue Betrachtung der in 2.14 vorgestellten Grenzwertsätze zeigt, daß wir uns in diesem Abschnitt auf einfache Stichproben beschränken müssen: In diesem Fall sind die Stichprobenvariablen X_i, die das i-te Ziehen eines Elements aus der Grundgesamtheit ($i = 1, \ldots, n$ bei einer Stichprobe vom Umfang n) repräsentieren, unabhängig, und damit ist eine wesentliche Voraussetzung für die Anwendung der Grenzwertsätze erfüllt. Das Zufallsexperiment „Ziehen einer einfachen Stichprobe vom Umfang n" (z.B. durch Ziehen mit Zurücklegen) wird repräsentiert durch die n-dimensionale Zufallsvariable $(X_1, \ldots, X_n)$. Eine Funktion $g(X_1, \ldots, X_n)$ der Stichprobenvariablen heißt *Stichprobenfunktion* (oder Statistik). Stichprobenfunktionen sollen die Informationen einer Stichprobe (in möglichst eindimensionale Größen) zusammenfassen. Sie sind vor der Durchführung des Experiments „Ziehen einer Stichprobe" als Zufallsvariablen anzusehen: Ihre Realisationen hängen von den zufällig in die Stichprobe gelangten statistischen Einheiten ab.

Betrachten wir zunächst das Gesetz der großen Zahlen. Liegt eine einfache Stichprobe vor, dann sind die $X_i (i = 1, \ldots, n)$ unabhängig und identisch verteilt. Sei $E(X_i) = \mu$ und $V(X_i) = \sigma^2$ für alle $i = 1, \ldots, n$. Dann ist der Stichprobenmittelwert

$$\bar{X} = \bar{X}_n = \frac{1}{n} \sum_{i=1}^{n} X_i$$

eine Stichprobenfunktion, für die gilt:

$$\lim_{n \to \infty} W(|\bar{X}_n - \mu| \geq \varepsilon) = 0.$$

Man kann das so interpretieren: Ist der Grundgesamtheitsparameter μ unbekannt, so ist die Stichprobenfunktion $\bar{X}_n$ für große Stichprobenumfänge n eine gute Schätzfunktion für μ, d.h. die Realisation $\bar{x} = \bar{x}_n$ dieser Stichprobenfunktion für eine vorliegende große Stichprobe ist eine relativ gute Schätzung für μ. Die Wahrscheinlichkeit, daß $\bar{X}_n$ sehr stark vom wahren, aber unbekannten Wert μ abweicht, ist aufgrund des Gesetzes der großen Zahlen nicht sehr hoch. Im Rahmen der Schätztheorie werden wir diese Gedanken weiterverfolgen und präzisieren. Halten wir hier nur noch fest, daß aus dem sogenannten Bernoullischen Gesetz der großen Zahlen eine entsprechende Aussage (wie für $\bar{x}_n$) für den Stichprobenanteilswert, den wir p_n nennen wollen (p_n ist die Realisation von P_n), folgt.

Liegt eine normalverteilte Grundgesamtheit vor und betrachtet man eine einfache Stichprobe daraus als Zufallsvariable $X = (X_1, \ldots, X_n)$, so gilt nach 2.10 (Reproduktionseigenschaft und lineare Transformation) für alle n:

$$\sum_{i=1}^{n} X_i \sim NV(n\mu, \sigma\sqrt{n})$$

$$\bar{X}_n = \frac{1}{n} \sum_{i=1}^{n} X_i \sim NV(\mu, \sigma/\sqrt{n}).$$

Für $V(\bar{X})$ werden wir auch $\sigma_{\bar{X}}^2$ schreiben.

Die Stichprobenfunktion $\bar{X}_n$ ist also normalverteilt für alle Stichprobenumfänge n. Ist die Verteilung der Grundgesamtheit unbekannt, so gilt jedenfalls für eine einfache Stichprobe $X = (X_1, \ldots, X_n)$: X_i ($i = 1, \ldots, n$) sind unabhängig und identisch verteilt. Es gilt wieder $E(X_i) = \mu$ und $V(X_i) = \sigma^2$ für $i = 1, \ldots, n$, d.h. die Voraussetzungen des Zentralen Grenzwertsatzes sind erfüllt. Man erhält also für die zur Zufallsvariablen

$$Y_n = \frac{\sum_{i=1}^n X_i - n\mu}{\sigma\sqrt{n}}$$

gehörenden Verteilungsfunktionen F_n:

$$\lim_{n \to \infty} F_n(x) = F_T(x) \text{ für alle } x.$$

Praktisch bedeutet dies, daß die Stichprobenfunktion $\bar{X}_n$ approximativ normalverteilt mit Mittelwert μ und Standardabweichung $\sigma/\sqrt{n}$ ist:

$$\bar{X}_n = \frac{1}{n} \sum_{i=1}^n X_i \rightsquigarrow NV(\mu, \sigma/\sqrt{n}) \text{ für große } n.$$

Als brauchbare Regel für die Verwendung der Normalverteilung für die Verteilung der Stichprobenfunktion $\bar{X}_n$ im Falle einer unbekannten Grundgesamtheitsverteilung hat sich $n \geq 30$ erwiesen.

In diesem Kapitel werden nur Stichproben zum festen Stichprobenumfang n betrachtet. Aus diesem Grunde entsteht dort kein Informationsverlust (aber ein Zuwachs an Übersichtlichkeit), wenn wir statt $\bar{X}_n$ lediglich $\bar{X}$ und, im Falle einer dichotomen Grundgesamtheit, für den Stichprobeanteilswert P und die entsprechende absolute Anzahl X schreiben. Entsprechend verfahren wir im folgenden für die Realisationen dieser Stichprobenvariablen.

Liegt eine dichotome Grundgesamtheit vor, so ist die Stichprobenfunktion $X = \sum_{i=1}^n X_i$ für eine einfache Stichprobe binomialverteilt mit dem Erwartungswert $E(X) = n\pi$ und der Varianz $V(X) = n\pi(1 - \pi)$. Aus dem Satz von de Moivre-Laplace folgt dann: Für große Stichprobenumfänge n (Faustregel: $n\pi(1 - \pi) \geq 9$) gilt approximativ:

$$X = \sum_{i=1}^n X_i \rightsquigarrow NV(n\pi, \sqrt{n\pi(1-\pi)}).$$

Die Realisation x der Stichprobenvariablen X gibt dabei an, wie häufig das Merkmal A bei den in die Stichprobe (vom Umfang n) gelangten statistischen Einheiten beobachtet wurde (Anzahl; absolute Häufigkeit). Aus dem Satz von de Moivre-Laplace folgt sofort für die Stichprobenfunktion $P = X/n$: Für große Stichprobenumfänge n (also $n\pi(1 - \pi) \geq 9$) gilt approximativ

$$P \rightsquigarrow NV(\pi, \sqrt{(\pi(1-\pi))/n}).$$

Die Realisation p der Stichprobenvariablen P gibt dabei die relative Häufigkeit an, mit der das Merkmal A in der Stichprobe vom Umfang n beobachtet wurde (Anteil). Beachten Sie, daß P ursprünglich eine diskrete Verteilung war (Stetigkeitskorrektur $\pm 1/(2n)$).

Wie man in diesem Kapitel sehen wird, bilden die hier abgeleiteten Verteilungen für den Mittelwert $\bar{X}$ (für beliebige Grundgesamtheitsverteilungen) und den Anteilswert P (im Falle dichotomer Grundgesamtheiten) die Grundlage für Inferenzmethoden bei großen Stichproben, die mathematische Fundierung einer statistischen Theorie des Schätzens und Testens.

Aufgabe 3.2/1
Der Anteil der Knaben an allen Neugeborenen betrage 0.5.

a) Berechnen Sie auf zwei verschiedene Arten die Wahrscheinlichkeit dafür, daß der Anteil von Knaben in einer Stichprobe von 100 Neugeborenen größer ist als 0.6.

b) Diskutieren Sie das Konzept einer Stetigkeitskorrektur im Zusammenhang mit dem Begriffspaar Anteil-Anzahl.

Aufgabe 3.2/2
Wie groß ist die Wahrscheinlichkeit, daß der Mittelwert einer Stichprobe vom Umfang 90 um mehr als eine Maßeinheit vom Grundgesamtheitsmittelwert abweicht, wenn die Grundgesamtheitsvarianz 40 beträgt?

Aufgabe 3.2/3
Die Zufallsvariable X habe die Grundgesamtheitsverteilung $NV(-1,3)$. Welche Verteilung hat:

a) $Y = 3X + 7$

b) der Mittelwert einer einfachen Stichprobe vom Umfang 9 aus dieser Grundgesamtheit?

Aufgabe 3.2/4
Die mittlere Betriebszugehörigkeitsdauer der Beschäftigten eines Unternehmens betrage 11.1 Jahre bei einer Standardabweichung von 3 Jahren. Wie groß ist die Wahrscheinlichkeit, daß die mittlere Betriebszugehörigkeit von 100 zufällig Ausgewählten größer als 12 Jahre ist?

Aufgabe 3.2/5
Es sei (aus Erfahrung) bekannt, daß beim Herstellen von Schrauben der Ausschußanteil 5% beträgt. Um die verschiedenen Fehlerarten und ihre relative Häufigkeit genauer untersuchen zu können, ist der Hersteller an einer repräsentativen Stichprobe interessiert. Wie groß muß diese sein, wenn mit einer Wahrscheinlichkeit von 95% unter den zufällig ausgewählten Schrauben zwischen 4% und 6% Ausschuß sein soll? (Berechnung der Einfachheit halber ohne Stetigkeitskorrektur.)

Ergänzungen und Bemerkungen

- Wird eine Stichprobe vom Umfang n durch Ziehen ohne Zurücklegen gewonnen, sind die Stichprobenvariablen zwar noch identisch verteilt, aber nicht mehr unabhängig. Liegt eine normalverteilte Grundgesamtheit vor, so gilt $\bar{X} \sim NV(\mu, \frac{\sigma}{\sqrt{n}}\sqrt{\frac{N-n}{N-1}})$ für alle n. Ist über die Verteilung der Grundgesamtheit nichts bekannt, kann der Zentrale Grenzwertsatz nicht direkt angewandt werden (fehlende Unabhängigkeit der Stichprobenvariablen). Jedoch kann im Falle einer sehr großen Grundgesamtheit im Vergleich zum Stichprobenumfang (der allerdings auch groß sein muß) von einer approximativen Normalverteilung ausgegangen werden:

$$\bar{X} \rightsquigarrow NV\left(\mu, \frac{\sigma}{\sqrt{n}}\sqrt{\frac{N-n}{N-1}}\right) \text{ im heterograden Fall}$$

$$P \rightsquigarrow NV\left(\pi, \sqrt{\frac{\pi(1-\pi)}{n}\left(\frac{N-n}{N-1}\right)}\right) \text{ im homograden Fall.}$$

(Vergleichen Sie die Ausführungen zur Approximation der Hypergeometrischen Verteilung durch die Binomialverteilung in Abschnitt 2.7). Hinzuweisen ist an dieser Stelle noch darauf, daß die sogenannte Endlichkeitskorrektur $\sqrt{\frac{N-n}{N-1}}$ für $N \to \infty$ gegen 1 konvergiert. Praktisch bedeutet dies, daß für einen kleinen Auswahlsatz ($n/N \leq 0.05$) die für „Ziehen mit Zurücklegen" entwickelten Formeln approximativ auch für durch „Ziehen ohne Zurücklegen" gewonnene Stichproben gültig sind (vgl. auch Hajek (1960)).

- Die Standardabweichung $\sigma_{\bar{X}} = \sqrt{V(\bar{X})}$ heißt (durchschnittlicher) *Stichprobenfehler*. $\sigma_{\bar{X}}$ ist unabhängig von N (bei einfachen Stichproben) und umgekehrt proportional zu $\sqrt{n}$. (In der Realität stellt die Tatsache, daß ein Halbieren des Stichprobenfehlers ein Vervierfachen des Stichprobenumfangs erfordert, einen erheblichen Kostenaspekt dar.)

3.3 Punktschätzverfahren: Begriff und Methoden

In diesem Abschnitt sollen Fragestellungen folgender Art betrachtet werden:

- „Studentenbefragung"
  Eine Befragung von 101 Studenten einer Hochschule ergibt ein mittleres verfügbares Einkommen von 890 DM/Monat bei einer Standardabweichung von $s_{n-1} = 30$ DM/Monat. Läßt sich aus diesen Angaben eine Schätzung in Form einer genauen Zahlenangabe für das mittlere verfügbare Einkommen aller Studenten dieser Hochschule ableiten?

- „IHK-Bezirk"
  Eine Untersuchung bei 100 Unternehmungen eines Industrie- und Handelskammerbezirks ergibt, daß 50% der befragten Geschäftsführer die Konjunkturaussichten für das kommende Jahr positiv beurteilen. Welche Aussage läßt sich über den numerischen Wert des entsprechenden Anteils aller Unternehmungen im Bezirk treffen?

Ausgangspunkt der Überlegungen beim indirekten Schließen sind also Stichprobenrealisationen, die Ergebnisse einer durchgeführten Zufallsstichprobe. Diese lassen sich durch Häufigkeitsverteilungen sowie durch die zugehörigen Verteilungsparameter wie $\bar{x}$, s^2 oder p beschreiben (vgl. Abschnitt 1.3). Die entsprechenden Grundgesamtheitsparameter μ, σ^2 oder π, die eigentlich im Mittelpunkt unseres Interesses stehen, sind unbekannt, sollen jedoch aufgrund der vorliegenden Stichprobe geschätzt werden (weil sie als Maßzahl die Grundgesamtheitsverteilung charakterisieren oder, falls ein gewisser Verteilungstyp bereits bekannt ist, diese sogar festlegen). Bei einer Punktschätzung geht es dabei darum, aus den Informationen der vorliegenden Stichprobe einen numerischen Wert als Schätzgröße für den unbekannten Parameter festzulegen.

Bezeichnen wir den unbekannten, zu schätzenden Grundgesamtheitsparameter mit ϑ (ϑ kann also z.B. für μ oder σ^2 oder π stehen), so geht es im Rahmen der Schätztheorie darum, eine Funktion g zu finden, die es erlaubt, für jede konkrete Stichprobenrealisation $(x_1, \ldots, x_n)$ einen Schätzwert $\hat{\vartheta}$ für ϑ festzulegen: $\hat{\vartheta} = g(x_1, \ldots, x_n)$. g soll also die in einer Stichprobe vorhandenen Informationen über den unbekannten Parameter zu einem numerischen Schätzwert $\hat{\vartheta}$ für ϑ „verdichten".

Faßt man eine konkrete Stichprobe vom Umfang n als Realisierung einer Zufallsvariablen $X = (X_1, \ldots, X_n)$ auf, so definiert $g(X_1, \ldots, X_n)$ eine neue Zufallsvariable G, und der Schätzwert $\hat{\vartheta}$ läßt sich als Realisierung dieser Zufallsvariablen $g(X_1, \ldots, X_n) = G$ auffassen: man nennt G eine *Schätzfunktion*. Bezeichnet man ganz allgemein (reellwertige) Funktionen von Stichprobenvariablen als *Stichprobenfunktionen*, so besteht das Problem der Punktschätzung also darin, für einen unbekannten Parameter ϑ der Grundgesamtheit aus der Klasse der Stichprobenfunktionen eine geeignete Funktion

g als Schätzfunktion auszuwählen und mit Hilfe dieser Funktion und einer konkret vorliegenden Stichprobe den Schätzwert $\hat{\vartheta}$ zu bestimmen. Ob und inwieweit eine Schätzfunktion „geeignet" ist, muß anhand von noch zu definierenden *Gütekriterien* beurteilt werden. Diese Aufgabe im Rahmen von Punktschätzungen soll im nächsten Abschnitt angesprochen werden.

Im folgenden werden zwei Konstruktionsverfahren für Schätzfunktionen dargestellt.

a) *Momentenmethode*

Die unbekannten zu schätzenden Momente der Grundgesamtheit werden durch die Werte der entsprechenden Momente in der Stichprobe geschätzt, also insbesondere:

- wähle $\bar{X} = \frac{1}{n} \sum_{i=1}^{n} X_i$ als Schätzfunktion für das arithmetische Mittel μ der Grundgesamtheit;
- wähle $P = \frac{1}{n} X$ als Schätzfunktion für den Anteilswert π in dichotomer Grundgesamtheit;
- wähle $S^2 = \frac{1}{n} \sum_{i=1}^{n} (X_i - \bar{X})^2$ als Schätzfunktion für die mittlere quadratische Abweichung σ^2 der Grundgesamtheit.

Die Momentenmethode benötigt also keine Informationen über den Typ der Grundgesamtheitsverteilung, sondern allein die Kenntnis der Stichprobenrealisation.

b) *Maximum-Likelihood-Methode*

Liegt eine konkrete Stichprobenrealisation $(x_1, \ldots, x_n)$ vor, so wähle man den Wert $\hat{\vartheta}$ als Schätzwert für den unbekannten Grundgesamtheitsparameter ϑ, für den gilt:

Die Wahrscheinlichkeit (im diskreten Fall) bzw. die Dichte (im stetigen Fall) für das Eintreten der beobachteten Stichprobe ist bei Vorliegen dieses Wertes $\hat{\vartheta}$ für ϑ größer, oder zumindest nicht kleiner, als für alle anderen Werte von ϑ.

Ist $f_\vartheta(x)$ die vom unbekannten Parameter ϑ abhängige Wahrscheinlichkeits- bzw. Dichtefunktion der Grundgesamtheitsverteilung, und sind $x_1, \ldots, x_n$ die Realisationen der Stichprobenvariablen $X_1, \ldots, X_n$ in einer konkreten einfachen Stichprobe vom Umfang n, dann gilt:

$$W(X_1 = x_1, \ldots, X_n = x_n) = \prod_{i=1}^{n} W(X_i = x_i) = \prod_{i=1}^{n} f_\vartheta(x_i)$$

im diskreten Fall bzw. für die gemeinsame Dichtefunktion:

$$f(x_1, \ldots, x_n) = \prod_{i=1}^{n} f_\vartheta(x_i)$$

im stetigen Fall.

Die Funktion $LF(\vartheta) = \prod_{i=1}^{n} f_\vartheta(x_i)$ heißt die *Likelihoodfunktion*. Die Maximum-Likelihood-Schätzfunktion (ML-Schätzer) erhält man im Falle einer differenzierbaren Likelihoodfunktion und bei vorhandenen lokalen Maxima durch Lösen von

$$\frac{d}{d\vartheta} LF(\vartheta) = 0 \quad \text{bzw.} \quad \frac{d}{d\vartheta} \ln(LF(\vartheta)) = 0.$$

Da $\ln(LF(\vartheta)) = \sum_{i=1}^{n} \ln(f_\vartheta(x_i))$ gilt, ist die zweite notwendige Bedingung für die Bestimmung des ML-Schätzers rechentechnisch meist einfacher zu lösen. Zur endgültigen Entscheidung, ob die Lösung ϑ^* der obigen Bedingungen tatsächlich ein ML-Schätzer ist, sind die höheren Ableitungen heranzuziehen.

Liegt keine einfache Stichprobe vor, so ist die Produkt- bzw. Summendarstellung der Likelihoodfunktion nicht möglich. Vereinfachungen der Darstellung der Likelihoodfunktion kann man nicht nur in diesem Fall durch Übergang zu geeigneten Statistiken und deren Verteilungen erreichen.

Wir wollen dies an unserem Eingangsbeispiel „IHK-Bezirk" veranschaulichen: Die Wahrscheinlichkeit für das Eintreffen der beobachteten Stichprobe (50 von 100 Personen geben positive Beurteilungen ab) in Abhängigkeit vom unbekannten Grundgesamtheitsparameter π beträgt

$$W(X = 50|\pi) = \binom{100}{50} \pi^{50}(1-\pi)^{50} = LF(\pi).$$

Es ist der Wert $\hat{\pi}$ zu bestimmen, für den $LF(\pi)$ maximal ist:

$$LF'(\pi) = 50 \binom{100}{50} [\pi^{49}(1-\pi)^{49}(1-2\pi)] \stackrel{!}{=} 0$$

$$\Rightarrow \pi = 0 \quad \text{oder} \quad \pi = 1 \quad \text{oder} \quad \pi = \tfrac{1}{2}.$$

Für $\pi = 0$ bzw. $\pi = 1$ ist $LF(\pi)$ aber minimal. $\hat{\pi} = \tfrac{1}{2}$ ist der ML-Schätzer für π.

Neben der Stichprobenrealisation muß zur Anwendung der Maximum-Likelihood-Methode (ML-Methode) außerdem der Typ der Grundgesamtheitsverteilung bekannt sein.

Aufgabe 3.3/1

a) Erläutern Sie die unterschiedlichen Fragestellungen beim direkten bzw. beim indirekten Schließen.
b) Erläutern Sie die Begriffe: Stichprobenvariable, Stichprobenfunktion, Schätzfunktion, Punktschätzung.

c) Welche Informationen über die Grundgesamtheitsverteilung sind für die Anwendung der Momentenmethode bzw. der ML-Methode erforderlich?
d) Läßt sich aus der Grundidee der ML-Methode ein allgemeines methodisches Konzept zur Analyse konkreter gesellschaftlicher Vorgänge gewinnen?
e) Warum führen Differentiation von $LF(\pi)$ bzw. $\ln(LF(\pi))$ zur gleichen Schätzung $\hat{\vartheta}$ für ϑ?

Aufgabe 3.3/2
In einer Urne befinden sich grüne, weiße und rote Kugeln, und zwar doppelt so viel weiße wie grüne. Zur Schätzung des Anteils π der grünen Kugeln werden 40 Kugeln mit Zurücklegen gezogen. Ergebnis:

10 grüne, 17 weiße, 13 rote.

Die Wahrscheinlichkeit für dieses Ereignis beträgt

$$\frac{40!}{10!17!13!} 2^{17} \pi^{27} (1-3\pi)^{13}.$$

Wie groß ist der Schätzwert für π

a) nach der Maximum-Likelihood-Methode
b) nach der Momenten-Methode?

Aufgabe 3.3/3

a) Die Lebensdauer X gewisser elektronischer Teile genüge einer Exponentialverteilung mit Dichte

$$f(x) = \begin{cases} \frac{1}{\vartheta} e^{-x/\vartheta} & \text{für } x > 0 \\ 0 & \text{für } x \leq 0 \end{cases}$$

Der Test von 5 Teilen ergebe die folgenden Lebensdauern (gemessen in Betriebsstunden):
$$110, 100, 90, 140, 60$$

Bestimmen Sie den ML-Schätzwert von ϑ

a1) allgemein für eine Stichprobenrealisation $(x_1, \ldots, x_n)$ (Benutzen Sie die log-Likelihood-Funktion!)
a2) für die vorliegende Stichprobe.

b) Die Dichtefunktion einer Zufallsvariablen X sei gegeben durch

$$f(x) = \begin{cases} \frac{1}{2a} & -a \leq x \leq a \\ 0 & \text{sonst} \end{cases}$$

Eine Stichprobe mit Zurücklegen vom Umfang 5 liefert die Beobachtungen:

$$15, -8, 12, -17, 5.$$

Bestimmen Sie den Maximum-Likelihood-Schätzwert für a.

c) Sie werfen eine Münze 12 mal und beobachten

$$K, K, A, K, A, K, K, K, A, K, K, A.$$

Bestimmen Sie den ML-Schätzwert für die Wahrscheinlichkeit des Auftretens von K.

Aufgabe 3.3/4

Im „Wohlfahrtssurvey 1988 der BRD" sind 2147 Personen, darunter 1147 Frauen, zu Lebensbedingungen und zum subjektiven Wohlbefinden befragt worden. Dabei erklärten 19% der befragten Frauen aber nur 8% der befragten Männer, daß sie sich einsam fühlten. 57 Frauen und 40 Männer fühlten sich unglücklich. geben Sie jeweils eine Punktschätzung für

a) den Anteil der Personen in der BRD, die sich 1988 einsam fühlten,

b) den Anteil der Frauen, bzw. Männer, bzw. Personen in der BRD, die sich 1988 unglücklich fühlten.

Ergänzungen und Bemerkungen

- Eine naheliegende Verallgemeinerung der Momentenmethode ist die folgende Regel: Wähle als Schätzwert für einen beliebigen Grundgesamtheitsparameter (wie z.B. Median, Modus usw.) den entsprechenden Parameter aus der Stichprobe (vgl. Fisz (1976), Kapitel 10). Läßt sich ein Grundgesamtheitsparameter als Funktion der Verteilungsmomente angeben, und schätzt man ihn durch Einsetzen der Stichprobenmomente in diese Funktion, so spricht man von verallgemeinerter Momentenmethode.

- Bei der Bestimmung des ML-Schätzers ist auf mögliche Randmaxima zu achten.

- ML-Schätzer erfüllen folgendes Invarianzprinzip: Ist g eine meßbare Funktion und $\hat{\vartheta}$ ML-Schätzer für ϑ, so ist $\hat{\eta} = g(\hat{\vartheta})$ ML-Schätzer für $\eta = g(\vartheta)$ (vgl. Pruscha (1989), I.4).

- Der Begriff Likelihood geht auf R.A. Fisher zurück und bezeichnet zunächst ein relatives Maß für die Glaubwürdigkeit einer statistischen Aussage gegenüber einer anderen (vgl. Barnard (1990)). Ein 1912 erschienener Aufsatz legte die Grundlagen zur ML-Methode.

- Ein weiteres Verfahren zur Konstruktion von Schätzfunktionen erhält man unter Verwendung der Formel von Bayes. Liegen über den unbekannten Parameter ϑ bereits vor dem Ziehen einer Stichprobe Informationen vor, die es gestatten, eine A-priori-Wahrscheinlichkeits- oder Dichtefunktion $f(\vartheta)$ für das Vorliegen eines bestimmten Wertes von ϑ festzulegen, so können diese Informationen mit denen aus der Stichprobe mittels der Formel von Bayes zu einer *Bayes-Schätzfunktion* verknüpft werden. (Vgl. hierzu Helten (1971) oder Bamberg/Baur (1993).)

3.4 Punktschätzverfahren: Gütekriterien

Der Mittelwert μ einer Grundgesamtheitsverteilung soll aufgrund einer Stichprobe durch Anwendung eines Punktschätzverfahrens geschätzt werden. Von der Grundgesamtheitsverteilung sei lediglich bekannt, daß es sich um eine symmetrische Verteilung handelt, d.h. insbesondere, daß arithmetisches Mittel, Median und Modus der Grundgesamtheit zusammenfallen. In der Stichprobe können jedoch alle diese drei Maßzahlen unterschiedliche Werte annehmen. Soll nun das arithmetische Mittel, der Median oder der Modus der Stichprobe als Schätzfunktion für den unbekannten Grundgesamtheitsparameter μ gewählt werden? Oder ist eine Schätzfunktion, die alle drei Maßzahlen zu einer Schätzung von μ verknüpft, die geeignete?

Fragen dieser Art lassen sich nur beantworten, wenn zuvor geeignete Gütekriterien für Schätzfunktionen formuliert werden. Dies soll im folgenden geschehen.

a) *Erwartungstreue*
   Eine Schätzfunktion G heißt *erwartungstreu* (unverzerrt) für ϑ, wenn ihr Erwartungswert mit dem wahren Wert ϑ übereinstimmt (d.h. im Durchschnitt soll der Schätzwert mit dem wahren Wert zusammenfallen):

$$E(G) = \vartheta$$

Erwartungstreue Schätzfunktionen sind:

- $\bar{X}$ für μ (aber auch jede Stichprobenvariable X_i ist erwartungstreu für μ);
- P für π;
- $S_{n-1}^2 = \frac{1}{n-1}\sum_{i=1}^n (X_i - \bar{X})^2$ für σ^2, wenn eine einfache Stichprobe vorliegt (S^2 ist nicht erwartungstreu für σ^2);
- $S_\mu^2 = \frac{1}{n}\sum_{i=1}^n (X_i - \mu)^2$ für σ^2, wenn eine einfache Stichprobe vorliegt.

Die Differenz $(E(G) - \vartheta)$ heißt *Verzerrung* (Bias). Sie ist offensichtlich für unverzerrte Schätzer gleich Null.

b) *Asymptotische Erwartungstreue*
Wenn mit wachsendem Stichprobenumfang n der Erwartungswert einer Schätzfunktion G_n gegen den wahren Wert ϑ konvergiert, d.h.

$$\lim_{n\to\infty} E(G_n) = \vartheta,$$

so heißt G_n *asymptotisch erwartungstreu* für ϑ.
S^2 ist eine asymptotisch erwartungstreue Schätzfunktion für σ^2, die nicht erwartungstreu ist.

c) *Effizienz (Wirksamkeit)*
Sind G_1 und G_2 zwei erwartungstreue Schätzfunktionen für ϑ, so heißt G_1 *effizienter* (wirksamer) als G_2, wenn gilt:

$$V(G_1) < V(G_2).$$

In diesem Fall wird G_1 der Schätzfunktion G_2 vorgezogen. Eine Schätzfunktion G heißt *effizient* in einer Klasse von Schätzfunktionen, wenn sie erwartungstreu ist und die kleinste Varianz von allen erwartungstreuen Schätzfunktionen dieser Klasse für ϑ aufweist. Beispielsweise ist $\bar{X}$ effizient für μ im Falle einer normalverteilten Grundgesamtheit.

d) *Konsistenz*
Eine Schätzfunktion G_n heißt *konsistent* für ϑ, wenn mit wachsendem n der von G_n erzeugte Schätzwert mit beliebig großer Wahrscheinlichkeit in ein vorgegebenes Intervall $[\vartheta - \varepsilon, \vartheta + \varepsilon]$ mit $\varepsilon > 0$ (beliebig klein, aber fest gewählt) fällt, d.h.

$$\lim_{n\to\infty} W(|G_n - \vartheta| \leq \varepsilon) = 1$$

(stochastische Konvergenz).

Geht mit wachsendem n sowohl die Verzerrung als auch die Varianz gegen 0, so ist die Schätzfunktion konsistent. Zur Herleitung der Konsistenz einer Schätzfunktion kann auch oft die Tschebyscheffsche Ungleichung benutzt werden. $\bar{X}$ ist konsistent für μ, S^2 und S_{n-1}^2 für σ^2.

e) *Suffizienz*
Eine Schätzfunktion heißt *suffizient* (erschöpfend) für ϑ, wenn sie die gesamte Information über den zu schätzenden Parameter, die in der vorliegenden Stichprobe vorhanden ist, ausschöpft, d.h. keine Information aus der Stichprobe (die ja Kosten verursacht) verschenkt wird.

Hinreichend und notwendig für die Suffizienz ist das folgende Faktorisierungskriterium nach Neyman:

$\hat{\vartheta}$ ist suffizient für $\vartheta \Leftrightarrow f_\vartheta(x_1,\ldots,x_n) = f_1(x_1,\ldots,x_n) f_{2,\vartheta}(\hat{\vartheta})$.

$\bar{X}$ ist erschöpfend für μ; $G_\mu = x_M$ ist im Falle kardinalskalierter Daten nicht suffizient für μ.

Aufgabe 3.4/1
Beurteilen Sie, ob die folgenden Aussagen wahr oder falsch sind.

a) Jede erwartungstreue Schätzfunktion ist auch asymptotisch erwartungstreu.
b) Jede effiziente Schätzfunktion ist auch asymptotisch erwartungstreu.
c) Die Schätzfunktion $\frac{n}{n-1}S^2$ ist erwartungstreu für σ^2.
d) Ist G eine erwartungstreue Schätzfunktion für σ^2, so ist $\sqrt{G}$ nicht notwendigerweise eine erwartungstreue Schätzfunktion für σ.

Aufgabe 3.4/2

a) Zeigen Sie: $\bar{X}$ ist eine erwartungstreue Schätzfunktion für μ, wenn eine einfache Stichprobe vorliegt.
b) Ein Schätzer $G_{\vartheta,n}$ für den unbekannten Parameter ϑ habe beim Stichprobenumfang n den Erwartungswert $\vartheta + e^{-n}$ und die Varianz $\frac{1+\vartheta^2}{\lg(n+1)}$. Ist der Schätzer

  b1) erwartungstreu
  b2) asymptotisch erwartungstreu
  b3) effizient
  b4) konsistent?

c) Ist die Schätzfunktion $\frac{1}{2}\left[\frac{1}{n-2}\sum_{i=1}^{n-1} X_i + X_n\right]$ für $n > 2$ erwartungstreu oder asymptotisch erwartungstreu für μ?
d) Zur Schätzung eines Parameters ϑ einer bestimmten Zufallsvariablen mit Varianz σ^2 werde ein Schätzer verwendet, der bei einem Stichprobenumfang von n den Erwartungswert $\frac{n-1}{n}\vartheta$ und die Varianz $\frac{\sigma^2+\vartheta^2}{n}$ hat. Ist dieser Schätzer für ϑ konsistent?

Aufgabe 3.4/3
„Die graphoskopische Befragungsmethode läßt die Teilnehmer die aktuelle Konjunkturentwicklung der jeweiligen Branche graphisch in die Zukunft projizieren. ... Die prognostizierten Einzelverläufe werden zu Branchenergebnissen und dann zu größeren Aggregaten verdichtet. Das Ergebnis sind sehr plastische Darstellungen des erwarteten Konjunkturverlaufs." (Ifo-Spiegel der Wirtschaft 1990/91 S. O5). Eine präzise Beschreibung eines Punktschätzverfahrens? Welche der o.a. Gütekriterien sind erfüllt?

Ergänzungen und Bemerkungen

- Zur ausführlichen Diskussion der Gütekriterien (asymptotische) Erwartungstreue, Effizienz (insbesondere die Frage nach der Existenz einer wirksamsten Schätzfunktion in der Klasse aller erwartungstreuen Schätzfunktionen sowie die Definition einer asymptotischen Effizienz), Konsistenz (insbesondere der Begriff der stochastischen Konvergenz), Suffizienz (formale Definition dieses Kriteriums) sowie weiterer Gütekriterien und wechselseitiger Zusammenhänge dieser Kriterien bei bestimmten Voraussetzungen über die Grundgesamtheitsverteilung verweisen wir auf Fisz (1976), Kapitel 13. Zum Konzept und zur formalen Definition der Suffizienz vgl. auch Dillmann (1990 b), Abschnitt 12.

- Bezüglich unserer Methode der Konstruktion von Schätzfunktionen läßt sich allgemein sagen: Die aufgrund der Momentenmethode gewonnenen Schätzfunktionen sind i.a. konsistent und asymptotisch erwartungstreu. Die Erwartungstreue ist nicht von vornherein zu erwarten. ML-Schätzfunktionen sind i.a. (für große n) effizienter als Schätzfunktionen aufgrund der Momentenmethode, insbesondere dann, wenn die Verteilung stark von der Normalverteilung abweicht.

- Eine umfassende Darstellung der Diskussion von Gütekriterien, die sich aus entscheidungstheoretischen Überlegungen ableiten lassen, findet sich bei Ferguson (1967); vgl. zu dieser Sichtweise auch Dillmann (1990 a,b) oder Marinell/Seeber (1991).

- In einer Reihe von Studien wird auf das Problem der *Robustheit* von Schätzfunktionen eingegangen: wie verändern sich die Eigenschaften einer Schätzfunktion, wenn gewisse Voraussetzungen über die Grundgesamtheitsverteilung, unter denen bestimmte Güteeigenschaften für die ausgewählte Schätzfunktion nachgewiesen werden können, nur annähernd erfüllt sind oder mehr oder weniger verletzt sind? Vgl. z.B. Hampel (1980) oder Huber (1981).

3.5 Intervallschätzung für Mittelwert und Anteilswert

Betrachten wir noch einmal unsere Beispiele „Studentenbefragung" und „IHK-Bezirk" (vgl. Abschnitt 3.3). Wir fragen jetzt nach einem Schätzverfahren, das es erlaubt, aufgrund einer einfachen Stichprobe vom Umfang n die Grenzen eines Intervalls festzulegen, das den wahren Wert des Grundgesamtheitsparameters μ (bzw. π) enthalten soll. Da die zu bestimmenden Intervallgrenzen von den zufällig in die Stichprobe gelangten Merkmalsträgern (statistischen Einheiten) abhängen (d.h. die Grenzen sind Stichprobenfunktionen), kann nur mit einer bestimmten Wahrscheinlichkeit erwartet werden, daß das konstruierte Intervall den wahren Parameterwert auch tatsächlich enthält. Unsere Feststellung läßt sich also wie folgt präzisieren:

Läßt sich ein Schätzverfahren angeben, das aufgrund einer Stichprobe vom Umfang n eine Intervallschätzung für den unbekannten Grundgesamtheitsparameter μ (bzw. π) liefert, wobei die Wahrscheinlichkeit dafür, daß das so konstruierte Intervall den wahren Parameterwert μ (bzw. π) einschließt, einem vorgegebenen Wert $1 - \alpha$ entspricht?

Ein so konstruiertes Intervall nennt man ein *Konfidenzintervall* (oder Vertrauensbereich) für den unbekannten Grundgesamtheitsparameter, und die Wahrscheinlichkeit $1 - \alpha$ bezeichnet man als *Konfidenzniveau* (auch Sicherheitsgrad oder Aussagesicherheit).

Die Wahrscheinlichkeit α, daß das Schätzverfahren ein Intervall liefert, das den wahren Wert des Grundgesamtheitsparameters nicht enthält, heißt *Irrtumswahrscheinlichkeit*.

3.5.1 Konfidenzintervalle für μ

Nach Abschnitt 3.2 gilt für die Stichprobenverteilung von $\bar{X}$, daß

$$\bar{X} \sim NV(\mu, \sigma_{\bar{X}}),$$

falls X bereits normalverteilt in Ω ist, wobei

$$\sigma_{\bar{X}} = \begin{cases} \frac{\sigma}{\sqrt{n}} & \text{für Z.m.Z.} \\ \frac{\sigma}{\sqrt{n}} \sqrt{\frac{N-n}{N-1}} & \text{für Z.o.Z.} \end{cases}$$

Ist X nicht normalverteilt in Ω, so gilt diese Verteilung für $\bar{X}$ zumindest approximativ, falls $n \geq 30$ (bei kleinem Auswahlsatz gilt $\sqrt{\frac{N-n}{N-1}} \approx 1$). In beiden Fällen erhält man also:

$$W(-t \leq \tfrac{\bar{X}-\mu}{\sigma_{\bar{X}}} \leq t) = \Phi(t).$$

Wir setzen $\Phi(t) = 1 - \alpha$. Um die Abhängigkeit von der Wahl von α zu verdeutlichen, bezeichnen wir den entsprechenden t-Wert mit t_α:

$$\Phi(t_\alpha) = 1 - \alpha.$$

Durch Umformung erhält man

$$W(\bar{X} - t_\alpha \sigma_{\bar{X}} \leq \mu \leq \bar{X} + t_\alpha \sigma_{\bar{X}}) = 1 - \alpha$$

und schließlich durch Vorgabe eines entsprechenden Konfidenzniveaus $1 - \alpha$ (bzw. einer Irrtumswahrscheinlichkeit α) das gesuchte Konfidenzintervall für μ:

$$[\bar{X} - t_\alpha \sigma_{\bar{X}}, \bar{X} + t_\alpha \sigma_{\bar{X}}].$$

Diese Konstruktion des symmetrischen Konfidenzintervalls setzt zunächst die Kenntnis der Grundgesamtheitsvarianz σ^2 voraus.

Ist σ^2 unbekannt, läßt sich zumindest im Falle großer Stichproben ($n \geq 30$) mit Hilfe der Normalverteilung ein Konfidenzintervall konstruieren: Dazu schätzt man den unbekannten Grundgesamtheitsparameter σ^2 durch die Stichprobenvarianz $S_{n-1}^2 = \frac{1}{n-1}\sum_{i=1}^{n}(X_i - \bar{X})^2$. Diese Schätzfunktion ist erwartungstreu, und die Zufallsgröße

$$T = \sqrt{n}\frac{\bar{X}-\mu}{S_{n-1}}$$

ist Student-verteilt mit $n - 1$ Freiheitsgraden, für große n näherungsweise standardnormalverteilt.

$$[\bar{X} - t_\alpha \frac{S_{n-1}}{\sqrt{n}}, \bar{X} + t_\alpha \frac{S_{n-1}}{\sqrt{n}}]$$

liefert ein approximatives Konfidenzintervall für μ bei unbekanntem σ im Falle großer Stichproben. Liegt Z.o.Z. vor und ist der Auswahlsatz klein, muß der Korrekturfaktor berücksichtigt werden.

Liegt eine konkrete Stichprobe vor, so erhält man also durch Einsetzen der Realisationen $\bar{x}$ und s_{n-1} der entsprechenden Zufallsvariablen $\bar{X}$ und S_{n-1} eine Intervallschätzung für den unbekannten Grundgesamtheitsparameter μ.

Für unser Beispiel „Studentenbefragung" ergibt sich (bei $\alpha = 0.05$):

$$[884.15, 895.85]$$

Konfidenzintervalle für μ sind symmetrisch um $\bar{X}$. Ist σ bekannt, so hängt die Länge des Konfidenzintervalles bei einer einfachen Stichprobe von α und dem Stichprobenumfang n ab. Bezeichnet man mit

$$e = t_\alpha \frac{\sigma}{\sqrt{n}}$$

die halbe Länge des Intervalles, so ist e ein Maß für die Schätz(un)genauigkeit. Mit zunehmendem Stichprobenumfang und/oder zunehmender Irrtumswahrscheinlichkeit wird e c.p. kleiner. Gibt man die zulässige absolute Abweichung e vor, so läßt sich aus obiger Formel der erforderliche Stichprobenumfang n^* berechnen:

$$n^* = \left(\frac{t_\alpha \sigma}{e}\right)^2.$$

Ist σ unbekannt, so hängt e noch von der Zufallsvariablen S_{n-1}^2 ab und n^* läßt sich nicht bestimmen. In der Praxis behilft man sich in diesem Fall wie folgt: Man zieht eine kleine Vorstichprobe, um $\hat{\sigma}^2$ zu bestimmen, und berechnet n^* mit $\hat{\sigma}^2$ statt mit σ^2.

3.5.2 Konfidenzintervalle für π

Der Anteilswert P einer Stichprobe vom Umfang n ist nach Abschnitt 3.2 approximativ normalverteilt mit dem Mittelwert π und der Varianz $\frac{\pi(1-\pi)}{n}$ (für Z.m.Z. oder kleinen Auswahlsatz bei Z.o.Z.) bzw. $\frac{\pi(1-\pi)}{n} \frac{N-n}{N-1}$ (für Z.o.Z. mit großem Auswahlsatz). Das gilt jedenfalls dann, wenn n genügend groß gewählt wurde: $n\pi(1-\pi) \geq 9$. Aus

$$W(-t_\alpha \leq \frac{P-\pi}{\sqrt{\pi(1-\pi)/n}} \leq t_\alpha) = \Phi(t_\alpha) = 1-\alpha$$

erhält man das Konfidenzintervall:

$$\left[P - t_\alpha \sqrt{\frac{\pi(1-\pi)}{n}}, P + t_\alpha \sqrt{\frac{\pi(1-\pi)}{n}}\right].$$

Den unbekannten Grundgesamtheitsparameter π in der Formel der Varianz ersetzt man bei Vorliegen einer einfachen Stichprobe durch den Schätzwert $\hat{\pi} = p$, so daß man als approximative Intervallschätzung schließlich erhält:

$$\left[p - t_\alpha \sqrt{\frac{p(1-p)}{n}}, p + t_\alpha \sqrt{\frac{p(1-p)}{n}}\right].$$

Konfidenzintervalle für π sind symmetrisch um P. Die Länge des Konfidenzintervalles hängt hier in jedem Fall von der Zufallsvariablen P ab.

Aufgabe 3.5/1

a) Diskutieren Sie folgende Aussage: „Die Wahrscheinlichkeit $1 - \alpha$ gibt an, mit welcher Wahrscheinlichkeit der unbekannte Grundgesamtheitsparameter einen Wert annimmt, der innerhalb des Konfidenzintervalls liegt."
b) Wie läßt sich die Genauigkeit einer Intervallschätzung vergrößern? Diskutieren Sie die Gütekriterien „Aussagesicherheit" und „Aussagegenauigkeit" einer Intervallschätzung.
c) Kommentieren Sie: „Um die Schätzgenauigkeit bei gleicher Aussagesicherheit zu verdoppeln, muß man den Stichprobenumfang vervierfachen."
d) Zur Festlegung des Stichprobenumfangs im homograden Fall wird wegen Unkenntnis des Parameters π oft vorgeschlagen, $\pi = 0.5$ in der entsprechenden Formel zu setzen. Warum?
e) Worin kommt der Zufallscharakter des Konfidenzintervalls zum Ausdruck?
f) Die Größe $\sigma/\sqrt{n}$ wird auch als Standardschätzfehler bezeichnet und ihr Wert als Gütekriterium für Punktschätzungen für μ verwendet. Was meinen Sie dazu?

Aufgabe 3.5/2

a) Eine Untersuchung der Schülerzahlen in Klassen nach Schulformen ergab für 1976 eine durchschnittliche Klassenstärke von 29.4 Schülern in 100 untersuchten Grund- und Hauptschulen. Geben Sie eine Intervallschätzung ($\alpha = 0.05$) für die durchschnittliche Klassenstärke in Grund- und Hauptschulen, wenn $s_{n-1}^2 = 100$ beträgt.

b) Wie ändert sich das Ergebnis in a), wenn der Untersuchung nur 26 Schulen zugrunde liegen? Welche zusätzliche Voraussetzung muß jetzt gemacht werden?

c) Mit welchem Sicherheitsgrad kann aufgrund der Stichprobe in a) behauptet werden, daß die durchschnittliche Klassenstärke in Grund- und Hauptschulen zwischen 26.4 und 32.4 liegt?

Aufgabe 3.5/3
Auf die Frage „Welcher Partei würden Sie Ihre Stimme geben, wenn am nächsten Sonntag Bundestagswahl wäre?" antworten 20 von 100 Befragten „der Partei XYZ". Geben Sie eine Schätzung für den Stimmanteil der Partei XYZ bei einem Konfidenzniveau von 0.90.

Aufgabe 3.5/4
In den Städten A und B mit jeweils 20000 Wohnungen soll durch eine Stichprobe die jeweilige durchschnittliche Wohnungsgröße ermittelt werden. Zu diesem Zweck werden sowohl in A als auch in B 100 Wohnungen zufällig ausgewählt.

a) Berechnen Sie ein 95.45%-Konfidenzintervall für die tatsächliche durchschnittliche Wohnungsgröße in A, wenn die Stichprobe eine durchschnittliche Wohnungsgröße von 75m² bei einer Varianz von 121 ergab.

b) Für die tatsächliche durchschnittliche Wohnungsgröße in Stadt B wurde [68.4, 71.6] als Intervallschätzung bei einem Konfidenzniveau von 95.45% ermittelt. Welche Grundgesamtheitsvarianz wurde bei dieser Berechnung unterstellt?

Aufgabe 3.5/5
Bei der Intervallschätzung des Mittelwertes einer Zufallsvariablen X mit bekannter Varianz betrage die Aussagegenauigkeit gerade $e = 3.92$ bei einer Aussagesicherheit von 95%. Welche Aussagegenauigkeit ergibt sich für eine Aussagesicherheit von 99%?

Aufgabe 3.5/6
Der „Paderborner Datensatz" enthält empirische Daten zu 38272 Beschäftigungsverhältnissen im öffentlichen Dienst für den Zeitraum 1970–1980 (vgl. Brandes u.a. (1990)). Von 1806 Männern und 652 Frauen, die während des gesamten Untersuchungszeitraumes in einer Arbeitsstelle des öffentlichen Dienstes tätig waren, erfuhren 451 Männer und 366 Frauen keine Beförderung in diesem Zeitraum (Kraft (1990), S. 297). Bestimmen Sie jeweils eine Intervallschätzung für den Anteil der Aufsteiger („Mover") unter den Männern und Frauen ($\alpha=0.1$) und interpretieren Sie das Ergebnis.

Ergänzungen und Bemerkungen

- Der Begriff des Konfidenzintervalls wurde von J. Neyman (1894–1981) in den Dreißiger Jahren dieses Jahrhunderts eingeführt.

- Die Grenzen der mit Hilfe der Normalverteilung gewonnenen Konfidenzintervalle für einen Grundgesamtheitsparameter ϑ weisen folgende Struktur auf: $G_\vartheta \pm t_\alpha \sqrt{V(G_\vartheta)}$ wobei G_ϑ eine erwartungstreue und suffiziente Schätzfunktion für ϑ ist.

- Für Z.o.Z. läßt sich ebenfalls eine Formel zur Bestimmung des notwendigen Stichprobenumfangs ableiten. Bei kleinem Auswahlsatz können allerdings die Formeln für einfache Stichproben verwendet werden; sie sind dann jedenfalls näherungsweise gültig. Die Formeln sind nicht nur zur genauen Bestimmung des erforderlichen Stichprobenumfangs unter den angegebenen Voraussetzungen interessant; sie weisen insbesondere auf die Größen hin, die bei der Festlegung eines Stichprobenumfangs überhaupt zu berücksichtigen sind. Je heterogener die Grundgesamtheit, je sicherer und genauer die Aussage sein soll, desto höher ist der erforderliche Stichprobenumfang.

- Die hier betrachteten Verfahren zum Punkt- bzw. Intervallschätzen bezogen sich alle auf das Schätzen einzelner Parameter der Grundgesamtheitsverteilung. Eine umfangreiche Literatur befaßt sich darüber hinaus mit dem Schätzen ganzer Verteilungen. So finden sich in Fisz (1976), Abschnitt 13.8, Hinweise für die Konstruktion von Konfidenzintervallen für die Verteilungsfunktion $F(x)$.

3.6 Intervallschätzungen für die Varianz

Bei einer Reihe von empirischen Untersuchungen steht weniger das arithmetische Mittel der Grundgesamtheit als vielmehr der Streuungsparameter σ^2 im Vordergrund des Interesses (so z.B. bei der Frage nach der Höhe der Wechselkursschwankungen). Anknüpfend an die Vorgehensweise im letzten Abschnitt suchen wir nun nach einer Möglichkeit, Konfidenzintervalle für die

Grundgesamtheitsvarianz σ^2 zu bestimmen. Hierzu benötigt man zunächst die Kenntnis der Verteilung der Stichprobenvarianz S_{n-1}^2, die wir in Abschnitt 3.4 als erwartungstreuen Schätzer für σ^2 kennengelernt haben.

Betrachten wir nun die Stichprobenfunktion

$$\frac{(n-1)S_{n-1}^2}{\sigma^2} = \sum_{i=1}^{n} \left(\frac{X_i - \bar{X}}{\sigma}\right)^2.$$

Ist die Grundgesamtheit normalverteilt und zieht man eine einfache Stichprobe, so erfüllt zunächst $\sum_{i=1}^{n}(X_i - \mu)^2/\sigma^2$ alle Voraussetzungen einer $\chi^2 V(n)$-verteilten Zufallsvariablen, wie sie in Abschnitt 2.12 angeführt wurden. Weiter läßt sich zeigen, daß die Größe $\sum_{i=1}^{n}(X_i - \bar{X})^2/\sigma^2$ $\chi^2 V(n-1)$-verteilt ist (ein Freiheitsgrad geht durch die Schätzung von μ durch $\bar{X}$ „verloren"). Mit Hilfe der tabellierten χ^2-Werte und der Vorgabe einer Irrtumswahrscheinlichkeit α läßt sich nun das gewünschte Konfidenzintervall für σ^2 bei Vorliegen einer Stichprobe vom Umfang n bestimmen:

Bezeichnet man mit $\chi_{u,\nu}^2$ die Größe, für die die Verteilungsfunktion der $\chi^2 V(\nu)$-Verteilung den Wert u annimmt, dann erhält man

$$W(\chi_{\alpha/2, n-1}^2 \leq \tfrac{(n-1)S_{n-1}^2}{\sigma^2} \leq \chi_{1-\alpha/2, n-1}^2) = 1 - \alpha$$

und hieraus das Konfidenzintervall

$$\frac{(n-1)S_{n-1}^2}{\chi_{1-\alpha/2, n-1}^2} \leq \sigma^2 \leq \frac{(n-1)S_{n-1}^2}{\chi_{\alpha/2, n-1}^2}.$$

Der Zähler der Intervallgrenzen kann auf folgende Arten dargestellt werden:

$$(n-1)S_{n-1}^2 = nS^2 = \sum_{i=1}^{n}(X_i - \bar{X})^2.$$

Für eine konkrete Stichprobe erhält man also durch Einsetzen von s_{n-1}^2 eine Intervallschätzung für σ^2, ohne die Kenntnis von Grundgesamtheitsparametern voraussetzen zu müssen. Ist μ bekannt, so sollte man anstelle der Stichprobenfunktion $(n-1)S_{n-1}^2$ die $\chi^2 V(n)$-verteilte Stichprobenfunktion $\sum_{i=1}^{n}(X_i - \mu)^2$ verwenden.

Aufgabe 3.6/1

a) Welche Voraussetzungen müssen erfüllt sein, um auf dem beschriebenen Weg zu einer Intervallschätzung für die Grundgesamtheitsvarianz zu gelangen?
b) Wie würden Sie bei der Intervallschätzung für σ^2 vorgehen, wenn μ bekannt wäre?
c) Geben Sie für das Beispiel „Studentenbefragung" aus Abschnitt 3.3 eine Intervallschätzung für die Grundgesamtheitsvarianz ($\alpha = 0.1$).

Aufgabe 3.6/2
Eine Untersuchung der Verteilung der Einkommen für weibliche Angestellte ergibt für das Jahr 1972 ein durchschnittliches Bruttoeinkommen von 1230 bei $s_{n-1} = 400$. Bei den männlichen Angestellten betrug zur gleichen Zeit das durchschnittliche Bruttomonatseinkommen 2030 bei $s_{n-1}^2 = 592900$.

a) Geben Sie eine Intervallschätzung für die Grundgesamtheitsvarianz der Einkommensverteilung aller weiblichen Angestellten, wenn bei der oben angeführten Untersuchung 101 weibliche Personen befragt wurden. ($\alpha = 0.1$)

b) Geben Sie eine entsprechende Intervallschätzung für die Grundgesamtheitsvarianz der Einkommen der männlichen Angestellten, wenn auch hier $n = 101$ betrug.

c) Welche Schlüsse lassen sich aus dem Vergleich der beiden Intervallschätzungen ziehen? Welche Voraussetzung wurde dabei unterstellt?

Aufgabe 3.6/3

a) Für Banken und exportorientierte Unternehmen ist die wöchentliche Streuung der Devisenkurse wichtiger Währungen eine interessante Größe. In einer Woche des ersten Halbjahres 1989 sind bei der Devisenbörse in Frankfurt beim „Fixing" folgende Bewertungen des US-Dollars festgelegt worden (gerundet):

$$2.01, 2.00, 1.99, 1.98, 2.02.$$

Bestimmen Sie die Grenzen einer Intervallschätzung für die Varianz des Dollarkurses (Aussagesicherheit 0.95).

b) Aus den Bewertungen für den französischen Franc für die gleiche Woche wurde von der Auslandsabteilung einer Bank das Intervall [0.0002, 0.0028] als Intervallschätzung für die Varianz des Franc-Kurses errechnet. Bestimmen Sie eine Punktschätzung für die Varianz des Franc-Kurses aus diesen Angaben, wenn ein Konfidenzniveau von 0.90 bei der Intervallschätzung angenommen wird.

Aufgabe 3.6/4
Es soll eine Intervallschätzung der Varianz σ^2 einer Zufallsvariable X durchgeführt werden. Eine Stichprobe vom Umfang 10 habe eine Varianz $s^2 = 57$. Bestimmen Sie das Schätzintervall von σ^2 und nennen Sie die Voraussetzungen für die Gültigkeit der Schätzung ($\alpha = 0.5$).

Ergänzungen und Bemerkungen

- Das in diesem Abschnitt beschriebene Schätzverfahren ist nur anwendbar, wenn eine normalverteilte Grundgesamtheit vorliegt.

- Das Konfidenzintervall für σ^2 ist nicht symmetrisch um S_{n-1}^2.

3.7 Grundlagen der Testtheorie

Im Rahmen der Schätztheorie ging es darum, allein aus Stichprobeninformationen numerische Werte bzw. Intervalle als Schätzungen für unbekannte Grundgesamtheitsparameter (oder für die Verteilung selbst) festzulegen. In der Praxis liegen jedoch sehr oft Vermutungen - aufgrund von Erfahrungen oder theoretischen Überlegungen - über einen im Prinzip unbekannten Grundgesamtheitsparameter (oder über die Verteilung selbst) vor dem Ziehen einer Stichprobe bereits vor. Eine solche Annahme über die Verteilung der Grundgesamtheit nennt man *statistische Hypothese*. Verfahren, die es erlauben, eine statistische Hypothese durch Stichprobenbefunde zu überprüfen, heißen statistische Tests oder kurz *Tests*. Soll dabei geprüft werden, ob ein vorliegendes Stichprobenergebnis klar (*signifikant*) gegen die aufgestellte statistische Hypothese (*Nullhypothese H_0*) spricht, so spricht man von einem *Signifikanztest*. Tests dieser Art sollen im folgenden untersucht werden.

Hinsichtlich der Hypothesen unterscheidet man folgende Testverfahren:

Hypothesen	Tests
Parameterhypothesen: Annahmen über Verteilungsparameter wie μ, σ^2 oder π	Parametertests
Verteilungshypothesen: Annahmen über die Verteilungsklasse z.B. Normalverteilungsannahme	Anpassungstests (Goodness-of-fit Tests)
Homogenitätshypothesen: Mehrere Verteilungen stammen aus der gleichen Gesamtheit	Homogenitätstests
Unabhängigkeitshypothesen: Mehrere Zufallsvariablen sind statistisch unabhängig	Unabhängigkeitstests

Prinzipiell sind folgende Schritte bei der Konstruktion und Durchführung eines Testverfahrens zu unterscheiden:

- Formulierung der Hypothese(n):
 Die zu prüfende Annahme oder Behauptung über die Grundgesamtheitsverteilung ist unabhängig von einer etwa bereits vorliegenden Stichprobenrealisation als Nullhypothese H_0 festzulegen. Ist auch eine Alternativhypothese aufgrund der Aufgabenstellung formulierbar, so bezeichnet

man diese mit H_1. Dabei ist darauf zu achten, daß die Hypothese, deren fälschliche Verwerfung die unangenehmeren Konsequenzen aufweist, als Nullhypothese festgelegt wird.

- Festlegung einer geeigneten Prüfgröße (Testfunktion):
Dabei handelt es sich um eine für die Hypothesenüberprüfung geeignete spezielle Stichprobenfunktion, die die gesamte für die Testentscheidung (Verwerfung oder Beibehaltung von H_0) relevante Information aus der Stichprobe enthalten muß (suffiziente Statistik) und deren Verteilung bei Gültigkeit von H_0 bekannt ist.

- Festlegung des Verwerfungsbereichs (kritischen Bereichs) durch Vorgabe des Signifikanzniveaus α:
Das Signifikanzniveau α ist die Wahrscheinlichkeit dafür, daß H_0 verworfen wird, obgleich H_0 zutrifft. Diese Fehlentscheidung (*Fehler 1. Art*) ist aufgrund des zufälligen Charakters der Stichprobe nicht auszuschließen. Der *Verwerfungsbereich V*, der Wertebereich der Prüfgröße, der die signifikant von H_0 abweichenden Realisationen der Testfunktion umfaßt (bei denen H_0 verworfen wird), muß also so konstruiert werden, daß die Prüfgröße bei Gültigkeit von H_0 mit Wahrscheinlichkeit α in V fällt. Diese Wahrscheinlichkeit läßt sich berechnen, da die Verteilung der gewählten Prüfgröße unter H_0 ja als bekannt vorausgesetzt wird. In der Praxis werden für diese Fehlerwahrscheinlichkeit je nach der Bedeutung der Konsequenzen Werte von 0.1, 0.05 oder 0.01 angenommen. In der statistischen Entscheidungstheorie (Kapitel 5) wird der Wert von α anhand der Bewertungen der Konsequenzen ermittelt.
Neben dem Fehler 1. Art ist noch eine weitere Fehlentscheidung bei dem gewählten Vorgehen möglich: man behält H_0 bei, obwohl H_0 falsch ist. Dieser Fehler, *Fehler 2. Art* genannt, läßt sich nur für den Fall, daß auch H_1 die Verteilung der Prüfgröße eindeutig festlegt (einfache Hypothesen, keine zusammengesetzten Hypothesen), kontrollieren und die zugehörige Wahrscheinlichkeit β bei der Festlegung des Verwerfungsbereichs berücksichtigen. Im allgemeinen ist dies aber so nicht möglich. Informationen über β, soweit bekannt, können zur näheren Bestimmung des Verwerfungsbereiches oder des zu wählenden Stichprobenumfangs herangezogen werden, wobei jedoch die Fehlerwahrscheinlichkeit α nicht überschritten werden darf.
Das Komplement des Verwerfungsbereichs heißt Nicht-Ablehnungsbereich. Er ist durch die *kritische(n) Grenze(n)* vom Verwerfungsbereich getrennt.

- Testentscheidung:
Liegt der realisierte Wert der Prüfgröße im Verwerfungsbereich, so wird H_0 verworfen; liegt er im Nicht-Ablehnungsbereich, so wird H_0 beibehalten. Beachten Sie:
Die Testentscheidung liefert kein Urteil darüber, ob H_0 wahr oder falsch

ist: Geprüft wird nur die Verträglichkeit der beobachteten Stichprobenrealisation mit der Nullhypothese.

Die den Signifikanztests zugrundeliegende Idee soll anhand eines Beispiels für einen Parametertest verdeutlicht werden: Ein Lieferant gibt an, daß die von ihm gelieferten Packungen (Massengüter) durchschnittlich 200g enthalten. Aufgrund des Herstellungsverfahrens kann von einem normalverteilten Gewicht der Packungen sowie von einer Standardabweichung von 40g ausgegangen werden. Die Behauptung des Lieferanten über das Durchschnittsgewicht der Packungen wird durch eine Stichprobe vom Umfang $n=100$, die ein durchschnittliches Packungsgewicht von 190g ergibt, überprüft. Ist die Abweichung des Stichprobenergebnisses $\bar{x} = 190$ von der Lieferantenbehauptung $\mu = 200$ als zufällig oder als signifikant zu betrachten ($\alpha = 0.05$)?

- Der erste Schritt eines Testverfahrens besteht in der Ausformulierung der zur Untersuchung anstehenden Nullhypothese H_0, in unserem Falle also:

$$H_0 : \mu = 200.$$

Bezeichnen wir mit Θ die Menge der möglichen Parameterwerte ($\Theta \subset I\!R$) und mit Θ_0 den Nullhypothesenbereich, also die Werte aus Θ, die der Nullhypothese zugrundeliegen (in unserem Fall ist Θ_0 die einelementige Menge $\{200\}$), so läßt sich formal die Alternativhypothese mit dem Alternativhypothesenbereich $\Theta_1 = \Theta \setminus \Theta_0$ bilden. Für $\Theta = I\!R$ erhält man also:

$$H_1 : \mu \neq 200.$$

Während die Nullhypothese in unserem Beispiel auf der Behauptung des Lieferanten beruht, die wir aufgrund einer Stichprobe überprüfen wollen, stellt H_1 lediglich die formale Alternative dar.

- Ein erwartungstreuer Schätzer (und suffiziente Statistik) für μ ist $\bar{X}$. Unter Gültigkeit von H_0 gilt:

$$\bar{X} \rightsquigarrow NV(\mu, \sigma_{\bar{X}}) \text{ mit } \mu = \mu_0 = 200, \sigma_{\bar{X}} = 4.$$

Eine zu $\bar{X}$ äquivalente Prüfgröße ist:

$$T = \frac{\bar{X} - \mu_0}{\sigma_{\bar{X}}} \rightsquigarrow NV(0,1).$$

- Da die Stichprobe aufgrund einer Zufallsauswahl zustande kam, ist nicht zu erwarten, daß auch bei Zutreffen der Nullhypothese $\mu = 200$ das Stichprobenergebnis in jedem Fall $\bar{x} = 200$ lautet (Einfluß des Stichprobenfehlers und der Grundgesamtheitsvarianz σ^2 auf das Stichprobenergebnis muß beachtet werden), d.h. eine kleine Abweichung des Stichprobenergebnisses $\bar{x}$ von der Annahme über μ ist nicht von vornherein ein Anlaß zur Verwerfung von H_0. Erst wenn der Stichprobenmittelwert $\bar{x}$ „sehr stark" nach oben oder nach unten vom Nullhypothesenwert abweicht - wenn also die Wahrscheinlichkeit für das Auftreten der beobachteten Stichprobe oder von Stichproben, für die die Realisation von $\bar{X}$ noch weiter von μ_0 entfernt ist, unter der Voraussetzung der Gültigkeit von H_0 sehr klein ist - soll von einer signifikanten Abweichung gesprochen und H_0 verworfen werden. Als Nicht-Ablehnungsbereich kommt deshalb ein symmetrisches Schwankungsintervall um μ_0 mit den kritischen Grenzen $\bar{x}_k = \mu_0 \pm t_\alpha \sigma/\sqrt{n}$ in Frage. Für $\alpha = 0.05$ ist $t_\alpha = 1.96$ und mit den Daten des Beispiels ergibt sich das Intervall $[192.16, 207.84]$ als Nicht-Ablehnungsbereich, bzw. $(-\infty, 192.16) \cup (207.84, +\infty)$ als Verwerfungsbereich von H_0 für die Prüfgröße $\bar{X}$. Für T sind die beiden kritischen Grenzen $t_k = (\bar{x}_k - \mu_0)/\sigma_{\bar{X}} = \pm t_\alpha$, und somit ergibt sich als kritischer Bereich für T: $(-\infty, -t_\alpha) \cup (t_\alpha, +\infty)$.

- Für den realisierten $\bar{X}$-Wert in der vorliegenden Stichprobe gilt

$$\bar{x}_r = 190 \notin [192.16, 207.84].$$

Folglich ist H_0 zu verwerfen. Anders formuliert, liegt der realisierte t-Wert $t_r = \frac{190-200}{4} = -2.25$ nicht in $[-1.96, 1.96]$ und H_0 ist zu verwerfen. Graphisch stellt sich das Verfahren wie in Abbildung 3.1 dar. Wie Abbil-

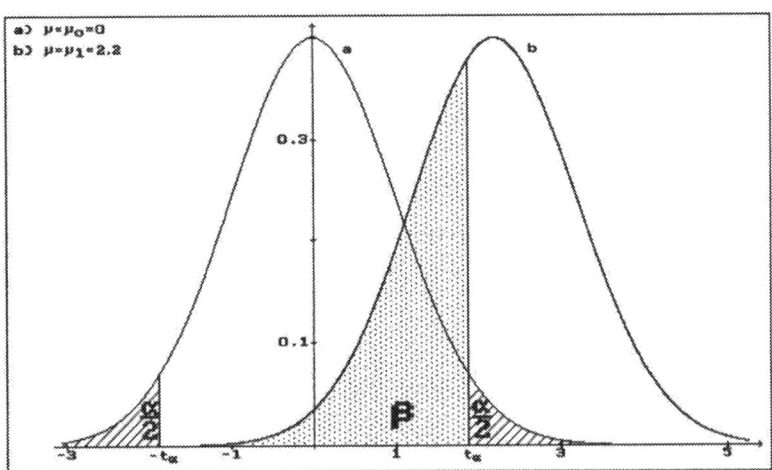

Abbildung 3.1: Testverteilung mit Verwerfungsbereich

dung 3.1 zeigt, zerfällt der Verwerfungsbereich von H_0 in zwei disjunkte Teilmengen. Man spricht in diesem Falle von einem *zweiseitigen Test*.

Aufgabe 3.7/1

a) Erläutern Sie die folgenden Begriffe: Test, statistische Hypothese, Signifikanzniveau, Verwerfungsbereich von H_0, Fehler 1. Art, Fehler 2. Art.

b) Prüfen Sie folgende Aussagen:

- $1 - \alpha = \beta$.
- Durch einen kleinen Stichprobenumfang gewährleistet man, daß H_0 beibehalten wird.
- Je größer α, desto kleiner β (ceteris paribus).
- Je größer n, desto kleiner β (ceteris paribus).

Aufgabe 3.7/2

Die Lebensdauer eines Maschinenteils eines bestimmten Typs sei normalverteilt ($\sigma^2 = 4000000$). Vom Lieferanten werde eine durchschnittliche Lebensdauer von 24000 Arbeitsstunden angegeben. Die durchschnittliche Lebensdauer der 100 in einem Betrieb eingesetzten Maschinenteile dieses Typs wurde mit 22900 festgestellt.

a) Testen Sie, ob diese Erfahrungen die Angaben des Lieferanten stützen ($1 - \alpha = 0.9545$).

b) Welcher Fehler könnte bei Ihrer Testentscheidung aufgetreten sein? Läßt sich die Wahrscheinlichkeit dafür ermitteln? Welche konkreten Folgen ergäben sich aus einer solchen Fehlentscheidung?

Aufgabe 3.7/3

Der durchschnittliche Preis eines bestimmten Produktes lag im letzten Jahr bei 100.00 DM ($\sigma^2 = 100$).

a) Läßt sich diese Angabe auch für dieses Jahr aufrechterhalten, wenn Normalverteilung der Preise unterstellt wird und eine Testkaufserie der Stiftung Warentest von 100 Stücken dieser Ware in diesem Jahr einen Durchschnittspreis von 101.50 DM ergab? ($\alpha = 0.05$)

b) Würde sich die Testentscheidung in a) ändern, wenn der Stichprobenumfang 400 bei gleichem Stichprobenergebnis gewesen wäre?

c) Welchen Einfluß hat eine Veränderung von α auf die Testentscheidung?

Ergänzungen und Bemerkungen

- Die hier präsentierte Vorgehensweise wird nach ihren Begründern Neyman-Pearson-Testtheorie genannt.

- Durch die Vorgabe von α ist das Testverfahren darauf ausgerichtet, H_0 zu verwerfen. Sollte man H_0 aufgrund einer Stichprobe nicht verwerfen, so könnte der Grund dafür sein, daß H_0 tatsächlich richtig ist, oder daß die Realisation der Prüfgröße aufgrund der konkret vorliegenden Stichprobe eine Verwerfung von H_0 nicht erlaubt.

- In konkreten empirischen Untersuchungen empfiehlt es sich, nicht nur den festgelegten Wert von α sowie die Testentscheidung anzugeben, sondern auch die Wahrscheinlichkeit für den Fehler 1. Art, wenn der beobachtete Wert der Prüfgröße genau die (bzw. eine) kritische Grenze des Ablehnungsbereichs wäre (tatsächliches Signifikanzniveau): Jeder Wert größer als diese Wahrscheinlichkeit hätte zur Verwerfung von H_0 geführt. Der Leser der empirischen Untersuchung kann sich so einfacher ein Urteil über die „Glaubwürdigkeit" der Testentscheidung machen.

- Hinzuweisen ist auf die Unterscheidung zwischen „statistischer Signifikanz" und „praktischer Relevanz": So kann eine kleine Abweichung des Stichprobenmittelwertes von dem in der Nullhypothese festgelegten Wert des Grundgesamtheitsmittelwertes bei großem Stichprobenumfang „statistisch signifikant" sein, d.h. zur Ablehnung von H_0 führen, ohne auch von „praktischer Relevanz" zu sein. Bei kleinem Stichprobenumfang können andererseits „praktisch relevante" Abweichungen statistisch als „nicht signifikant" erscheinen.

- Sind H_0 und H_1 konkurrierende Annahmen über die Grundgesamtheitsverteilung, die jeweils durch eine Theorie gestützt werden, und soll H_0 gegen H_1 getestet werden, so spricht man auch von einem Alternativtest. Signifikanztests im engeren Sinne sind dann solche, bei denen eine Annahme (H_0) geprüft werden soll (vgl. dazu Rinne/Ickler (1986), Kap. 9/10).

3.8 Signifikanztests für Mittelwerte

In diesem Abschnitt sollen Mittelwertetests im Einstichprobenfall systematisch dargestellt werden.

3.8.1 Tests für das arithmetische Mittel

Man unterscheidet die folgenden Hypothesenpaare:

(i) H_0 : $\mu = \mu_0$ H_1 : $\mu \neq \mu_0$
(ii) H_0 : $\mu = \mu_0$ H_1 : $\mu > \mu_0$
      oder $\mu \leq \mu_0$
(iii) H_0 : $\mu = \mu_0$ H_1 : $\mu < \mu_0$
      oder $\mu \geq \mu_0$

Dabei steht μ_0 jeweils für einen festen Zahlenwert.

- Unterstellen wir zunächst eine normalverteilte Grundgesamtheit und eine bekannte Grundgesamtheitsvarianz σ^2.
  Setzt man das Signifikanzniveau α fest, so lassen sich in allen drei Fällen die Grenzen des Verwerfungsbereichs mit Hilfe der $NV(0,1)$-Tabellen bestimmen (t-Werte werden aus der $\Phi(t)$-Tabelle 2 im Anhang entnommen) und man erhält als kritische Bereiche jeweils:

  (i) $(-\infty, \mu_0 - t_\alpha \sigma_{\bar{X}}) \cup (\mu_0 + t_\alpha \sigma_{\bar{X}}, +\infty)$
  (ii) $(\mu_0 + t_{2\alpha} \sigma_{\bar{X}}, +\infty)$
  (iii) $(-\infty, \mu_0 - t_{2\alpha} \sigma_{\bar{X}})$

  Den Fall (i) bezeichnet man als zweiseitigen Test, die Fälle (ii) und (iii) als einseitige Tests; genauer, im Falle (ii) spricht man aufgrund der Lage des kritischen Bereichs vom rechtsseitigen, im Falle (iii) vom linksseitigen Mittelwerttest. Um W(Fehler 1. Art) $\leq \alpha$ sicherzustellen, ist dabei für gegebenes Signifikanzniveau α der Wert $t_{2\alpha}$ zur Berechnung der kritischen Grenzen zu verwenden.
  Eine einfache Prüfung, ob der beobachtete Wert $\bar{x}$ der Stichprobe im Verwerfungsbereich liegt, führt zur Verwerfung von H_0. Liegt $\bar{x}$ im Nicht-Ablehnungsbereich, behält man die Nullhypothese bei. Benutzt man statt $\bar{X}$ die Prüfgröße T, so erhält man als kritische Grenzen t_α im Fall (i), $t_{2\alpha}$ im Fall (ii) und $-t_{2\alpha}$ im Fall (iii). Ist $t_r = (\bar{x} - \mu_0)/\sigma_{\bar{X}}$ die Realisierung von T, so ergibt sich die Testentscheidung durch:

  (i) $|t_r| \leq t_\alpha$ $\longrightarrow$ H_0; $|t_r| > t_\alpha$ $\longrightarrow$ H_1
  (ii) $t_r \leq t_{2\alpha}$ $\longrightarrow$ H_0; $t_r > t_{2\alpha}$ $\longrightarrow$ H_1
  (iii) $t_r \geq -t_{2\alpha}$ $\longrightarrow$ H_0; $t_r < -t_{2\alpha}$ $\longrightarrow$ H_1.

- Ist die Grundgesamtheit nicht notwendigerweise normalverteilt, die Grundgesamtheitsvarianz aber weiterhin bekannt, so ist nach dem Zentralen Grenzwertsatz $\bar{X}$ bzw. $T = (\bar{X} - \mu_0)/\sigma_{\bar{X}}$ für große n ($n \geq 30$) approximativ normalverteilt, und man kann das gleiche Testverfahren wie oben verwenden (approximativer Gaußtest).

- Ist die Grundgesamtheitsvarianz unbekannt, so läßt sie sich durch die Stichprobenvarianz S_{n-1}^2 schätzen. Im Falle großer Stichproben ($n \geq 30$) läßt sich auch dann mit Hilfe der Normalverteilung das obige Testverfahren durchführen. Auch hier handelt es sich um einen approximativen Test. Die exakte, für kleine n anzuwendende, Testverteilung für $\frac{\bar{X} - \mu_0}{S_{n-1}/\sqrt{n}}$ soll in Abschnitt 3.10 besprochen werden.

3.8.2 Tests für den Anteilswert

Wir setzen voraus, daß eine große Stichprobe vorliegt (d.h. $n\pi_0(1-\pi_0) \geq 9$). Außerdem gehen wir von einer durch Z.m.Z. (oder durch Z.o.Z. bei kleinem Auswahlsatz ($n/N \leq 0.05$)) gewonnenen Stichprobe aus (sonst ist in den folgenden Prüfgrößen der Korrekturfaktor $\frac{N-n}{N-1}$ zu berücksichtigen). Nach dem Zentralen Grenzwertsatz gilt dann für die Prüfgröße

$$T = \frac{P - \pi_0}{\sqrt{(\pi_0(1-\pi_0))/n}} \rightsquigarrow NV(0,1).$$

Man unterscheidet die Hypothesenpaare (π_0 fester numerischer Wert):

(i) $H_0: \pi = \pi_0$ $H_1: \pi \neq \pi_0$

(ii) $H_0: \pi = \pi_0$ $H_1: \pi > \pi_0$
      oder $\pi \leq \pi_0$

(iii) $H_0: \pi = \pi_0$ $H_1: \pi < \pi_0$
      oder $\pi \geq \pi_0$

Die Vorgabe von α erlaubt wiederum die Bestimmung der kritischen t-Werte aus der $NV(0,1)$-Tabelle. Entsprechend wie oben bestimmt man die Grenzen des Verwerfungsbereichs:

(i) $p_k = \pi_0 \pm t_\alpha \sqrt{\frac{\pi_0(1-\pi_0)}{n}}$

(ii) $p_k = \pi_0 + t_{2\alpha} \sqrt{\frac{\pi_0(1-\pi_0)}{n}}$

(iii) $p_k = \pi_0 - t_{2\alpha} \sqrt{\frac{\pi_0(1-\pi_0)}{n}}$

Die Testentscheidung erhält man durch Vergleich der Realisation von P mit dem Verwerfungsbereichs oder durch Berechnung der Prüfgröße

$$t_r = \frac{p - \pi_0}{\sqrt{(\pi_0(1-\pi_0))/n}}$$

und Vergleich mit den entsprechenden kritischen t-Werten (Entscheidung entsprechend wie in 3.8.1). Für kleine Stichproben verweisen wir wieder auf Abschnitt 3.10.

3.8.3 Beurteilung eines Tests

Betrachten wir wieder einen Einstichprobentest für μ (die folgenden Überlegungen lassen sich ohne weiteres auf andere Parametertests übertragen, bei denen sich die Nullhypothese auf einen eindimensionalen Parameter bezieht wie z.B. π). Sei Θ_0 der Nullhypothesenbereich und Θ_1 der Alternativhypothesenbereich. Die Testverfahren waren so konstruiert, daß

$$\alpha = \sup_{\vartheta \in \Theta_0} W(\bar{X} \text{ im Verwerfungsbereich} \mid H_0)$$
$$= W(\text{Eintreten des Fehlers 1.Art})$$

vorgegeben war. Von einem „guten" Test würden wir dann verlangen, daß die Wahrscheinlichkeit $\beta = W$(Eintreten des Fehlers 2.Art) bei festem α so klein wie möglich ist (s. Abbildung 3.1). Aus dem vorangegangenen Abschnitt wissen wir bereits, daß wir nicht gleichzeitig α und β beliebig klein machen können und daß der numerische Wert von β vom tatsächlichen Wert $\mu_1 \in \Theta_1$ von μ und von n abhängt: β ist also bei gegebenem α und festem Stichprobenumfang n eine Funktion von $\mu_1 \in \Theta_1$: $\beta(\mu_1)$ heißt *Operationscharakteristik*, ihren Graph bezeichnet man als *OC-Kurve*.

Der Wert von $1 - \beta$ gibt dann die Wahrscheinlichkeit dafür an, daß der Fehler 2.Art nicht eintritt. Bei gebenem α und bei festem Stichprobenumfang n ist $1 - \beta$ ebenfalls eine Funktion von $\mu_1 \in \Theta_1$: $1 - \beta(\mu_1)$ heißt *Gütefunktion* oder *Mächtigkeit des Tests*. $1 - \beta(\mu_1)$ gibt also die Wahrscheinlichkeit an, daß beim vorliegenden Testverfahren H_0 verworfen wird, wenn der wahre Parameterwert μ_1 zum Alternativbereich Θ_1 gehört.

Sind bei einem Test zum Signifikanzniveau α diese Wahrscheinlichkeiten für alle möglichen Werte μ_1 nicht kleiner und für mindestens einen Wert μ_1 größer als bei einem zweiten Test zum selben Signifikanzniveau, so nennt man den ersten *gleichmäßig besser* (oder *trennschärfer*). Graphisch erkennt man dies daran, daß der Graph der Gütefunktion des ersten Tests nicht unterhalb des Graphen der Gütefunktion des zweiten Tests verläuft. Für die entsprechenden OC-Kurven heißt dies: die OC-Kurve des ersten Tests verläuft nicht oberhalb der OC-Kurve des zweiten. In diesem Falle würde man den ersten Test dem zweiten vorziehen (Dominanzkriterium für Testverfahren).

Die Überlegungen im vorausgegangenen Abschnitt zeigen, daß zur Verbesserung der Güte eines Tests insbesondere die Erhöhung des Stichprobenumfangs in Frage kommt. Ökonomische Gründe können allerdings gegen eine solche Maßnahme sprechen.

Aufgabe 3.8/1
Kommentieren Sie folgende Aussagen:

a) Von zwei konkurrierenden Hypothesen ist diejenige als Nullhypothese zu nehmen, deren fälschliche Verwerfung die unangenehmeren Konsequenzen bewirkt.

b) Zwischen dem Nicht-Ablehnungsbereich bei einem zweiseitigen Test und der Intervallschätzung beim Mittelwert besteht bei gleichem α ein enger Zusammenhang.

Aufgabe 3.8/2
Der Hersteller eines bestimmten PKW-Typs behauptet, der durchschnittliche Benzinverbrauch pro 100 km betrage höchstens 8.0 l bei einer Standardabweichung von 0.6 l. Zur Überprüfung dieser Behauptung führt die Stiftung Warentest einen Test mit 36 PKW dieses Typs durch.

a) Formulieren Sie die Hypothesen dieses Tests.

b) Welche Werte für den durchschnittlichen Benzinverbrauch der Testwagen führen zu einer Ablehnung der Herstellerbehauptung, wenn das Signifikanzniveau dieses Tests 0.05 betragen soll?

c) Wie groß ist die Wahrscheinlichkeit, daß beim vorliegenden Testverfahren die Herstellerbehauptung beibehalten wird, obwohl der wahre durchschnittliche Benzinverbrauch dieses PKW-Typs bei 8.0645 l pro 100 km liegt?

d) Worauf wäre bei der Beantwortung der letzten beiden Fragen zu achten, wenn die Stiftung Warentest lediglich 9 PKW testen würde? Welche für die Rechnung(en) relevante Größe(n) würde(n) sich ändern?

Aufgabe 3.8/3

Eine Untersuchung in einem Arbeitsamtsbezirk ergab, daß 522 der gemeldeten 900 Erwerbslosen keine qualifizierte Ausbildung besaßen.

a) Bestätigt diese Stichprobe die Aussage von Arbeitsmarktexperten, die von einem Anteil von 60% Personen ohne qualifizierte Ausbildung an den Erwerbslosen insgesamt ausgehen? ($\alpha = 0.05$)

b) Wie groß ist die Wahrscheinlichkeit für den Fehler 2.Art in diesem Falle, wenn der wahre Anteilswert in der Grundgesamtheit 0.5 beträgt?

c) Wodurch läßt sich die Güte eines Tests beurteilen?

Aufgabe 3.8/4

Laut amtlicher Statistik betrug die durchschnittliche Verweildauer der Patienten in Allgemeinen Krankenhäusern des Landes Nordrhein-Westfalen im Jahre 1978 16 Tage.

a) Bei einer neueren Untersuchung für 1980 wurden folgende Verweildauern festgestellt:

Verweildauer [Tage]	0-6	7-14	15-26	27-74
Anzahl der Patienten	10	45	41	4

Unterstützt dieses Stichprobenergebnis die Hypothese, daß sich die durchschnittliche Verweildauer seit 1978 nicht signifikant verändert hat?
(1-α=0.9545)

b) Verändert sich das Ergebnis in a), wenn Sie als Nullhypothese $H_0 : \mu \geq 16$ formulieren?

c) Für welches Signifikanzniveau wird in a) die Nullhypothese verworfen?

d) Erläutern Sie die folgende Aussage: „Ein Test ist trennschärfer als ein anderer".

Aufgabe 3.8/5
Die Allgemeine Bevölkerungsumfrage der Sozialstatistik (ALLBUS 1988) umfaßt 3053 Interviews mit ausgewählten deutschen Personen, die in der BRD oder West-Berlin in Privathaushalten wohnen und die bis zum Befragungstag das 18. Lebensjahr vollendet haben (Zentralarchiv für empirische Sozialforschung 1988, Methodenbericht). Dabei empfanden die Umweltbelastung durch Industrieabfälle in den Gewässern als sehr stark 1625 Personen, als ziemlich stark 983 Personen, als sehr schwach 270 Personen, als nicht vorhanden 127 Personen. 45 antworteten „ich weiß nicht" und 3 gaben keine Antwort. Prüfen Sie unter der Annahme, daß eine einfache Stichprobe vorliegt, die Hypothese, daß mindestens 88% der Grundgesamtheit die Belastung als zumindest stark empfinden ($\alpha=0.05$).

Ergänzungen und Bemerkungen

- Einige Bemerkungen zu der hier und in anderen Büchern gewählten Bezeichnungsweise: Anstatt der Begriffe „kritischer Bereich" oder „Verwerfungsbereich" wird auch der Begriff „Ablehnungsbereich" benutzt. Hinzuzufügen wäre, daß sich alle drei Begriffe auf die Nullhypothese H_0 beziehen, daß also immer „Verwerfungsbereich von H_0" usw. gemeint ist. Für „Nicht-Ablehnungsbereich" wird von einer Reihe von Autoren auch der Begriff „Annahmebereich von H_0" benutzt. Wir haben diesen Begriff vermieden, weil er zu Fehlinterpretationen der Testentscheidung „H_0 wird nicht verworfen" Anlaß geben kann.

- Die zum Testverfahren herangezogene Verteilung heißt *Testverteilung*. In diesem Abschnitt wurde also lediglich die Normalverteilung als Testverteilung benutzt. Weitere Testverteilungen lernen Sie in den Abschnitten 3.9, 3.10 und 3.11 kennen.

- Die von uns zur Beurteilung eines Signifikanztests betrachtete Gütefunktion vergleicht Tests zum Niveau α aufgrund der Höhe der Wahrscheinlichkeit β für verschiedene μ_1-Werte. Auch weitere in den Lehrbüchern erwähnte Gütekriterien beziehen sich oft nur auf die Größen α und β. In diesem Zusammenhang stellen sich eine Reihe von Fragen, die jedoch nur in dem allgemeinen Rahmen einer Testtheorie und in einem eintscheidungstheoretischen Kontext angegangen werden können, wie z.B.:

    - Gibt es in einer durch unterschiedliche Testgrößen oder/und unterschiedliche Konstruktionsverfahren für die Verwerfungsbereiche von H_0 gekennzeichneten Klasse von Testverfahren ein bezüglich bestimmter (welcher?) Gütekriterien optimales Verfahren (vgl. die Literatur zum sogenannten Fundamental-Lemma von Neyman und Pearson z.B. in Ferguson (1967) oder Fisz (1976), Kapitel 16)?
    - Lassen sich Gütekriterien formulieren, die nicht nur die Wahrscheinlichkeiten α und β für Fehlentscheidungen, sondern insbesondere deren

mögliche Konsequenzen in die Testbeurteilung einbeziehen (vgl. Ferguson (1967))?

3.9 Signifikanztests für die Varianz

Wir gehen von einer normalverteilten Grundgesamtheit $X \sim NV(\mu, \sigma)$ mit unbekannten Parametern μ und σ aus und interessieren uns für Hypothesenpaare folgender Art:

(i) $H_0: \quad \sigma^2 = \sigma_0^2$ $H_1: \quad \sigma^2 \neq \sigma_0^2$

(ii) $H_0: \quad \sigma^2 = \sigma_0^2$ $H_1: \quad \sigma^2 > \sigma_0^2$
      oder $\sigma^2 \leq \sigma_0^2$

(iii) $H_0: \quad \sigma^2 = \sigma_0^2$ $H_1: \quad \sigma^2 < \sigma_0^2$
      oder $\sigma^2 \geq \sigma_0^2$

Dabei ist σ_0^2 ein fester numerischer Wert.

Die Stichprobenfunktion $(n-1)S_{n-1}^2/\sigma_0^2$ dient als geeignete Testprüfgröße. Nach 3.6 gilt $(n-1)S_{n-1}^2/\sigma_0^2 \sim \chi^2 V(n-1)$, wenn die Stichprobenvariablen unabhängige Zufallsvariablen sind.

Aus den tabellierten χ^2-Werten (Verteilungsfunktion) läßt sich dann nach Vorgabe eines Signifikanzniveaus α der Verwerfungsbereich von H_0 für die Prüfgröße $\chi_r^2 = (n-1)s_{n-1}^2/\sigma_0^2$ bestimmen:

(i) $[0, \chi_{\alpha/2, n-1}^2) \cup (\chi_{1-\alpha/2, n-1}^2, \infty)$

(ii) $(\chi_{1-\alpha, n-1}^2, \infty)$

(iii) $[0, \chi_{\alpha, n-1}^2)$.

Zur Testentscheidung ist also aus einer vorliegenden einfachen Stichprobe die Größe

$$\chi^2 = \frac{ns^2}{\sigma_0^2} = \frac{(n-1)s_{n-1}^2}{\sigma_0^2} = \frac{1}{\sigma_0^2}\sum_{i=1}^{n}(x_i - \bar{x})^2$$

zu berechnen und, wenn dieser Wert im Verwerfungsbereich liegt, H_0 zu verwerfen, andernfalls, wenn dieser Wert im Nicht-Ablehnungsbereich von H_0 liegt, H_0 beizubehalten.

Ist μ bekannt, kann die $\chi^2 V(n)$-verteilte Prüfgröße $\sum_{i=1}^{n}(X_i - \mu)^2/\sigma_0^2$ zur Testentscheidung verwendet werden.

Aufgabe 3.9/1
Bestimmen Sie den Nicht-Ablehnungsbereich für den Hypothesentest

$$H_0: \sigma^2 = 10 \quad H_1: \sigma^2 \neq 10$$

bei $\alpha = 0.002$ und einem Stichprobenumfang von 11, wenn μ unbekannt ist.

Aufgabe 3.9/2
Eine einfache Stichprobe vom Umfang $n=10$ aus einer normalverteilten Grundgesamtheit mit Erwartungswert $\mu = 0$ liefere folgendes Ergebnis:

-2 0 1 0 0 3 1 -2 0 -1.

Testen Sie, ob dies signifikant ($\alpha = 0.02$) der Hypothese widerspricht, die Grundgesamtheitsvarianz sei 1.

Aufgabe 3.9/3
Langjährige Erfahrungen an einer Hochschule stützen die Annahme, daß die Zeit, die zur Bearbeitung der Statistik-Klausur erforderlich ist, eine normalverteilte Zufallsvariable mit Mittelwert 110 Min. und einer Standardabweichung von höchstens 10 Min. ist.

a) Prüfen Sie mit Hilfe eines geeigneten Hypothesentests zum Signifikanzniveau 0.05, ob die bei der letzten Statistik-Klausur (101 Teilnehmer) ermittelte Varianz von 121 signifikant höher als die Erfahrungswerte ausfällt.
b) Ermitteln Sie die Wahrscheinlichkeit für den Fehler 2.Art bei o.a. Test, wenn der wahre Wert der Standardabweichung 10.24 Min. beträgt.

Ergänzungen und Bemerkungen

- Der in diesem Abschnitt beschriebene Signifikanztest ist nur für normalverteilte Grundgesamtheiten anwendbar. Er ist nicht sehr robust gegenüber Verletzungen der Normalverteilungsannahme.

3.10 Inferenz bei Vorliegen einer kleinen Stichprobe

Die Bedeutung der Normalverteilung für die Schätz- und Testtheorie beruht im wesentlichen auf dem Zentralen Grenzwertsatz und damit auf der Voraussetzung großer Stichprobenumfänge. In der Praxis, insbesondere im wirtschafts- und sozialwissenschaftlichen Bereich, sind jedoch kleine Stichprobenumfänge eher die Regel als die Ausnahme. Um Inferenzaussagen aus kleinen Stichproben ableiten zu können, sind Verteilungsannahmen über die Grundgesamtheit erforderlich.

3.10.1 Konfidenzintervalle und Signifikanztests für μ

Ist die Grundgesamtheit normalverteilt, so ist $(\bar{X} - \mu)/\sigma_{\bar{X}}$ auch für kleine Stichproben standardnormalverteilt, und die in den Abschnitten 3.5 und 3.8 entwickelten Methoden können auch in diesem Falle angewandt werden. Dabei wird vorausgesetzt, daß σ^2 bekannt ist.

Gehen wir wieder von einer (annähernd) normalverteilten Grundgesamtheit aus. σ^2 sei jetzt unbekannt. Sowohl für die Konstruktion eines Konfidenzintervalls für μ als auch zur Festlegung eines Testverfahrens für eine Nullhypothese über μ ist die Kenntnis der exakten Verteilung der Testgröße $T = \frac{\bar{X}-\mu}{S_{\bar{X}}}$ mit

$$S_{\bar{X}} = \begin{cases} \frac{S_{n-1}}{\sqrt{n}} & \text{Z.m.Z oder Z.o.Z. und kleiner Auswahlsatz} \\ \frac{S_{n-1}}{\sqrt{n}}\sqrt{\frac{N-n}{N-1}} & \text{Z.o.Z. (großer Auswahlsatz)} \end{cases}$$

erforderlich.

Es kann gezeigt werden, daß im Falle normalverteilter Grundgesamtheit die Stichprobenfunktionen $\bar{X}$ und S^2_{n-1} unabhängig sind. Nach Abschnitt 2.12 ist demnach

$$T = (\bar{X} - \mu)/S_{\bar{X}} \sim SV(n-1)$$

Student-verteilt mit $\nu = n - 1$ Freiheitsgraden. Deren kritische Werte liegen in tabellierter Form für verschiedene Freiheitsgrade ν im Anhang (Tabelle 4) vor.

Zu Konfidenzintervallen bzw. Parametertests für μ gelangt man in diesem Falle durch Ersetzen von $\sigma_{\bar{X}}$ durch $\hat{\sigma}_{\bar{X}}$, die Realisation von $S_{\bar{X}}$ ($s_{n-1}/\sqrt{n}$ bei Z.m.Z.), in den entsprechenden Formeln sowie durch die Entnahme der zu α gehörenden t-Werte aus der Tabelle der entsprechenden Student-Verteilung statt aus der der Standardnormalverteilung.

Bereits im Abschnitt 2.12 haben wir darauf hingewiesen, daß für große n die Student-Verteilungswerte durch die entsprechenden Werte der Standardnormalverteilung approximiert werden können; für kleine Stichprobenumfänge sind die Werte aus der Student-Verteilung allerdings größer als die entsprechenden Normalverteilungswerte und reflektieren die zusätzliche Unsicherheit der Schätzung bzw. Testentscheidung aufgrund der vorangegangenen Schätzung von σ.

3.10.2 Signifikanztests für π

Liegt eine dichotome Grundgesamtheit vor, so läßt sich für Parametertests für den Anteilswert π bei kleinen Stichproben (wenn die Voraussetzung $n\pi(1-\pi) \geq 9$ für eine Anwendung des Zentralen Grenzwertsatzes nicht erfüllt ist) die Binomialverteilung als Testverteilung anwenden (*Binomialtest*). Machen wir uns dies an folgendem Beispiel klar:

Bei der Wareneingangskontrolle werden einer gelieferten Sendung 10 Stücke entnommen und auf ihre Brauchbarkeit geprüft. Der Liefervertrag erlaubt eine Rücksendung auf Kosten des Lieferanten, wenn der Ausschußanteil der Sendung größer als 10% ist. Die Stichprobe ergibt 3 fehlerhafte Stücke. Widerlegt dieses Ergebnis die Annahme, daß der Ausschußanteil der Gesamtsendung nicht größer als 10% ist ($\alpha = 0.05$) ? Die Hypothesen lauten

also
$$H_0 : \pi \leq 0.1 \qquad H_1 : \pi > 0.1.$$

Eine Anwendung der Normalverteilung als Testverteilung ist ausgeschlossen aufgrund des kleinen Stichprobenumfangs. Unter den getroffenen Voraussetzungen und der Annahme der Gültigkeit der Nullhypothese ergibt sich jedoch als Wahrscheinlichkeit für das Eintreten der beobachteten Stichprobe oder einer Stichprobe mit mehr Ausschußstücken bei $\pi = 0.1$ (Grenze des Nullhypothesenbereichs):

$$\begin{aligned} W(X \geq 3) &= \sum_{k=3}^{10} \binom{10}{k} 0.1^k 0.9^{10-k} \\ &= 1 - \sum_{k=0}^{2} \binom{10}{k} 0.1^k 0.9^{10-k} \\ &= 1 - (0.35 + 0.38 + 0.19) = 0.07. \end{aligned}$$

Nun ist $0.07 > \alpha = 0.05$, also ist H_0 beizubehalten.

Da die Binomialverteilung eine diskrete Verteilung darstellt, läßt sich nicht in jedem Fall (wie bei der Normalverteilung) zu jedem α ein Test mit exaktem Signifikanzniveau α finden. Man wählt dann die kritische (ganzzahlige) Grenze c für die Prüfgröße X so, daß W(Fehler 1.Art) $\leq \alpha$ eingehalten wird.

In empirischen Untersuchungen ist die Berechnung der Wahrscheinlichkeit entsprechend dem o. a. Beispiel und der anschließende Vergleich mit einem Wert α aufschlußreicher.

3.10.3 Konfidenzintervalle und Signifikanztests für σ^2

Ist die Grundgesamtheit normalverteilt, so läßt sich die in Abschnitt 2.12 eingeführte χ^2-Verteilung auch im Falle kleiner Stichproben für Schätz- und Testverfahren, die die Grundgesamtheitsvarianz σ^2 betreffen, heranziehen (vgl. Abschnitte 3.6 und 3.9).

Aufgabe 3.10/1

a) Welcher Zusammenhang besteht zwischen der Wahrscheinlichkeit für den Fehler 1.Art und dem Signifikanzniveau des Tests?

b) Wie ist die Prüfgröße beim Binomialtest definiert und welchen Wertebereich besitzt sie?

c) Welche Prüfgröße ist t-verteilt?

Aufgabe 3.10/2
Eine Umfrage bei 5 PC-Händlern einer Stadt ergab für die gleiche Konfiguration die folgenden Preise:

2410 DM, 2520 DM, 2190 DM, 2850 DM, 2530 DM

a) Geben Sie sowohl für den Durchschnittspreis als auch die Varianz der Preise jeweils eine erwartungstreue Schätzung auf der Grundlage dieser Stichprobe.
b) Unter der Voraussetzung normalverteilter Preise soll sowohl für den Durchschnittspreis als auch für die Varianz der Preise eine Intervallschätzung ($\alpha=0.05$) erstellt werden.

Aufgabe 3.10/3
Bei der letzten Diplomprüfung im Wahlfach Statistik, an der nur 10 Personen teilnahmen, erreichten 3 Personen die Beurteilung „sehr gut". Kann von einer signifikanten Verbesserung der Prüfungsleistungen gesprochen werden, wenn im langjährigen Durchschnitt der Anteil der mit „sehr gut" bestandenen Prüfungen bei 20% lag ($\alpha=0.1$)?

Ergänzungen und Bemerkungen

- Die dargestellten Verfahren setzen die Annahme eines bestimmten, durch endlich viele Parameterwerte charakterisierten Verteilungstyps für die Grundgesamtheitsverteilung voraus (z.B. Normalverteilung oder Binomialverteilung). Die Hypothesen beziehen sich dann auf einen (oder mehrere) der unbekannten Parameter dieser die unbekannte Häufigkeitsverteilung der Grundgesamtheit repräsentierenden theoretischen Verteilung. Solche statistischen Verfahren nennt man *parametrisch*.

- Manchmal reichen die Informationen über die Grundgesamtheit jedoch nicht aus, einen bestimmten, durch endlich viele Parameterwerte gekennzeichneten Verteilungstyp festzulegen. Eine falsche Festlegung könnte die Quelle von Fehlentscheidungen sein. Um sich von dieser Voraussetzung frei zu machen, wurden eine Reihe von *nicht-parametrischen* Verfahren entwickelt: Die dem Test zugrundeliegenden Hypothesen setzen eine spezielle Form der Grundgesamtheitsverteilung (festgelegt durch endlich viele Parameter) nicht voraus. Aber auch Hypothesen, die sich auf Maßzahlen wie Median oder Modus beziehen, nennt man nicht-parametrisch. So läßt sich mit Hilfe der Binomialverteilung ein einfacher nicht-parametrischer Test für den Median einer Verteilung konstruieren (vgl. Büning/Trenkler (1978), Abschnitt 4.4). Nichtparametrische Verfahren haben außerdem den Vorzug, in der Regel ein schwächeres Skalenniveau voraussetzen zu müssen als parametrische Verfahren. Beide Eigenschaften machen nicht-parametrische Verfahren interessant für die Anwendung in den Sozial- und Wirtschaftswissenschaften (vgl. Renn (1975)).

3.11 Anpassungstests

Ein dem Statistiker häufig gestelltes Problem besteht darin, zu entscheiden, ob für die unbekannte Grundgesamtheitsverteilung eine explizit vorgegebene theoretische Verteilung (durch die Vorgabe aller die Verteilung festlegenden Parameter) unterstellt werden darf. So setzen viele Testverfahren (insbesondere bei kleinen Stichprobenumfängen; vgl. Abschnitt 3.10) eine bestimmte Form der Verteilung in der Grundgesamtheit voraus (z.B. die Normalverteilung), so daß sich vor deren Anwendung eine Prüfung dieser Verteilungsannahme an getrenntem Datenmaterial empfiehlt (nicht-parametrisches Verfahren).

Der χ^2-Anpassungstest für Verteilungshypothesen basiert auf folgender Überlegung: Man zerlegt die Menge aller möglichen (eindimensionalen) Merkmalsausprägungen in disjunkte Teilmengen so, daß jede Merkmalsausprägung in genau einer Teilmenge erfaßt wird. Dann stellt man fest, wieviele der n Stichprobenwerte einer einfachen Stichprobe in den jeweiligen Teilmengen einerseits tatsächlich liegen (beobachtet werden), andererseits bei Annahme der Nullhypothese $H_0 : F(x) = F_0(x)$ in diesen zu erwarten sind (errechnet werden). Mit Hilfe einer Prüfgröße, die die Abweichungen der errechneten von den beobachteten Werten mißt, und deren Verteilung läßt sich dann ein Verwerfungsbereich für H_0 konstruieren und eine Testentscheidung herbeiführen.

Bei eindimensionalen Zufallsvariablen geht man dabei wie folgt vor:

- Formulierung der Nullhypothese $H_0 : F(x) = F_0(x)$ und Vorgabe des Signifikanzniveaus α. Dabei ist $F_0(x)$ eine genau spezifizierte Verteilung wie z.B. $NV(100, 40)$.

- Zerlegung der Achse, auf der die eindimensionalen Merkmalswerte abgetragen werden, in $k \geq 2$ Intervalle $I_j, j = 1, \ldots, k$, so, daß die Anzahl $e_j = np_j$ ($p_j = W(X \in I_j)$) der in I_j bei Gültigkeit von H_0 zu erwartenden Stichprobenwerte für alle $j = 1, \ldots, k$ mindestens 5 beträgt. Die p_j gewinnt man aus $F_0(x)$.

- Bestimmung der Anzahl b_j der in I_j beobachteten Stichprobenwerte.

- Berechnung der Abweichung

$$\chi_r^2 = \sum_{j=1}^{k} \frac{(b_j - e_j)^2}{e_j};$$

die entsprechende Testprüfgröße ist unter den getroffenen Voraussetzungen (einfache Stichprobe) approximativ $\chi^2 V(k-1)$-verteilt.

- Bestimmung des Verwerfungsbereichs von H_0 aufgrund des festgelegten Signifikanzniveaus α und der $\chi^2 V(k-1)$-Verteilung.

- Testentscheidung durch Berechnung der Prüfgröße aufgrund einer einfachen Stichprobe und Prüfung, ob diese im Verwerfungsbereich liegt oder nicht:

$$\chi_r^2 > \chi_{\alpha,k-1}^2 \quad \Rightarrow \quad H_0 \text{ verwerfen}$$
$$\chi_r^2 \leq \chi_{\alpha,k-1}^2 \quad \Rightarrow \quad H_0 \text{ beibehalten.}$$

Mit diesem Testschema lassen sich Hypothesen der folgenden Art überprüfen:

- Die Grundgesamtheit ist normalverteilt mit $\mu = 0$ und $\sigma = 1$.
- Die Unfallhäufigkeit an verschiedenen Wochentagen ist gleichverteilt.
- Eine Lotterie ist fair, d.h. jedes mögliche Lotterieergebnis ist gleichwahrscheinlich.

Aufgabe 3.11/1

a) Welches sind die Voraussetzungen für die Anwendung eines χ^2-Anpassungstests?

b) Ist der χ^2-Anpassungstest ein zweiseitiger, rechtsseitiger oder linksseitiger Test?

c) Ist der χ^2-Anpassungstest auch für kleine Stichproben geeignet?

Aufgabe 3.11/2
Von 100 gekauften Losen bei einer Lotterie sind 40 Gewinne. Bestätigt dies die Behauptung der Lotteriewerbung, daß jedes zweite Los gewinnt? ($\alpha = 0.05$)

Aufgabe 3.11/3
In einer Stadt wurden an den verschiedenen Wochentagen folgende Unfallzahlen registriert:

Mo	Di	Mi	Do	Fr	Sa	So
30	10	20	10	30	20	20

Kann davon ausgegangen werden, daß die Unfallgefahr an allen Wochentagen gleich hoch ist? ($\alpha = 0.05$)

Aufgabe 3.11/4
Ein den Süßigkeiten nicht abgeneigter Statistiker „prüft" 100 Cremehütchen. Er stellt fest, daß 24 Hütchen eine weiße, 27 eine gelbe, 26 eine rote und 23 eine grüne Füllmasse aufweisen. Überprüfen Sie die Behauptung des Herstellers, alle Farben der Füllmassen würden gleich häufig verwendet.

Aufgabe 3.11/5
Ein Statistiker überprüft einen selbstgebastelten Würfel auf „Fairness" (jede Augenzahl soll die gleiche Chance haben). Dazu würfelt er 60 mal und notiert die Anzahlen n_i der Würfe, in denen die Augenzahl i fiel ($i = 1, \ldots, 6$):

i	1	2	3	4	5	6
n_i	8	11	6	12	7	16

a) Wird der Statistiker auf Grund dieser Daten den Würfel bei einem Signifikanzniveau von 5% als nicht fair bezeichnen?
b) Wie viele Würfe sind mindestens notwendig, damit die Voraussetzungen für die Gültigkeit des Tests in a) erfüllt sind?
c) Wie kann bei dem Test in a) ein Fehler 2.Art entstehen?

Ergänzungen und Bemerkungen

- Der χ^2-Anpassungstest wird in der Literatur auch vorgeschlagen, wenn die in der Nullhypothese vorgegebene Verteilung F_0 nur dem Typ nach bestimmt ist und m Parameterwerte zur genauen Festlegung von F_0 noch aus der vorliegenden Stichprobe mittels ML-Methode zu schätzen sind. Für die Prüfgröße χ_r^2 wird dann die $\chi^2 V(k-m-1)$-Verteilung unterstellt. Albrecht (1980) macht darauf aufmerksam, daß dies nur approximativ für große k gilt, und gibt einen ausführlichen Überblick „On the correct use of the chi-square goodness-of-fit test".

- Der χ^2-Test geht auf Karl Pearsons Arbeiten in den Neunziger Jahren des vorigen Jahrhunderts zurück.

- Eine weitere $\chi^2 V(k-1)$-verteilte Prüfgröße für Anpassungstests ist die log-LQ-Teststatistik $2\sum b_j \ln(b_j/e_j)$.

- Ein Anpassungstest für stetige Verteilungen, bei dem als Prüfgröße die maximale Differenz der Werte von hypothetischer (gemäß H_0) und empirischer (gemäß der beobachteten Stichprobenverteilung) Verteilungsfunktion bestimmt wird, ist von Kolmogoroff/Smirnoff eingeführt und nach ihnen benannt worden. Im Gegensatz zum χ^2-Anpassungstest ist dieser Kolmogoroff-Smirnoff-Anpassungstest für kleine Stichprobenumfänge auch geeignet. Er benötigt jedoch zur Berechnung der Prüfgröße eine voll spezifizierte Verteilungsannahme in der Nullhypothese. Zu Einzelheiten hierzu vgl. z.B. Büning/Trenkler (1978), Kapitel 4.

Kapitel 4

Statistische Inferenz: Zweistichprobenfall und bivariate Datensätze

In Kapitel 3 haben wir uns mit den Grundprinzipien statistischen Schließens und Anwendungen der induktiven Methoden im Einstichprobenfall vertraut gemacht. Dabei wurde jeweils ein statistisches Merkmal untersucht. In diesem Kapitel wollen wir uns nun Fragestellungen zuwenden, die entweder

- das Ziehen zweier oder mehrerer unabhängiger Stichproben zur vergleichenden Untersuchung der Ausprägungen eines Merkmales in unterschiedlichen Grundgesamtheiten oder

- das Ziehen einer verbundenen Stichprobe, d.h. die simultane Erhebung von zwei bzw. mehreren eindimensionalen Merkmalen bzw. einem multidimensionalen Merkmal bei jeder statistischen Einheit

erforderlich machen. Im ersten Fall spricht man vom Mehrstichprobenfall; der zweite Fall führt zu bivariaten bzw. multivariaten Datensätzen. Im ersten Fall steht der Vergleich zwischen den statistischen Einheiten, die aus verschiedenen Grundgesamtheiten stammen, im Vordergrund. Im zweiten Fall richtet sich das Interesse auf den Zusammenhang bzw. auf Abhängigkeiten zwischen Variablen. Typische Fragestellungen sind z.B. :

- Erhalten Männer und Frauen in der Bundesrepublik Deutschland bei gleicher Ausbildung, bei gleicher Berufserfahrung und bei gleichem Alter in einem bestimmten Wirtschaftssektor im Durchschnitt den gleichen Lohn?

- Treten bestimmte Berufskrankheiten wie Hauterkrankungen, Silikose, Schleimhautveränderungen in bestimmten Berufsgruppen häufiger auf als in anderen?

- Bestehen Zusammenhänge zwischen Lebensgewohnheiten, Eßgewohnheiten, Wohnort auf der einen Seite und der Häufigkeit bestimmter Krankheitsbilder auf der anderen Seite?

Bei der Behandlung dieser Fragestellungen ist für die Auswahl eines geeigneten statistischen Modells wieder auf das Skalenniveau der Variablen zu achten. Wir beschränken uns hier auf nominal- bzw. kardinalskalierte Merkmale.
Entsprechend gliedert sich dieses Kapitel wie folgt:

| Zahl der Stichproben, | Merkmal(e) | |
Zahl der Merkmale	kardinalskaliert	nominalskaliert
zwei unabhängige Stichproben, ein Merkmal	4.1.1 (Schätzen) 4.2.1 (Testen), 4.3	4.1.2 (Schätzen) 4.2.2 (Testen)
mehr als zwei unabhängige Stichproben, ein Merkmal	4.5	4.4.1
eine (verbundene) Stichprobe, zwei Merkmale	4.6 4.7	4.4.2

Die Stichproben werden – sofern nicht ausdrücklich etwas anderes definiert wird – als einfach vorausgesetzt. Die Unterscheidungen mehrerer Stichproben bzw. bivariater Datensätze in diesem Kapitel stellen auch einen Übergang von der univariaten statistischen Analyse zu multivariaten statistischen (mehr als zwei Variable, die gleichartig behandelt werden) bzw. zu multiplen ökonometrischen (mehr als zwei Variable, die aber in abhängige (zu erklärende) und unabhängige (erklärende) Variablen unterteilt werden) Methoden dar. Allerdings können hier nur Grundkonzepte für diese weiterführenden Gebiete der Statistik vorgestellt werden.

4.1 Schätzung von Mittel- bzw. Anteilswertdifferenzen

4.1.1 Mittelwertdifferenzen

Zum Vergleich zweier Grundgesamtheitsmittelwerte μ_1, μ_2 eines kardinalskalierten Merkmales X in zwei Grundgesamtheiten soll die Differenz $\mu_1 - \mu_2$ geschätzt werden. Dazu ziehen wir unabhängig voneinander aus beiden Grundgesamtheiten je eine einfache Stichprobe vom Umfang n_1 bzw. n_2. Mit σ_1^2 bzw. σ_2^2 bezeichnen wir die jeweiligen Grundgesamtheitsvarianzen.

a) Für die Stichprobenmittelwertvariablen $\bar{X}_i$ ($i = 1, 2$) gilt dann:

$$E(\bar{X}_i) = \mu_i, \quad V(\bar{X}_i) = \frac{\sigma_i^2}{n_i}$$

und somit für die Differenz $\Delta \bar{X} = \bar{X}_1 - \bar{X}_2$:

$$E(\Delta \bar{X}) = \mu_1 - \mu_2, \quad V(\Delta \bar{X}) = \frac{\sigma_1^2}{n_1} + \frac{\sigma_2^2}{n_2}.$$

$\Delta \bar{X}$ ist also ein erwartungstreuer Punktschätzer für die Differenz $\mu_1 - \mu_2$ mit der Eigenschaft

$$\lim_{n_1, n_2 \to \infty} V(\Delta \bar{X}) = 0,$$

d.h. $\Delta \bar{X}$ ist eine konsistente Schätzfunktion für die Differenz der Grundgesamtheitsmittelwerte.

b) Im Hinblick auf Intervallschätzungen sind verschiedene Fallunterscheidungen zu treffen, je nachdem ob

- die Zufallsvariable X normalverteilt ist oder nicht;
- die Grundgesamtheitsvarianzen bekannt oder unbekannt, bzw. als gleich oder verschieden vorausgesetzt werden können;
- die Stichprobenumfänge groß oder klein sind.

b1) Ist X normalverteilt in beiden Grundgesamtheiten und sind die Grundgesamtheitsvarianzen σ_1^2 und σ_2^2 bekannt, so gilt aufgrund des Reproduktionssatzes für alle Stichprobenumfänge n_1 bzw. n_2:

$$\Delta \bar{X} \sim NV\left(\mu_1 - \mu_2, \sqrt{\frac{\sigma_1^2}{n_1} + \frac{\sigma_2^2}{n_2}}\right).$$

Analoge Überlegungen wie in Abschnitt 3.5 führen zum Konfidenzintervall

$$\left[\Delta \bar{X} - t_\alpha \sqrt{\frac{\sigma_1^2}{n_1} + \frac{\sigma_2^2}{n_2}}, \Delta \bar{X} + t_\alpha \sqrt{\frac{\sigma_1^2}{n_1} + \frac{\sigma_2^2}{n_2}}\right]$$

bei vorgegebenem Konfidenzniveau $1 - \alpha = \Phi(t_\alpha)$. Liegen zwei konkrete, unabhängig voneinander gezogene einfache Stichproben vor, so erhält man durch Einsetzen der Realisation $\bar{x}_1 - \bar{x}_2$ von $\Delta \bar{X}$ und t_α aus der $\Phi(t)$-Tabelle der Standardnormalverteilung (nach Vorgabe von α) eine Intervallschätzung für $\mu_1 - \mu_2$.

Gilt $\sigma_1^2 = \sigma_2^2 = \sigma^2$ (Varianzhomogenität), so vereinfacht sich die Formel für die Bestimmung der Grenzen des Konfidenzintervalls zu

$$\Delta \bar{X} \pm t_\alpha \sigma \sqrt{\frac{n_1 + n_2}{n_1 n_2}}$$

b2) Ist X in beiden Grundgesamtheiten normalverteilt mit unbekannten Grundgesamtheitsvarianzen, gilt aber $\sigma_1^2 = \sigma_2^2 = \sigma^2$ (Varianzhomogenität), so erhält man mit der „gepoolten" Stichprobenvarianz

$$S_{n_1,n_2}^2 = \frac{(n_1 - 1)S_{n_1-1}^2 + (n_2 - 1)S_{n_2-1}^2}{n_1 + n_2 - 2} = \frac{n_1 S_1^2 + n_2 S_2^2}{n_1 + n_2 - 2}$$

als Schätzfunktion für σ^2 das Konfidenzintervall

$$\left[\Delta \bar{X} - t_\alpha^{SV} S_{n_1,n_2}\sqrt{\frac{n_1+n_2}{n_1 n_2}},\ \Delta \bar{X} + t_\alpha^{SV} S_{n_1,n_2}\sqrt{\frac{n_1+n_2}{n_1 n_2}}\right],$$

wobei $S_{n_1,n_2} = \sqrt{S_{n_1,n_2}^2}$ und t_α^{SV} aus der Tabelle der Student-Verteilung mit $\nu = n_1 + n_2 - 2$ Freiheitsgraden zu entnehmen ist. Für $\nu > 30$ ist die Approximation der Student-Verteilung durch die Standardnormalverteilung möglich.

b3) Ist X normalverteilt in beiden Grundgesamtheiten mit unbekannten Grundgesamtheitsvarianzen und liegt keine Varianzhomogenität vor, so ist das Konfidenzintervall

$$\left[\Delta \bar{X} - t_\alpha^{SV}\sqrt{\frac{S_{n_1-1}^2}{n_1} + \frac{S_{n_2-1}^2}{n_2}},\ \Delta \bar{X} + t_\alpha^{SV}\sqrt{\frac{S_{n_1-1}^2}{n_1} + \frac{S_{n_2-1}^2}{n_2}}\right]$$

zu verwenden, wobei der t_α^{SV}-Wert aus der Tabelle der Student-Verteilung mit

$$\nu = \frac{(s_{n_1-1}^2/n_1 + s_{n_2-1}^2/n_2)^2}{(s_{n_1-1}^2/n_1)^2/(n_1-1) + (s_{n_2-1}^2/n_2)^2/(n_2-1)}$$

als Freiheitsgrad zu entnehmen ist. Auch hier ist die Approximation der Student-Verteilung durch die Normalverteilung für $\nu > 30$ möglich.

b4) Ist X in mindestens einer Grundgesamtheit nicht normalverteilt, sind σ_1^2 und σ_2^2 jedoch weiterhin bekannt, so gilt aufgrund des Zentralen Grenzwertsatzes

$$\Delta \bar{X} \rightsquigarrow NV\left(\mu_1 - \mu_2,\ \sqrt{\frac{\sigma_1^2}{n_1} + \frac{\sigma_2^2}{n_2}}\right).$$

Für genügend große Stichprobenumfänge (Faustregel: $n_1 \geq 30$ und $n_2 \geq 30$) liefern die in b1) angegebenen Formeln dann approximative Konfidenzintervalle bzw. Intervallschätzungen für $\mu_1 - \mu_2$.

b5) Im Falle einer beliebigen Verteilung von X in den Grundgesamtheiten, unbekannter Grundgesamtheitsvarianzen und zweier unabhängig voneinander gezogener Stichproben mit genügend großen Stichprobenumfängen ($n_1 \geq 30$ und $n_2 \geq 30$) lassen sich die Grundgesamtheitsvarianzen durch die entsprechenden Stichprobenvarianzen schätzen. Man erhält ein approximativ gültiges Konfidenzintervall mit den Grenzen

$$\Delta \bar{X} \pm t_\alpha \sqrt{\frac{S_{n_1-1}^2}{n_1} + \frac{S_{n_2-1}^2}{n_2}}$$

bzw.
$$\Delta \bar{X} \pm t_\alpha \sqrt{\frac{S_1^2}{n_1 - 1} + \frac{S_2^2}{n_2 - 1}}.$$

Wird zusätzlich Varianzhomogenität in der Grundgesamtheit unterstellt, so wird die gepoolte Stichprobenvarianz S_{n_1,n_2}^2 aus b2) als Schätzer sowohl für σ_1^2 als auch für σ_2^2 eingesetzt.

4.1.2 Anteilswertdifferenzen

Zum Vergleich zweier Grundgesamtheitsanteilswerte π_1, π_2 eines dichotomen Merkmales X in zwei Grundgesamtheiten soll die Differenz $\pi_1 - \pi_2$ geschätzt werden. Dazu ziehen wir unabhängig voneinander je eine einfache Stichprobe vom Umfang n_1 bzw. n_2 aus beiden Grundgesamtheiten.

a) Seien $X_{i1}, \ldots, X_{in_i}$ die Stichprobenvariablen der Stichproben $i = 1, 2$ und $X_i = \sum_{j=1}^{n_i} X_{ij}$. Dann gilt für $P_i = X_i/n_i$:
$$E(P_i) = \pi_i, \quad V(P_i) = n_i \pi_i (1 - \pi_i).$$

Für die Differenz $\Delta P = P_1 - P_2$ erhält man:
$$E(\Delta P) = \pi_1 - \pi_2, \quad V(\Delta P) = \frac{\pi_1(1 - \pi_1)}{n_1} + \frac{\pi_2(1 - \pi_2)}{n_2}.$$

ΔP ist also erwartungstreue und konsistente Schätzfunktion für die Differenz $\pi_1 - \pi_2$.

b) Ist $n_1 \pi_1(1 - \pi_1) \geq 9$ und $n_2 \pi_2(1 - \pi_2) \geq 9$, so gilt
$$\Delta P \rightsquigarrow NV\left(\pi_1 - \pi_2, \sqrt{\frac{\pi_1(1-\pi_1)}{n_1} + \frac{\pi_2(1-\pi_2)}{n_2}}\right)$$

und man erhält das (approximative) Konfidenzintervall für die Differenz der Anteilswerte mit den Grenzen
$$\Delta P \pm t_\alpha \sqrt{\frac{\pi_1(1-\pi_1)}{n_1} + \frac{\pi_2(1-\pi_2)}{n_2}}.$$

Da π_1 und π_2 unbekannt sind, muß man diese in der Formel für die Standardabweichung der Differenz der Anteilswerte durch die entsprechenden Anteilswerte der jeweiligen Stichprobe schätzen (man verwendet diese auch zur Überprüfung der Voraussetzung der Approximation, also ob $n_1 p_1(1 - p_1) \geq 9$ und $n_2 p_2(1 - p_2) \geq 9$) und erhält so als Grenzen des Schätzintervalls
$$p_1 - p_2 \pm t_\alpha \sqrt{\frac{p_1(1-p_1)}{n_1} + \frac{p_2(1-p_2)}{n_2}}$$

mit t_α aus der $\Phi(t)$-Tabelle der Standardnormalverteilung.

Aufgabe 4.1/1
Sei $1-\alpha$ ein gegebenes Konfidenzniveau für eine Mittelwertsdifferenzenschätzung. Bestimmen Sie den Wahrheitswert der folgenden Aussagen:

a) Je größer die Stichprobenumfänge, desto größer wird das Konfidenzintervall für gegebenes $1-\alpha$.
b) Je größer die Varianzen der Stichproben sind, desto größer wird das Schätzintervall (falls die Grundgesamtheitsvarianzen unbekannt sind).
c) Je größer das gegebene Konfidenzniveau $1-\alpha$, desto größer wird das Schätzintervall.

Aufgabe 4.1/2
In einer 100 Personen umfassenden Stichprobe beträgt die mittlere Körpergröße 173 cm. Die mittlere Körpergröße der erfaßten 30 männlichen Personen beläuft sich auf 180 cm.

a) Geben Sie eine Intervallschätzung (Aussagesicherheit 0.95) für die Differenz der mittleren Körpergröße männlicher bzw. weiblicher Personen, wenn die Standardabweichung der Körpergröße bei männlichen Personen $\sqrt{90}$ cm und bei weiblichen Personen $\sqrt{70}$ cm beträgt.
b) Beantworten Sie Teil a) für den Fall, daß die Varianzen der Grundgesamtheit unbekannt sind und lediglich die Varianz der Körpergröße für alle Personen in der Stichprobe mit 95.4 und die für männliche Personen in der Stichprobe mit 87 bekannt ist.

Aufgabe 4.1/3
Eine Automobilzeitschrift läßt in einem Reifenvergleichstest zwei Neuentwicklungen auf ihre Lebensdauer testen: Für die 100 dem Test unterzogenen Reifen des Fabrikats A ergibt sich eine durchschnittliche Lebensdauer von 60000 km bei $\sqrt{9900}$ km Standardabweichung; die 100 getesteten Reifen des Typs B laufen im Durchschnitt 58000 km bei einer Standardabweichung von $\sqrt{6831}$ km.

a) Bestimmen Sie ein 95%-Konfidenzintervall für die Differenz der arithmetischen Mittel der Grundgesamtheiten.
b) Welche Auswirkungen hat die Annahme unbekannter, aber homogener Grundgesamtheitsvarianzen auf das Schätzverfahren und die Größe des Konfidenzintervalls?
c) Die Tester unterziehen die Reifen einem Hochgeschwindigkeits-Belastungstest. Von jeweils 50 zufällig ausgewählten Reifen platzen 20 von Fabrikat A, 15 von Fabrikat B. Schätzen Sie (auf 90%-Niveau) die Differenz der Grundgesamtheits-Anteilswerte.

Aufgabe 4.1/4
Bei der letzten Statistikklausur bestanden von 100 teilnehmenden Wirtschaftsingenieur-Studenten 80 die Klausur; 280 der 400 teilnehmenden BWL-Studenten erreichten ebenfalls die zum Bestehen der Klausur notwendige Punktzahl. Was läßt sich (bei einer Irrtumswahrscheinlichkeit von 0.05) über die Differenz der Grundgesamtheitsanteile sagen?

Aufgabe 4.1/5
Zwei unabhängig voneinander gezogene Stichproben mit Zurücklegen vom Umfang $n_1 = 101$ und $n_2 = 201$ ergaben $\bar{x}_1=1000$, $\bar{x}_2= 900$ sowie $s_1^2=200$ und $s_2^2=400$. Welchen Wert für α müssen Sie wählen, damit das Schätzintervall für $\mu_1 - \mu_2$ die Länge 8 hat?

Aufgabe 4.1/6
100 Wasserproben am Unterlauf des Rheins ergaben 1990 einen durchschnittlichen Phosphatwert von 2 mg P_2O_5/l. Eine entsprechende Untersuchung 1988 ergab 2.1 mg P_2O_5/l.

a) Was läßt sich aufgrund der Stichprobe über den Betrag der Differenz der durchschnittlichen Phosphatwerte aussagen? ($\sigma_1 = \sigma_2 = 2; \alpha = 0.05$)

b) Verändert sich die Antwort zu a), wenn die Grundgesamtheitsvarianz unbekannt ist und die Stichprobenvarianzen $s_{n_1-1}^2 = s_{n_2-1}^2 = 2$ betragen?

c) Läßt sich ein Konfidenzintervall für die Differenz der Mittelwerte auch dann noch konstruieren, wenn nur jeweils 16 Wasserproben entnommen wurden?

Aufgabe 4.1/7
Eine Umfrage unter 100 Frauen im Alter von 15 Jahren und darüber in der BR Deutschland ergab, daß 45% der Frauen Mütter von noch in der Familie lebenden ledigen Kindern sind. Von den Frauen mit den ledigen Kindern in der Familie waren 40% erwerbstätig. Bei den Frauen ohne ledige Kinder in der Familie betrug diese Quote 35%.

a) Geben Sie eine Punktschätzung für den Anteil der erwerbstätigen Frauen mit ledigen Kindern in der Familie an der Gesamtzahl der Frauen im Alter von mindestens 15 Jahren in der BR Deutschland.

b) Geben Sie eine Intervallschätzung für die Differenz der Erwerbstätigenquote von Frauen mit ledigen Kindern in der Familie bzw. Frauen ohne ledige Kinder in der Familie ($\alpha=0.05$).

Ergänzungen und Bemerkungen

- Sind die Stichproben nicht unabhängig voneinander gezogen, liegt also eine verbundene einfache Stichprobe vor, so erhält man eine Intervallschätzung für die Differenz zweier arithmetischer Mittel, indem man zu den Differenzen $d_i = x_i - y_i$ der n Beobachtungswerte (x_i, y_i) übergeht und dann die Methoden aus dem Einstichprobenfall anwendet.

- Oft ist bei Intervallschätzungen für Differenzen nur die Fragestellung relevant, ob der unbekannte Mittelwert der ersten Grundgesamtheit größer, gleich oder kleiner als der der zweiten aufgrund zweier vorliegender Stichproben angenommen werden muß. Eine Antwort auf diese Frage erhält man dadurch, daß man das konstruierte Schätzintervall lediglich daraufhin untersucht, ob es ganz im positiven Bereich liegt ($\mu_1 > \mu_2$), ob es die 0 enthält ($\mu_1 = \mu_2$) oder ob es ganz im negativen Bereich liegt ($\mu_1 < \mu_2$).

- Liegt bei den betrachteten Stichproben Z.o.Z. vor, so ist der Korrekturfaktor $(N - n)/(N - 1)$ bei der Varianzformel zu berücksichtigen.

- Der Fall unbekannter und ungleicher Varianzen wird in der Literatur als *Behrens-Fisher-Problem* bezeichnet. Für eine ausführliche Diskussion dieses Problems vgl. Pfanzagl (1978), Abschnitt 9.8, und die dort angegebene Literatur.

4.2 Differenzentests für Mittel- bzw. Anteilswerte

4.2.1 Mittelwertdifferenzen

Zur Überprüfung einer Hypothese über die Differenz der Grundgesamtheitsmittelwerte $\mu_1 - \mu_2$ eines kardinalskalierten Merkmales X in zwei Grundgesamtheiten ziehen wir unabhängig voneinander aus beiden Grundgesamtheiten je eine einfache Stichprobe vom Umfang n_1 bzw. n_2. σ_1^2 bzw. σ_2^2 seien die jeweiligen Grundgesamtheitsvarianzen. Die Durchführung der Tests folgt dem bereits vom Einstichprobenfall her bekannten Schema:

- Festlegung des Hypothesenpaares
  i) $H_0 : \mu_1 - \mu_2 = (\mu_1 - \mu_2)_0, \quad H_1 : \mu_1 - \mu_2 \neq (\mu_1 - \mu_2)_0$
  ii) $H_0 : \mu_1 - \mu_2 \leq (\mu_1 - \mu_2)_0, \quad H_1 : \mu_1 - \mu_2 > (\mu_1 - \mu_2)_0$
  iii) $H_0 : \mu_1 - \mu_2 \geq (\mu_1 - \mu_2)_0, \quad H_1 : \mu_1 - \mu_2 < (\mu_1 - \mu_2)_0$.

- Festlegung des Signifikanzniveaus α.

- Wahl einer geeigneten Prüfgröße D (Teststatistik, Testfunktion) und Bestimmung ihrer Realisation.

- Vergleich der realisierten Prüfgröße mit den Grenzen des kritischen Bereiches (Verwerfungsbereiches) aus der Testverteilung der Testfunktion:
  i) $(-\infty, -d_{k,\alpha}) \cup (d_{k,\alpha}, +\infty)$
  ii) $(d_{k,2\alpha}, +\infty)$
  iii) $(-\infty, -d_{k,2\alpha})$.

- Testentscheidung (Beibehaltung oder Verwerfung von H_0)

Aus den Überlegungen zu 4.1.1 ergeben sich die folgenden Fallunterscheidungen:

a) X normalverteilt in beiden Grundgesamtheiten und σ_1^2, σ_2^2 bekannt (Zweistichproben-Gaußtest):

$$D = \frac{(\bar{X}_1 - \bar{X}_2) - (\mu_1 - \mu_2)_0}{\sqrt{\frac{\sigma_1^2}{n_1} + \frac{\sigma_2^2}{n_2}}} \sim NV(0,1)$$

b) X normalverteilt in beiden Grundgesamtheiten, Grundgesamtheitsvarianzen unbekannt, Varianzhomogenität:

$$D = \frac{(\bar{X}_1 - \bar{X}_2) - (\mu_1 - \mu_2)_0}{S_{n_1,n_2}\sqrt{\frac{n_1+n_2}{n_1 n_2}}} \sim SV(n_1 + n_2 - 2)$$

(Für $n_1 + n_2 - 2 \geq 30$ ist die Approximation der Student-Verteilung durch die Standardnormalverteilung möglich.)

c) X normalverteilt in beiden Grundgesamtheiten, Grundgesamtheitsvarianzen unbekannt, keine Varianzhomogenität:

$$D = \frac{(\bar{X}_1 - \bar{X}_2) - (\mu_1 - \mu_2)_0}{\sqrt{\frac{S_{n_1-1}^2}{n_1} - \frac{S_{n_2-1}^2}{n_2}}} \sim SV(\nu)$$

Dabei ist ν entsprechend der Formel in 4.1.1 b3) zu bestimmen. Für $\nu \geq 30$ ist die Approximation durch die Standardnormalverteilung möglich.

d) X in mindestens einer Grundgesamtheit nicht normalverteilt, σ_1^2, σ_2^2 bekannt (approximativer Zweistichproben-Gaußtest):

$$D = \frac{(\bar{X}_1 - \bar{X}_2) - (\mu_1 - \mu_2)_0}{\sqrt{\frac{\sigma_1^2}{n_1} + \frac{\sigma_2^2}{n_2}}} \leadsto NV(0,1)$$

(Faustregel: $n_1 \geq 30$ und $n_2 \geq 30$)

e) X beliebig verteilt, σ_1^2, σ_2^2 unbekannt:

$$D = \frac{(\bar{X}_1 - \bar{X}_2) - (\mu_1 - \mu_2)_0}{\sqrt{\frac{S_{n_1-1}^2}{n_1} - \frac{S_{n_2-1}^2}{n_2}}} \rightsquigarrow NV(0,1)$$

(Faustregel: $n_1 \geq 30$ und $n_2 \geq 30$)
Gilt zusätzlich Varianzhomogenität in diesem Fall, so werden $S_{n_i-1}^2$ durch die gepoolte Stichprobenvarianz $S_{n_1 n_2}^2$ ersetzt.

4.2.2 Anteilswertdifferenzen

Zur Überprüfung einer Hypothese über die Differenz der Grundgesamtheitsanteilswerte $\pi_1 - \pi_2$ eines dichotomen Merkmals in zwei Grundgesamtheiten ziehen wir unabhängig voneinander je eine einfache Stichprobe vom Umfang n_1 bzw. n_2 aus den beiden Grundgesamtheiten. Die Hypothesenpaare sind von der Form:

i) $H_0 : \pi_1 - \pi_2 = (\pi_1 - \pi_2)_0, \quad H_1 : \pi_1 - \pi_2 \neq (\pi_1 - \pi_2)_0$
ii) $H_0 : \pi_1 - \pi_2 \leq (\pi_1 - \pi_2)_0, \quad H_1 : \pi_1 - \pi_2 > (\pi_1 - \pi_2)_0$
iii) $H_0 : \pi_1 - \pi_2 \geq (\pi_1 - \pi_2)_0, \quad H_1 : \pi_1 - \pi_2 < (\pi_1 - \pi_2)_0.$

Von den Stichproben aus setzen wir voraus, daß sie genügend große Stichprobenumfänge aufweisen ($n_1\pi_1(1-\pi_1) \geq 9$ bzw. $n_1 p_1 (1-p_1) \geq 9$ und $n_2\pi_2(1-\pi_2) \geq 9$ bzw. $n_2 p_2 (1-p_2) \geq 9$). Dann gilt:

$$D = \frac{(P_1 - P_2) - (\pi_1 - \pi_2)_0}{\sqrt{(\pi_1(1-\pi_1))/n_1 + (\pi_2(1-\pi_2))/n_2}} \rightsquigarrow NV(0,1)$$

Bei gleichen Anteilswerten, also bei $(\pi_1 - \pi_2)_0 = 0$, schätzt man den Anteilswert in der Varianzformel durch Verwendung des Schätzers

$$P_{12} = \frac{n_1 P_1 + n_2 P_2}{n_1 + n_2}$$

bzw. dessen Realisation

$$\hat{\pi} = \frac{n_1 p_1 + n_2 p_2}{n_1 + n_2}$$

statt π_i und erhält schließlich als approximativ normalverteilte Prüfgröße:

$$D = \frac{P_1 - P_2}{\sqrt{P_{12}(1-P_{12})((n_1+n_2)/(n_1 n_2))}}.$$

Liegt keine Varianzhomogenität vor, schätzt man π_1 durch p_1 und π_2 durch p_2.

Aufgabe 4.2/1
Übertragen Sie die Begriffe Gütefunktion, α-Fehler und β-Fehler aus dem Einstichprobenfall auf die Zweistichproben-Tests.

Aufgabe 4.2/2
Für die Übernahmeprüfung von Kilorollen Kupferdraht wird folgende Regelung getroffen: Aus der jeweils gelieferten sehr umfangreichen Partie wird eine Zufallsstichprobe mit $n = 64$ gezogen und deren Durchschnittsgewicht festgestellt.
Können 2 gelieferte Partien dasselbe Durchschnittsgewicht haben, wenn bei der ersten ein Durchschnittsgewicht der Stichprobe mit 998 g bei einer Standardabweichung von 4 g und bei der zweiten ein solches von 1000 g bei einer Standardabweichung von 3 g ermittelt wurde?

a) Begründen Sie ein geeignetes Entscheidungsmodell, formulieren Sie die Hypothesen und führen Sie den Test durch ($\alpha = 0.0455$).
b) Treffen Sie bei $\alpha=0.0455$ eine Aussage über den Unterschied der Durchschnittsgewichte beider Partien.
c) Welche Verteilung kann für den Fall angewendet werden, daß die Stichproben klein, die Grundgesamtheiten normalverteilt und die Varianzen bekannt sind?

Aufgabe 4.2/3
Je 50 Studenten von 2 verschiedenen Hochschulen nahmen an derselben Statistik-Klausur teil und erzielten durchschnittliche Punktzahlen von 63 (Hochschule A) bzw. 72 (Hochschule B). Die Standardabweichung s der Klausurpunkte betrage 10 in beiden Fällen.

a) Spricht dies signifikant ($\alpha=0.005$) dafür, daß die Studenten der Hochschule B in Statistik besser sind als die der Hochschule A?
b) Schätzen Sie den durchschnittlichen Punkteunterschied zwischen Studenten der Hochschule B und Studenten der Hochschule A bei einem Konfidenzniveau von 0.9545.

Aufgabe 4.2/4
Die Körpergrößen männlicher Einwohner der Länder A und B seien normalverteilt mit den Varianzen $\sigma_A^2 = 5\,\text{cm}^2$ bzw. $\sigma_B^2 = 6\,\text{cm}^2$.
Mit Hilfe zweier Stichproben vom Umfang $n_A = 50$ bzw. $n_B = 40$ ist zu testen, ob herkunftsspezifische Größenunterschiede zwischen den männlichen Einwohnern beider Länder bestehen.

a) Nennen Sie die Testhypothesen eines geeigneten Signifikanztests und bestimmen Sie den Nichtablehnungsbereich für das 5%-Signifikanzniveau.

b) Berechnen Sie die Wahrscheinlichkeit für den Fehler 2. Art, wenn die männlichen Einwohner von Land A durchschnittlich um 2 cm größer sind als die von Land B.

Ergänzungen und Bemerkungen

- Sind die Stichproben nicht unabhängig voneinander gezogen, liegen also zwei verbundene einfache Stichproben vor, so erhält man Testmodelle, indem man die Verfahren der Einstichprobentests auf die Differenzen $d_i = x_i - y_i$ ($i = 1, \ldots, n$) der n Beobachtungswerte (x_i, y_i) anwendet.

- Zum Vergleich zweier Anteilswerte bei kleinen Stichprobenumfängen, bei denen eine Approximation der Binomialverteilung durch die Normalverteilung nicht erlaubt ist, vgl. Pfanzagl (1978) S.122 ff.. Diese Tests gehen auf R. A. Fisher zurück.

4.3 Vergleich von Varianzen

Normalverteilte Grundgesamtheiten können sich lediglich durch unterschiedliche Mittelwerte und/oder unterschiedliche Varianzen unterscheiden. Nachdem in Abschnitt 4.2.1 ein Test zum Vergleich von Mittelwerten vorgestellt wurde, soll nun ein Test zum Vergleich zweier Varianzen dargestellt werden.

Dazu zieht man unabhängig voneinander zwei einfache Stichproben vom Umfang n_1 bzw. n_2 aus zwei normalverteilten Grundgesamtheiten. Zur Überprüfung der Hypothesen

i) $H_0 : \sigma_1^2 = \sigma_2^2$, $H_1 : \sigma_1^2 \neq \sigma_2^2$
ii) $H_0 : \sigma_1^2 \leq \sigma_2^2$, $H_1 : \sigma_1^2 > \sigma_2^2$
iii) $H_0 : \sigma_1^2 \geq \sigma_2^2$, $H_1 : \sigma_1^2 < \sigma_2^2$.

bestimmt man die Stichprobenvarianzen $S_{n_1-1}^2$ und $S_{n_2-1}^2$. Dann genügt die Prüfgröße

$$(S_{n_1-1}^2/\sigma_1^2)/(S_{n_2-1}^2/\sigma_2^2)$$

einer F-Verteilung mit $n_1 - 1$ und $n_2 - 1$ Freiheitsgraden (vgl. Abschnitt 2.12), d.h.

$$S_{n_1-1}^2/S_{n_2-1}^2 \sim FV(n_1 - 1, n_2 - 1),$$

falls H_0 gilt.

Der Nicht-Ablehnungsbereich von H_0 ergibt sich für die einzelnen Hypothesenpaare wie folgt:

i) $[1/x_{1-\alpha/2,n_2-1,n_1-1} \, , \, x_{1-\alpha/2,n_1-1,n_2-1}]$
ii $[0 \, , \, x_{1-\alpha,n_1-1,n_2-1}]$
iii) $[1/x_{1-\alpha,n_2-1,n_1-1} \, , \, \infty)$,

wobei $x_{1-\varepsilon,\nu_1,\nu_2}$ für $\varepsilon = \alpha$ bzw. $\varepsilon = \alpha/2$ das entsprechende Perzentil der F-Verteilung mit ν_1 und ν_2 Freiheitsgraden bezeichnet.

Als Intervallschätzung für den Quotienten der Varianzen ergibt sich durch Umformung:

$$\frac{1}{x_{1-\alpha/2,n_2-1,n_1-1}}\frac{s_1^2}{s_2^2} \leq \frac{\sigma_1^2}{\sigma_2^2} \leq x_{1-\alpha/2,n_1-1,n_2-1}\frac{s_1^2}{s_2^2}.$$

Aufgabe 4.3/1
Bestimmen Sie die kritischen Grenzen für die Prüfgröße $S_{n_1-1}^2/S_{n_2-1}^2$ des Tests

$$H_0 : \sigma_1^2 = \sigma_2^2 \text{ gegen } H_1 : \sigma_1^2 \neq \sigma_2^2$$

falls $\alpha = 0.1$ eingehalten werden soll und falls gilt:

a) $n_1 = n_2 = 9$,
b) $n_1 = 101, n_2 = 51$.

Aufgabe 4.3/2
Bei einem Test auf Varianzhomogenität zweier Zufallsvariabler werden Stichproben der ersten Variablen vom Umfang $n_1=8$ und der zweiten Variablen vom Umfang $n_2=7$ gezogen.

a) Welche Voraussetzungen an die Zufallsvariablen sind für die Durchführung des Tests notwendig?
b) Geben Sie die Testhypothesen explizit an.
c) Ist dies ein zwei-, links- oder rechtsseitiger Test?
d) Fällen Sie die Testentscheidung für den Fall, daß $s_{n_1-1}^2/s_{n_2-1}^2=0.25$ und $\alpha=0.1$.

Ergänzungen und Bemerkungen

- Die Begründung für die Verwendung der F-Verteilung beim Vergleich zweier Varianzen findet man in Abschnitt 2.12. Die Zufallsvariablen $S_{n_i-1}^2/\sigma_i^2$ sind nämlich unabhängig und $\chi^2 V(n_i - 1)$-verteilt (vgl. 3.6), ihr Quotient also F-verteilt.

- Der hier vorgestellte F-Test zum Vergleich von zwei Grundgesamtheitsvarianzen ist nicht sehr robust gegenüber Abweichungen von der Normalverteilungsannahme. Pflanzagl (1978), S.201, bzw. Kreyszig (1979), S.226, stellen einen Test zum Vergleich von Varianzen vor, falls Anhaltspunkte vorliegen, daß die Normalverteilungsannahme verletzt ist.

4.4 Homogenitäts- und Unabhängigkeitstests

4.4.1 Homogenitätstest

In Abschnitt 3.11 haben wir uns mit der Frage beschäftigt, ob eine bestimmte Zufallsvariable in einer Grundgesamtheit eine in der Nullhypothese spezifizierte Verteilung aufweist. Während man bei diesen Anpassungstests jeweils eine Stichprobe betrachtet, stellen wir uns nun die Frage, wie sich zwei oder mehr unabhängige Stichproben vermöge ihrer empirischen Verteilungen daraufhin testen lassen, ob sie aus (bzgl. des beobachteten nominalskalierten Merkmals) identisch verteilten Grundgesamtheiten stammen (*homogene Grundgesamtheiten*). Wir stellen uns z.B. die Frage, ob die Angehörigen verschiedener Konfessionen sich bzgl. ihrer Gottesdienstbesuchshäufigkeit als zur selben Grundgesamtheit zugehörig aufgefaßt werden können (Nullhypothese H_0: Stichproben stammen aus homogenen (gleichen) Grundgesamtheiten). Die beobachteten absoluten Häufigkeiten faßt man in einer Kontingenztabelle zusammen:

	Stichproben			
	Nr. 1 evangelisch	Nr. 2 katholisch	$\cdots$ Nr. s andere Rel.Gem.	$\sum_j n_{ij}$
A_1 'immer'	n_{11}	n_{12}	$\cdots$ n_{1s}	$n_{1.}$
A_2 'häufig'	n_{21}	n_{22}	$\cdots$ n_{2s}	$n_{2.}$
$\vdots$	$\vdots$	$\vdots$	$\vdots$ $\ddots$ $\vdots$	$\vdots$
A_r 'nie'	n_{r1}	n_{r2}	$\cdots$ n_{rs}	$n_{r.}$
$\sum_i n_{ij}$	$n_{.1}$	$n_{.2}$	$\cdots$ $n_{.s}$	n

Dabei steht Y für das Merkmal „Häufigkeit der Gottesdienstbesuche" und hat r ($i = 1,\ldots,r$) Ausprägungen. Für jede Merkmalsausprägung x_j ($j = 1,\ldots,s$) des Merkmals $X=$„Konfession" wird eine einfache Stichprobe gezogen, so daß s Stichproben vorliegen. n_{ij} bezeichnet dann die Anzahl der Beobachtungen mit der Merkmalsausprägung A_i in der Stichprobe j (die der Merkmalsausprägung x_j entspricht). Um zu einer Testentscheidung zu gelangen, sind zunächst die Werte $\tilde{n}_{ij}$ zu ermitteln, die unter Gültigkeit der Nullhypothese für die Stichproben als Stichprobenwerte auftreten würden. Man macht sich leicht klar, daß unter Gültigkeit von H_0 für die Stichproben die absoluten Häufigkeiten $n_{i.}$ im Verhältnis $n_{.1} : n_{.2} : \ldots : n_{.s}$ auf die einzelnen Stichproben aufgeteilt sein müssen. Wählt man als Maß für die Abweichung der beobachteten von den errechneten Werten die quadratische Kontingenz (vgl. 1.4.1)

$$\chi^2 = \sum_{i=1}^{r} \sum_{j=1}^{s} \frac{(n_{ij} - \tilde{n}_{ij})^2}{\tilde{n}_{ij}},$$

so gilt: Falls $\tilde{n}_{ij} \geq 5$ für alle i,j gilt, so ist die entsprechende Testgröße approximativ χ^2-verteilt mit $(r-1)(s-1)$ Freiheitsgraden.

4.4.2 Unabhängigkeitstest

Interpretiert man in der Kontingenztabelle in 4.4.1 die Spalten $j = 1,\ldots,s$ ebenfalls als Merkmalsausprägungen eines nominalskalierten Merkmals, so kann man danach fragen, ob die den Merkmalen „Häufigkeit der Gottesdienstbesuche" (Y) und „Konfession" (X) zugeordneten Zufallsvariablen voneinander *unabhängig* sind. Wir unterstellen dabei, daß die Merkmalsträger zu einer zweidimensionalen Grundgesamtheit gehören (d.h. eine zweidimensionale einfache Stichprobe liegt vor). Man kann das auch so formulieren, daß wir in zwei verbundenen einfachen Stichproben vom Umfang n zwei Merkmale X und Y mit den Ausprägungen x_i $(i = 1,\ldots,s)$ und y_j $(j = 1,\ldots,r)$ erheben und einen Test suchen für die Nullhypothese $H_0 : X$ und Y sind unabhängig. Unter Gültigkeit von H_0 für die Stichproben ermitteln sich die errechneten Werte $\tilde{n}_{ij} = n_{i.} n_{.j}/n$. Als Abweichungsmaß dient wiederum die quadratische Kontingenz

$$\chi^2 = \sum_{i=1}^{r} \sum_{j=1}^{s} \frac{(n_{ij} - \tilde{n}_{ij})^2}{\tilde{n}_{ij}}.$$

Die entsprechende Prüfgröße ist approximativ χ^2-verteilt mit $(r-1)(s-1)$ Freiheitsgraden. Dabei sollte allerdings $\tilde{n}_{ij} \geq 5$ für alle $i = 1,\ldots,r$ und $j = 1,\ldots,s$ gelten. Im Falle der Nichtablehnung von H_0 bedeutet dies im oben angeführten Beispiel, daß die Hypothese „Konfession und Häufigkeit von Gottesdienstbesuchen sind unabhängige Merkmale" beibehalten wird und damit homogene Grundgesamtheiten unterstellt werden dürfen.

Aufgabe 4.4/1

a) Erläutern Sie Zusammenhänge und Unterschiede zwischen

- χ^2-Anpassungstest
- χ^2-Homogenitätstest und
- χ^2-Unabhängigkeitstest.

b) Welches Skalenniveau setzen die verschiedenen χ^2-Tests voraus?

c) Welche Werte kann die für die verschiedenen χ^2-Tests herangezogene Prüfgröße annehmen? Wann spricht man jeweils von einer signifikanten Abweichung von der Nullhypothese? Welchen Einfluß haben die Vergrößerung des Stichprobenumfangs sowie die Erhöhung der möglichen Merkmalsausprägungen (also der Zahlen s und r) auf die Testentscheidung?

Aufgabe 4.4/2

Bei einer Umfrage antworteten von je 955 zufällig ausgewählten Deutschen bzw. Italienern auf die Frage „Verfolgen Sie das politische Geschehen?"

	regelmäßig	ab und zu	nie	weiß nicht
D	325	363	239	28
I	105	248	592	10

(Nach Greifenhagen, M. und S.: Ein schwieriges Vaterland. München (1979) S. 337)
Sind aufgrund dieser Umfrageergebnisse „Nationalität" und „Interesse am politischen Geschehen" für $\alpha=0.05$ als unabhängige Merkmale anzusehen?

Aufgabe 4.4/3
Bei einer Umfrage erklären 300 von 500 befragten Personen, daß sie ihre Stimmabgabe bei der nächsten Wahl auch von den Aussagen der Parteien zur fortschreitenden Umweltzerstörung abhängig machen wollen. Von den 500 befragten Personen wohnen 300 in industriellen Ballungsgebieten. Von den anderen befragten Personen, die in ländlichen Gegenden wohnen, bejahten 100 Personen die Frage nach der Bedeutung der Aussagen zur Umweltzerstörung für ihr Wahlverhalten.

a) Erstellen Sie die Kontingenztabelle (nach Definition entsprechender Zufallsvariabler X und Y).
b) Testen Sie, ob X und Y unabhängig sind ($\alpha = 0.05$).
c) Welche Schlüsse lassen sich aus dem Testergebnis von b) ziehen?

Ergänzungen und Bemerkungen

- Im Falle kardinalskalierter Merkmale kann prinzipiell der χ^2-Unabhängigkeitstest nach Gruppierung der Merkmalsausprägungen angewandt werden. Allerdings gehen dabei Informationen über die Merkmalsausprägungen verloren. Anstelle eines χ^2-Tests ist deshalb die Verwendung von Konfidenzintervallen für Differenzen von arithmetischen Mitteln für kardinalskalierte Merkmale vorzuziehen (vgl. hierzu Wonnacott/Wonnacott (1977), Kapitel 7.2). Zur Problematik der Konstruktion simultaner Konfidenzintervalle sei auf Pruscha (1989), Kapitel III.5, verwiesen.

- Das Problem „statistische Signifikanz" — „praktische Relevanz" stellt sich beim χ^2-Test besonders: Für große Stichproben erhält man als Testentscheidung fast immer die Verwerfung von H_0.

4.5 Grundlagen der Varianzanalyse

Nachdem wir in Abschnitt 3.8.1 einen Test für den arithmetischen Mittelwert einer Grundgesamtheit und in Abschnitt 4.2.1 Tests für die Differenz zweier arithmetischer Mittelwerte aufgrund der Ergebnisse zweier Stichproben kennengelernt haben, wollen wir uns in diesem Abschnitt mit dem Vergleich von r ($r > 2$) Grundgesamtheitsmittelwerten aufgrund von r vorliegenden Stichproben beschäftigen.

Wir gehen dabei von folgenden Voraussetzungen aus:

- Wir ziehen unabhängig voneinander jeweils eine einfache Stichprobe aus r ($r > 2$) Grundgesamtheiten. Dazu bezeichnen wir die entsprechenden Stichprobenumfänge mit $n_1, \ldots, n_r$.
- Wir interessieren uns jeweils für ein kardinalskaliertes Merkmal X, von dem wir voraussetzen, daß es in allen r Grundgesamtheiten annähernd normalverteilt ist mit der gleichen Varianz σ^2 (Normalverteilungsannahme und Varianzhomogenität). Die Kenntnis der Grundgesamtheitsvarianz ist nicht erforderlich.

Bezeichnen wir mit μ_i den Grundgesamtheitsmittelwert der i-ten Grundgesamtheit ($i = 1, \ldots, r$), so lauten die zu testenden Hypothesen

$$H_0 : \mu_1 = \mu_2 = \ldots = \mu_r; \quad H_1 : \text{Es gibt } i,j \text{ mit } \mu_i \neq \mu_j.$$

Beispiele für Fragestellungen dieser Art sind die Analyse der Auswirkungen verschiedener Werbemaßnahmen auf den Wochenumsatz X eines Unternehmens (r Werbemaßnahmen werden für jeweils eine Zeitperiode eingesetzt und es wird geprüft, ob die durchschnittlichen Wochenumsätze in den r Perioden signifikant voneinander abweichen) oder die Auswirkungen verschiedener Düngemethoden auf den Ernteertrag.

Zur Testentscheidung wählen wir folgendes Testverfahren, das (aufgrund der herangezogenen Prüfgröße) Varianzanalyse genannt wird.

- Wir zerlegen die Abweichungsquadratsumme

$$q = \sum_{i=1}^{r} \sum_{j=1}^{n_i} (x_{ij} - \bar{x})^2$$

in zwei Komponenten q_1 und q_2:

$$q_1 = \sum_{i=1}^{r} \sum_{j=1}^{n_i} (x_{ij} - \bar{x}_i)^2, \quad q_2 = \sum_{i=1}^{r} n_i (\bar{x}_i - \bar{x})^2.$$

Dabei ist

$$\bar{x}_i = \frac{1}{n_i} \sum_{j=1}^{n_i} x_{ij}, \quad i = 1, \ldots, r$$

das arithmetische Mittel in der Stichprobe Nr. i und

$$\bar{x} = \frac{1}{n} \sum_{i=1}^{r} n_i \bar{x}_i$$

der Gesamtstichprobenmittelwert (wobei $n = \sum_{i=1}^{r} n_i$ gesetzt wurde). Offensichtlich gilt $q = q_1 + q_2$ (Streuungszerlegungssatz). Dabei ist q_1 ein Maß für die Streuung in den Stichproben (interne Streuung) und q_2 ein Maß für die Streuung zwischen den Stichproben (externe Streuung).

- Als Prüfgröße wählt man

$$\left(\frac{q_2}{r-1}\right) \Big/ \left(\frac{q_1}{n-r}\right) = \frac{(n-r)q_2}{(r-1)q_1}.$$

Die entsprechende Stichprobenfunktion ist bei Gültigkeit der Nullhypothese F-verteilt mit r-1 und n-r Freiheitsgraden.

- Die Vorgabe eines Signifikanzniveaus α erlaubt mit Hilfe des entsprechenden Wertes aus der F-Verteilung die Festlegung des Ablehnungsbereiches von H_0.

Aufgabe 4.5/1

a) Wozu dient die Varianzanalyse und worauf deutet ihr Name hin?
b) Diskutieren Sie die in der Varianzanalyse verwendete Prüfgröße. Welche Werte kann diese annehmen? Warum eignet sie sich zur Überprüfung der Hypothese $H_0 : \mu_1 = \mu_2 = \ldots = \mu_r$? Ist die Varianzanalyse ein zweiseitiger, rechts- oder linksseitiger Test?

Aufgabe 4.5/2

Eine Automobilzeitschrift testet je 5 Exemplare von 4 verschiedenen Hochgeschwindigkeitsreifenfabrikaten auf maximale Belastbarkeit. Die folgende Tabelle gibt an, bei welcher Stundengeschwindigkeit der jeweilige Reifen platzte:

	1	2	3	4	5
1	216	228	167	198	203
2	195	187	197	193	217
3	148	169	223	201	163
4	211	158	178	177	169

Haben die verschiedenen Reifentypen auf einem Niveau von 1/20 eine signifikant unterschiedliche Belastbarkeit?

Aufgabe 4.5/3

Die folgende Tabelle gibt die Ergebnisse einer Zufallsstichprobe zur Ermittlung der Quadratmeterpreise (in DM) für Studentenzimmer in vier westfälischen Hochschulstädten wieder:

Ort	Quadratmeterpreis			
A	8	14		
B	13	9		
C	7	14	8	7
D	7	7	16	

a) Besteht ein signifikanter Unterschied in den durchschnittlichen Quadratmeterpreisen zwischen den vier Städten ($\alpha=0.05$)? Formulieren Sie die Hypothesen des Tests exakt und interpretieren Sie Ihr Ergebnis.

b) Welche Voraussetzungen haben Sie bei der Durchführung des Testverfahrens zu a) unterstellt?

Ergänzungen und Bemerkungen

- Betrachten wir das Beispiel „Wochenumsatz eines Unternehmens". Jede Stichprobe sei eindeutig einer Werbemaßnahme zugeordnet. Ordnen wir dem Merkmal „Werbemaßnahme" die Zufallsvariable X mit entsprechenden r Ausprägungen zu, so sehen wir, daß wir die Varianzanalyse auch als eine Methode zur Überprüfung der Abhängigkeit eines kardinalskalierten Merkmals Y von einem nominalskalierten Merkmal X auffassen können (entsprechend dem Zusammenhang zwischen Homogenitätstest und Unabhängigkeitstest im Falle zweier nominalskalierter Merkmale, den wir in Abschnitt 4.4 behandelten).

- Das von uns vorgestellte varianzanalytische Modell wird in der Literatur als *einfache Varianzanalyse* bezeichnet. Im Rahmen der *doppelten Varianzanalyse* lassen sich zwei nominalskalierte Merkmale als „erklärende Variable" für die Variabilität des kardinalskalierten Merkmals Y analysieren (zu Einzelheiten vgl. Ahrens (1968) oder Ritsert/Stracke/Heider (1976)).

- Für den Fall $r=2$ ergibt die einfache Varianzanalyse die gleiche Testentscheidung wie der Differenzentest für arithmetische Mittelwerte.

- Die Varianzanalyse wurde von R. A. Fisher entwickelt.

4.6 Lineare Regression: Schätz- und Testprobleme

Bereits in den Abschnitten 4.4.2 und 4.5 haben wir uns mit Fragen der Abhängigkeit zwischen zwei Zufallsvariablen X und Y, die jeweils einem eindimensionalen Merkmal zugeordnet waren, beschäftigt:

- Beim χ^2-Unabhängigkeitstest wurde nach dem Zusammenhang zwischen zwei nominalskalierten Merkmalen gefragt.

- Bei der einfachen Varianzanalyse wurde die Abhängigkeit eines kardinalskalierten Merkmals von einem nominalskalierten Merkmal untersucht.

Zur Analyse der Abhängigkeit eines kardinalskalierten Merkmals Y von einem weiteren kardinalskalierten Merkmal X (z.B. Abhängigkeit der Ausgaben eines Zweipersonenhaushalts für Freizeit und Urlaub vom verfügbaren Haushaltseinkommen) bieten sich Methoden aus der *Regressionsrechnung* an. Ein entsprechendes Modell, das man als spezielles *lineares ökonometrisches Eingleichungsmodell* (lineares Regressionsmodell) bezeichnet, soll im folgenden schrittweise anhand eines Beispiels entwickelt werden:

- Die Höhe der Ausgaben eines Zweipersonenhaushalts Y für Freizeit und Urlaub hängen nicht deterministisch von der Höhe des verfügbaren Haushaltseinkommens X ab. Für ein bestimmtes verfügbares Einkommen x_i werden im allgemeinen verschiedene y_i-Werte beobachtbar sein, weil neben dem verfügbaren Haushaltseinkommen eine Reihe weiterer Faktoren die Entscheidung der Mitglieder eines Zweipersonenhaushalts über die Höhe der Freizeitausgaben beeinflussen (Wetter, Gesundheit der Familienmitglieder usw.). Ein beobachtetes Wertepaar (x_i, y_i) läßt sich also als Stichprobe vom Umfang 1 aus der Grundgesamtheit „Ausgaben eines Zweipersonenhaushalts für Freizeit und Urlaub, wenn das verfügbare Haushaltseinkommen x_i beträgt" auffassen: Y_i ist also eine Zufallsvariable, die Werte x_i sind feste Größen. Für jeden Wert x_i existieren mehrere mögliche Werte y_i. Wir setzen voraus, daß die bedingten Verteilungen $W(Y_i|x_i)$ die gleiche Varianz σ^2 für alle Werte x_i haben .

- Wir setzen weiter voraus, daß die Zufallsvariable Y_i (endogene Variable) linear vom Wert x_i (exogene Variable) und einer Störvariablen U_i abhängt, die die sonstigen Einflüsse auf die Entscheidung über die Höhe der Freizeitausgaben zusammenfassen soll:

$$Y_i = \beta_0 + \beta_1 x_i + U_i.$$

- Von den Störvariablen U_i wollen wir weiter voraussetzen, daß sie keinen systematischen Einfluß auf Y_i ausüben, sondern eine rein stochastische Größe im Modell darstellen. Wir präzisieren dies durch folgende Bedingung:

$E(U_i) = 0$ für $i = 1, \ldots, n$
$V(U_i) = \sigma^2$ für $i = 1, \ldots, n$ (Bedingung der Homoskedastie)
$\text{Cov}(U_i, U_j) = 0$ für $i, j = 1, \ldots, n$ und $i \neq j$ (keine Autokorrelation).

Liegen nun n Beobachtungswerte (x_i, y_i) $(i = 1, \ldots, n)$ vor, so stellt sich das Problem der Schätzung der sogenannten Regressionskoeffizienten β_0 und β_1. Die Anwendung der Kleinst-Quadrate-Methode (man bestimme β_0 und β_1 so, daß $\sum_{i=1}^{n}(y_i - \beta_0 - \beta_1 x_i)^2$ minimal ist!) liefert Punktschätzungen $\hat{\beta}_0$ und $\hat{\beta}_1$ für β_0 bzw. β_1 und damit für die Regressionsgleichung $Y = \beta_0 + \beta_1 x$ der Grundgesamtheit. Die entsprechenden Schätzfunktionen B_0 und B_1 lauten:

$$B_0 = \bar{Y} - B_1 \bar{x}, \quad B_1 = \frac{\sum_{i=1}^{n}(x_i - \bar{x})(Y_i - \bar{Y})}{\sum_{i=1}^{n}(x_i - \bar{x})^2}.$$

Beide sind lineare Schätzfunktionen in den Stichprobenvariablen Y_i. Weiterhin gelten die folgenden Eigenschaften:

- $E(B_0) = \beta_0$ und $E(B_1) = \beta_1$,
  d.h. die Schätzfunktionen sind erwartungstreu.
- $V(B_0) = \sigma^2 \overline{x^2}/(ns_x^2)$ mit $\overline{x^2} = \frac{1}{n}\sum_{i=1}^{n} x_i^2$ und $s_x^2 = \frac{1}{n}\sum_{i=1}^{n}(x_i - \bar{x})^2$.
- $V(B_1) = \sigma^2/(ns_x^2)$.
- Die Effizienz der Schätzfunktionen steigt mit wachsendem Stichprobenumfang und abnehmender Varianz der Störvariablen U_i.
- Die Bedeutung der Kleinst-Quadrate-Methode zur Schätzung der Regressionskoeffizienten β_0 und β_1 wird durch das sogenannte Gauß-Markoff-Theorem deutlich. Für einen festen Stichprobenumfang n gilt: Die Kleinst-Quadrate-Schätzfunktion B_0 bzw. B_1 weist in der Klasse aller linearen erwartungstreuen Schätzfunktionen für den Regressionskoeffizienten β_0 bzw. β_1 minimale Varianz auf, d.h. B_0 bzw. B_1 sind effizient in dieser Klasse von Schätzfunktionen. Gilt zusätzlich die Normalverteilungsannahme $U_i \sim NV(0, \sigma)$, so sind die Schätzfunktionen B_0 und B_1 effizient in der Klasse aller erwartungstreuen Schätzfunktionen für β_0 und β_1.
- Gilt $U_i \sim NV(0, \sigma)$, so lassen sich weitere Aussagen über die Verteilung der β_i-Werte machen und daraus Konfidenzintervalle sowie Testverfahren für die Regressionskoeffizienten β_0 bzw. β_1 konstruieren:

$$B_j \sim NV\left(\beta_j, \sqrt{V(B_j)}\right), j = 0,1$$

$$\frac{B_j - \beta_j}{S_{B_j}} \sim SV(n-2), j = 0,1$$

$$S_{B_0}^2 = \frac{\overline{x^2}}{ns_x^2} \cdot \frac{1}{n-2}\sum_{i=1}^{n} U_i^2, \; S_{B_1}^2 = \frac{1}{ns_x^2} \cdot \frac{1}{n-2}\sum_{i=1}^{n} U_i^2.$$

Ferner ist $\sum_{i=1}^{n} U_i^2/\sigma^2$ χ^2-verteilt mit $n-2$ Freiheitsgraden. Man kann also die Störvarianz σ^2 einerseits erwartungstreu durch $\frac{1}{n-2}\sum U_i^2$ schätzen und andererseits Konfidenzintervalle nit Hilfe $\chi^2 V(n-2)$ konstruieren.

Aufgabe 4.6/1

a) Nennen und diskutieren Sie die Grundannahmen eines linearen Regressionsmodells.
b) Welche Gütekriterien können zur Beurteilung von Punktschätzungen herangezogen werden?

c) Diskutieren Sie folgende Aussagen:

- Auch im Falle kardinalskalierter Merkmale kann der χ^2-Unabhängigkeitstest angewandt werden.
- χ^2-Unabhängigkeitstest, Varianzanalyse und die Methode der linearen Einfachregression beantworten verwandte Fragestellungen.
- Die Kleinst-Quadrate-Methode liefert die besten Schätzwerte für die Regressionskoeffizienten.

Aufgabe 4.6/2

a) Zeigen Sie, daß gilt:

- $V(U_i) = \sigma^2 \Rightarrow V(Y_i) = \sigma^2$
- $E(Y_i) = \beta_0 + \beta_1 x_i$.

b) Bei der Ableitung des Modells haben wir vorausgesetzt, daß die Werte x_i verschieden sind, und dadurch garantiert, daß $s_x^2 > 0$ gilt. Warum ist die Bedingung $s_x^2 > 0$ notwendig? Was passiert, wenn $s_x^2 \approx 0$?

Aufgabe 4.6/3

Zwischen der Lärmemission bei Autos (gemessen in dB(A)) und der Fahrgeschwindigkeit von Autos (gemessen in km/h) wird eine lineare Abhängigkeit unterstellt. Messungen vorbeifahrender Pkw's gleichen Typs ergaben folgende Resultate für die Paare (Fahrgeschwindigkeit,Lärmemission):

(25,50), (45,60), (85,80), (55,60), (55,80), (95,80), (95,90), (75,75), (25,65), (45,60).

a) Legen Sie für eine Regressionsanalyse abhängige und unabhängige Variable fest.
b) Ermitteln Sie aufgrund der vorliegenden Messungen Schätzwerte für die Regressionskoeffizienten der Regressionsgleichung $Y = \beta_0 + \beta_1 x$. (Interpretation)
c) Welche Güteeigenschaften besitzt das von Ihnen gewählte Schätzverfahren (unter welchen Voraussetzungen)?
d) Läßt sich aufgrund der vorliegenden Messungen die Hypothese $\beta_1 = 0$ testen?

Ergänzungen und Bemerkungen

- Mit Hilfe des Vektor- und Matrizenkalküls lassen sich lineare Abhängigkeiten zwischen einer kardinalskalierten Zufallsvariablen Y und mehreren kardinalskalierten Variablen X_i erfassen und in einem multiplen Regressionsmodell die von uns dargestellten Methoden der linearen Einfachregression verallgemeinern. Das Gauß-Markoff-Theorem ist auch im Rahmen eines multiplen Regressionsmodells gültig (vgl. Schneeweiß (1990), Kapitel 2, Bamberg/Schittko (1979), Teil I, oder Hübler (1989), IV).

- Im Rahmen der Ökonometrie sind auch Verfahren entwickelt worden, um die lineare Abhängigkeit mehrerer zu erklärender Variablen $Y_1, \ldots, Y_n$ von mehreren erklärenden Variablen $X_1, \ldots, X_m$ in sogenannten ökonometrischen Mehrgleichungsmodellen zu erfassen und entsprechende Koeffizienten zu schätzen. Darüberhinaus werden auch nicht-lineare Beziehungen zwischen Variablen untersucht.

- Bisher wurde vorausgesetzt, daß die Variable X kardinalskaliert ist. Man kann jedoch für die unabhängigen (exogenen) Variablen auch dichotome Variablen (Indikatorvariablen) zulassen (sogenannte „Dummy-Variablen"), um z.B. Strukturbrüchen in Zeitreihen Rechnung zu tragen. Es besteht Äquivalenz zwischen linearer Einfachregression und einer Indikatorvariablen, einfacher Varianzanalyse bei zwei Stichproben und dem Zwei-Stichproben-Test bei Varianzhomogenität.

- Das Regressionsmodell ist auch anwendbar, wenn die x_i-Werte Realisationen einer Zufallsvariablen X sind.

4.7 Korrelation: Punktschätzung für ϱ

Während wir im Rahmen der linearen Regressionsmodelle die Abhängigkeit einer Zufallsvariablen Y von festen Werten x_i der exogenen Variablen X untersuchten, wollen wir nun den Zusammenhang zwischen zwei Zufallsvariablen studieren. Dabei behandeln wir beide Zufallsvariablen als gleichrangig, d.h. keine von beiden wird als „Erklärende" der anderen ausgezeichnet. Als Maß für die lineare Beziehung zwischen zwei Zufallsvariablen X und Y verwenden wir dabei den in Abschnitt 1.4.3 eingeführten Korrelationskoeffizienten

$$\rho = \frac{\sigma_{XY}}{\sigma_X \sigma_Y},$$

wobei σ_{XY} die Kovarianz von X und Y und σ_X bzw. σ_Y die Standardabweichung der jeweiligen Randverteilung von X bzw. Y in der Grundgesamtheit bezeichnen.

Um ρ zu schätzen, betrachten wir zwei verbundene einfache Stichproben vom Umfang n der jeweiligen Variablen aus der Grundgesamtheit, d.h. n

Beobachtungen $(x_1,y_1),\ldots,(x_n,y_n)$ der zweidimensionalen Zufallsvariablen (X,Y), und berechnen den Korrelationskoeffizienten für die Stichprobe:

$$r = \frac{\sum_{i=1}^{n}(x_i - \bar{x})(y_i - \bar{y})}{\sqrt{\sum_{i=1}^{n}(x_i - \bar{x})^2}\sqrt{\sum_{i=1}^{n}(y_i - \bar{y})^2}} = \frac{s_{xy}}{s_x s_y}.$$

Zur Punktschätzung verwendet man dann die entsprechende Stichprobenfunktion

$$R(X,Y) = \frac{\sum_{i=1}^{n}(X_i - \bar{X})(Y_i - \bar{Y})}{\sqrt{\sum_{i=1}^{n}(X_i - \bar{X})^2}\sqrt{\sum_{i=1}^{n}(Y_i - \bar{Y})^2}} = \frac{S_{XY}}{S_X S_Y},$$

d.h. man erhält als Punktschätzung $\hat{\rho} = r$. Es läßt sich zeigen, daß R im allgemeinen nicht erwartungstreu, wohl aber konsistent ist.

Bekanntlich läßt sich der Bestimmtheitskoeffizient ρ^2 leicht interpretieren: $(100 \cdot \rho^2)\%$ der Variation der einen Variablen lassen sich durch die lineare Beziehung mit der anderen Variablen erklären. Es liegt deshalb nahe, R^2 als Schätzfunktion zur Punktschätzung von ρ^2 zu verwenden. Aber auch R^2 ist im allgemeinen nicht erwartungstreu, wenn auch für genügend große Stichprobenumfänge mit nur kleinen Verzerrungen gerechnet werden muß.

Aufgabe 4.7/1
Aus welchem Grund hat die Korrelationsanalyse für eine zweidimensional normalverteilte Grundgesamtheit eine besondere Bedeutung?

Aufgabe 4.7/2
Laut einer Meldung der Süddeutschen Zeitung vom 29. 4. 1981 gelten „... ein hoher Beschäftigungsstand und relative Preisstabilität ... heute überwiegend als wirtschaftspolitische Ziele, die am besten im Verbund — und nicht im wechselseitigen Austausch — anzustreben sind".
Ein Vergleich einiger großer Industrieländer ergibt (gemessen als Monatswerte im Vorjahresvergleich in Prozent) folgende Ergebnisse:

	Preissteigerung	Arbeitslosigkeit
BR Deutschland	5.5	5.2
Schweiz	6.0	0.2
Japan	6.5	2.2
Niederlande	6.5	2.2
Österreich	6.7	3.7
USA	6.7	3.7
Großbritannien	12.5	10.3
Frankreich	12.7	7.4
Schweden	14.6	2.5
Italien	19.5	8.8

a) Geben Sie eine Punktschätzung für den Korrelationskoeffizienten der Grundgesamtheit aufgrund dieser Stichprobe an.
b) Welche Schlüsse läßt diese Schätzung zu?
c) Welche Aussagen lassen sich bezüglich der Güte des gewählten Schätzverfahrens machen?
d) Legt der zitierte Kommentar der Süddeutschen Zeitung die Verwendung eines Korrelations- oder eines Regressionsmodells zur statistischen Analyse nahe?

Aufgabe 4.7/3
Die Zufallsvariable Y sei definiert durch $Y = 4 - X$ und es gelte $E(X) = 4$.

a) Bestimmen Sie $E(X + Y)$.
b) Welche der folgenden Aussagen sind wahr und welche falsch?
   b1) $\text{Cov}(X, Y) > 0$.
   b2) $(\text{Cov}(X, Y))^2 = V(X)V(Y)$.
   b3) $V(Y) = V(X)$.
   b4) $\rho = 1$.

Ergänzungen und Bemerkungen

- Ist die Grundgesamtheit zweidimensional normalverteilt, so lassen sich — nach auf R.A. Fisher zurückgehenden, 1915 veröffentlichten Methoden — Signifikanztests und Konfidenzintervalle für den Korrelationskoeffizienten konstruieren (vgl. Wonnacott/Wonnacott (1977), Kapitel 12). Für entsprechende Signifikanztests bei nicht-normalverteilter Grundgesamtheit sei auf Kowalski (1972) verwiesen.

- Zusammenhänge zwischen Korrelation und Regression werden ausführlich diskutiert in Wonnacott/Wonnacott (1977), Abschnitt 14-2 (vgl. auch Warren (1971), sowie Pfanzagl (1978), Kapitel 10).

- Wie sich die einfache Regressionsanalyse zur multiplen Regressionsanalyse erweitern läßt, können auch im Rahmen eines Korrelationsmodells lineare Abhängigkeiten zwischen mehr als zwei Variablen (hier: Zufallsvariablen) mit Hilfe sogenannter partieller und multipler Korrelationskoeffizienten analysiert werden (vgl. hierzu Wonnacott/Wonnacott (1977), Abschnitt 14-3).

- Mit der Korrelationsanalyse bei mehr als zwei Variablen haben wir ein Verfahren erwähnt, das zu den sogenannten *multivariaten Verfahren* zählt. Multivariate Verfahren haben im Bereich der empirischen Sozialforschung (z.B. Psychologie, Pädagogik) und in den Wirtschaftswissenschaften (insbesondere im Marketingbereich) große Bedeutung gewonnen. Vgl. dazu z.B. König (1974), Opitz (1978, 1989), Hüttner (1979).

- Methoden der Korrelationsanalyse finden auch Anwendung zur Überprüfung der Güte empirischer Untersuchungen. Sowohl zur Messung der *Reliabilität* (wie genau erfaßt das verwendete Verfahren die analysierte Größe?) als auch zur Messung der *Validität* (wird durch das verwendete Verfahren die Größe tatsächlich erfaßt, die erfaßt werden soll?) findet der Korrelationskoeffizient Verwendung (vgl. Huber/Schmerkotte (1976) sowie den Band 26 des „Journal of Marketing Research", Februar (1979)).

Kapitel 5

Entscheidungstheorie und Statistik

Wir haben bereits mehrfach auf die Bedeutung entscheidungstheoretischer Konzepte für die Statistik hingewiesen:

- zur Einbeziehung von Informationen über die Konsequenzen von Fehlentscheidungen bereits bei der Auswahl eines adäquaten statistischen Schlußverfahrens,
- zur Beurteilung verschiedener Schätz- und Testverfahren.

Darüber hinaus haben entscheidungstheoretische Modelle ihre Bedeutung in der Strukturierung und Analyse von Wahlhandlungsproblemen in einer Reihe von Disziplinen: der Volkswirtschaftslehre (z.B. im Rahmen der Sozialen Wahlhandlungstheorie, in der Mikroökonomik oder bei wirtschaftspolitischen Fragestellungen) oder der Betriebswirtschaftslehre (z.B. in der Unternehmensforschung oder im Rahmen der Portfoliotheorie).

Die folgende Einführung in die Grundbegriffe der Entscheidungstheorie soll deshalb zum einem eine Reihe von statistischen Fragestellungen, die wir in den vorangegangenen Kapiteln kennengelernt haben, neu beleuchten und Zusammenhänge zwischen ihnen aufdecken helfen; zum anderen soll die Verzahnung zwischen der Statistik und anderen Fachdisziplinen auch im methodischen Bereich durch die Vorstellung eines idealtypischen Referenzmodelles für Entscheidungssituationen unter Unsicherheit betont werden.

5.1 Entscheidungstheoretische Modelle

5.1.1 Das entscheidungstheoretische Grundmodell

Das entscheidungstheoretische Grundmodell läßt sich beschreiben durch folgende Konzepte.

- Die Menge Z aller für einen Entscheidenden relevanten „Umweltzustände", der *Zustandsraum*.
  Als Umweltzustände bezeichnet man in diesem Zusammenhang alle die Faktoren eines Entscheidungsproblems, die einerseits die Konsequenzen einer Entscheidung mit beeinflussen, aber andererseits der direkten Kontrolle durch den Entscheidenden entzogen sind. Es wird vorausgesetzt, daß die relevanten, sich gegenseitig ausschließenden Umweltzustände dem Entscheidenden bekannt sind.

- Die Menge A der für den Entscheidenden in der Entscheidungssituation möglichen *Aktionen*, der Aktionenraum.
  Auch hier wird vorausgesetzt, daß A alle in Betracht kommenden sich gegenseitig ausschließenden Handlungsmöglichkeiten des Entscheidenden umfaßt.

- Die Zuordnung g einer *Konsequenz* R zu jedem Paar $(z,a) \in Z \times A$ durch den Entscheidenden.
  Zustandsraum, Aktionenraum und Konsequenzen lassen sich im Falle endlicher Mengen Z sowie A übersichtlich in Form der sogenannten Konsequenzenmatrix darstellen:

$$
\begin{array}{c|cccc}
 & z_1 & z_2 & \cdots & z_k \\ \hline
a_1 & R_{11} & R_{12} & \cdots & R_{1k} \\
a_2 & R_{21} & R_{22} & \cdots & R_{2k} \\
\vdots & \vdots & \vdots & \ddots & \vdots \\
a_m & R_{m1} & R_{m2} & \cdots & R_{mk}
\end{array}
\quad \text{bzw.} \quad
\begin{pmatrix} R_{11} & \cdots & R_{1k} \\ \vdots & \ddots & \vdots \\ R_{m1} & \cdots & R_{mk} \end{pmatrix}
$$

- Die Bewertung $U(g(z,a))$, $(z,a) \in Z \times A$, der Konsequenzen durch den Entscheidenden aufgrund eines vorliegenden Zielsystems bzw. von Präferenzvorstellungen bzgl. der Konsequenzen, die *subjektive Nutzenbewertung*.
  Wir setzen dabei voraus, daß die Nutzenmessung durch den Entscheidenden die Festlegung einer kardinalen Nutzenfunktion U erlaubt. Im Falle endlicher Mengen Z und A schreiben wir $U_{ij} = U(R_{ij}) = U(g(z_j, a_i))$.
  Die Matrix

$$
\begin{array}{c|ccc}
 & z_1 & \cdots & z_k \\ \hline
a_1 & U_{11} & \cdots & U_{1k} \\
\vdots & \vdots & \ddots & \vdots \\
a_m & U_{m1} & \cdots & U_{mk}
\end{array}
\quad \text{bzw.} \quad
\begin{pmatrix} U_{11} & \cdots & U_{1k} \\ \vdots & \ddots & \vdots \\ U_{m1} & \cdots & U_{mk} \end{pmatrix}
$$

heißt (subjektive) *Nutzenmatrix*. Mit ihrer Hilfe lassen sich die verschiedenen Konsequenzen R_{ij} vergleichen. Anstelle der Nutzenmatrix U_{ij} kann auch eine Schadensmatrix L_{ij} gegeben sein.

- Die Angabe eines *Entscheidungskriteriums*, mit dessen Hilfe der Entscheidende — aufgrund der gegebenen Nutzenordnung der Konsequenzen sowie *Informationen* über das Eintreten oder Vorliegen verschiedener Umweltzustände — eine Präferenzordnung der Handlungen a_i ableiten kann.
- Die *Rationalitätsannahme*, d.h. der Entscheidende wählt die Handlung, die in der abgeleiteten Präferenzordnung die höchste Stelle einnimmt.

5.1.2 Klassifikationen

Es lassen sich nun eine Reihe von Kriterien anführen, die zu unterschiedlichen Klassifikationen von Entscheidungssituationen bzw. von entscheidungstheoretischen Modellen führen. Die wichtigsten Unterscheidungen seien im folgenden genannt:

- Entscheidender kann ein Individuum (*individuelle Entscheidungen*) oder eine Gruppe von Personen (*kollektive Entscheidungen*) sein. Im Falle kollektiver Entscheidungen ist zu unterscheiden, ob die Personen der Gruppe unterschiedliche oder identische Zielvorstellungen besitzen. Im ersten Falle steht im Vordergrund der entscheidungstheoretischen Analyse die Frage nach der Aggregation der unterschiedlichen Präferenzen zu einer kollektiven Präferenz (vgl. die umfangreiche Literatur zu „Social Choice"-Problemen; insbesondere den Problemkreis „Arrow's Unmöglichkeitstheorem"); im zweiten Falle stehen Fragen nach der effizienten Kooperation der Gruppenmitglieder im Mittelpunkt des Interesses (vgl. Arbeiten zur Organisationstheorie, insbesondere die Theorie der Teams).
- Bezüglich der durch den Entscheidenden nicht beeinflußbaren Faktoren des Entscheidungsproblems, der Umweltzustände also, läßt sich folgende Unterscheidung treffen:
    - Steht der Entscheidende einem oder mehreren „Gegenspielern" gegenüber, hängt das Eintreten eines Umweltzustandes also von der rationalen Wahl konkurrierender Entscheidungssubjekte ab, spricht man von einer *Konkurrenzsituation*. Entscheidungstheoretische Modelle dieser Art werden im Rahmen der *Spieltheorie* betrachtet.
    - Bei *entscheidungstheoretischen Modellen im engeren Sinne* — und um diese geht es hier — steht dem Entscheidenden der fiktive Gegenspieler „Natur" gegenüber, der nicht rational kalkuliert. Hinsichtlich des Informationsstandes über das Eintreten der verschiedenen Umweltzustände lassen sich hierbei die folgenden Modelle unterscheiden:
        * *Entscheidungen unter Sicherheit*: Der Handelnde glaubt genau zu wissen, welcher Umweltzustand eintritt, und kann somit die Konsequenzen seiner Handlungen genau bestimmen. Für das Entscheidungsmodell heißt dies, daß die Menge Z einelementig ist und das Entscheidungsproblem sich auf die Festlegung der Nutzenwerte und

das Auffinden eines geeigneten und praktischen Lösungsalgorithmus zur Bestimmung der optimalen Handlung „reduziert". Das Simplexverfahren für lineare Optimierungsprobleme ist ein Beispiel für einen solchen Algorithmus.

* *Entscheidungen unter Risiko*: Der Entscheidende (Aktor) kann den einzelnen Umweltzuständen objektive oder subjektive Wahrscheinlichkeiten zuordnen, d.h. er definiert eine Wahrscheinlichkeitsverteilung über die Menge Z. Zur Anwendung der Entscheidungsregel muß dann entweder die exakte Verteilung (A-priori-Verteilung) bekannt sein oder zumindest einzelne Parameter der Verteilung. Zusätzlich zu den oben beschriebenen Elementen eines entscheidungstheoretischen Grundmodells tritt in diesem Falle die Kenntnis der A-priori-Verteilung oder ihrer Parameter.

* *Entscheidungen unter Ungewißheit*: Der Handelnde hat keinerlei Informationen über das Eintreten des einen oder anderen Umweltzustandes.

— Schließlich sei noch erwähnt, daß eine Reihe neuerer Arbeiten von vagen, mehr oder weniger unpräzisen subjektiven Vorstellungen und Erfahrungen über das Eintreten einzelner Umweltzustände beim Entscheidenden ausgehen, deren Einbeziehung in entscheidungstheoretische Modelle mittels wahrscheinlichkeitstheoretischer Methoden nicht möglich ist (*Entscheidungen bei unscharfer Problembeschreibung*).

• Das vorgestellte entscheidungstheoretische Grundmodell bezieht sich auf einen sogenannten *einstufigen Entscheidungsprozeß*. Sind mehrere Entscheidungen in zeitlicher Folge erforderlich, die sich auch jeweils beeinflussen können, spricht man von einem *mehrstufigen Entscheidungsprozeß* (entsprechend von einem mehrstufigen oder *sequentiellen* Entscheidungsmodell). Steht der in der historischen Zeit ablaufende Entscheidungsprozeß im Blickpunkt des Interesses, spricht man auch von *dynamischen Entscheidungsmodellen* im Gegensatz zu *statischen Modellen*. Dynamische Modelle haben insbesondere die im Zeitablauf vorhandene Variabilität des Informationsstandes des Entscheidenden zu berücksichtigen. Zur Beschreibung des Entscheidungsprozesses eignen sich deshalb Entscheidungsbäume besser als die oben beschriebenen Matrizen (vgl. Raiffa (1973)).

• Schließlich sei noch die Unterscheidung *deskriptive* versus *normative Entscheidungstheorie* erwähnt. Während man sich im Rahmen der deskriptiven Entscheidungstheorie mit der Analyse und Beschreibung konkreter Entscheidungsprozesse auf der Grundlage empirischer Beobachtungen beschäftigt, geht es im Rahmen der normativen Entscheidungstheorie darum, wie ein rational Handelnder in einer Entscheidungssituation handeln sollte (in diesem Zusammenhang spricht man auch von Entscheidungslogik oder Entscheidungskalkül) und nicht zuletzt um die Frage, was „rationales Handeln" eigentlich sei. Eine exakte Grenzlinie zwischen deskriptiver und normativer Entscheidungstheorie läßt sich unserer Meinung nach jedoch nicht angeben: Zum einen wird die normative Entscheidungstheorie auf empirische Beobachtungen immer wieder zurückgreifen und diese verarbeiten müssen, zum anderen sind empirische Beobachtungen ohne Bezug zu theoretischen Überlegungen bzw. ohne Rückgriff auf ein durch ein Modell geliefertes Raster (und für die Analyse von Entscheidungssituationen leistet dies die normative Entscheidungstheorie) nicht sinnvoll („measurement without theory").

Ein weiterer wichtiger Punkt in diesem Zusammenhang ist der folgende: Begünstigt die Umgebung eines Aktors rationales Verhalten im Sinne der Entscheidungstheorie, so können normative Modelle zur Analyse konkreter Entscheidungsprozesse, die in einer solchen Umgebung ablaufen, sehr wohl herangezogen werden. Die komplexen Zusammenhänge und Abhängigkeiten in einer derartigen realen Entscheidungssituation werden dann vom normativen Modell in ihren grundlegenden Zügen und qualitativen Strukturen richtig wiedergegeben. Für ein vertieftes Verständnis konkreter Entscheidungsprozesse in einer so strukturierten Umwelt können normative Modelle oft mehr beitragen als umfangreiche empirische Erhebungen.

Aufgabe 5.1/1
Buchhändler Unruhig, der sehr sorgfältig kalkulieren muß, überlegt, ob er von dem relativ unbekannten Statistikbuch „Die Statistik und die wichtigsten Fragen der Menschheit" kein, ein oder zwei Exemplare in sein Sortiment aufnehmen soll. Das Buch wird ihm vom Verlag für DM 40,- angeboten, und er hat pro verkauftes Buch einen Gewinn von DM 6,- errechnet. Über die Absatzchancen (ob er also kein Buch, ein oder sogar zwei Bücher verkaufen könnte) hat er allerdings keine Vorstellungen.

a) Stellen Sie das beschriebene Entscheidungsproblem möglichst übersichtlich in einer Tabelle dar.
b) Wie lassen sich in diesem Falle den Konsequenzen Nutzenwerte zuordnen?
c) Gehen Sie die verschiedenen Kriterien zur Klassifikation von Entscheidungssituationen durch und prüfen Sie jeweils, zu welcher Kategorie unser Beispiel zu rechnen ist.

Aufgabe 5.1/2
Zwei Männer werden wegen einer Straftat verhaftet. Die Polizei ist von der Schuld beider überzeugt, hat aber nicht genügend Beweise, um die beiden zu überführen. Die Polizei stellt beide getrennt — ohne daß diese sich miteinander absprechen können — vor folgende Situation: Wenn beide gestehen, muß jeder eine Strafe in Höhe von DM 1000,- bezahlen. Gesteht nur einer

von beiden die gemeinsame Tat, so erhält dieser eine Strafe in Höhe von DM 100,-, der nicht Geständige jedoch in Höhe von DM 10000,-. Gestehen beide nicht, dann werden beide wegen eines geringfügigeren, beweisbaren Delikts zu einer Strafe von DM 600,- verurteilt.

a) Stellen Sie das beschriebene Entscheidungsproblem übersichtlich dar.
b) Erklären Sie, wieso die Polizei überzeugt ist, daß beide gestehen werden, obwohl es doch für beide besser wäre, gemeinsam zu schweigen.
c) Wie läßt sich das beschriebene Beispiel in unserer Klassifikation der Entscheidungssituationen einordnen?
d) Hat die beschriebene Entscheidungssituation über das vorliegende Beispiel hinaus Bedeutung für konkrete Entscheidungsprobleme?

Aufgabe 5.1/3
Herr Neureich möchte DM 10000,- für ein Jahr möglichst gewinnbringend anlegen. Von seinem Finanzberater hat er folgende Vorschläge erhalten:

1. Anlage auf einem Sparkonto mit vereinbarter einjähriger Kündigungsfrist; 10% Verzinsung.
2. Kauf einer Aktie, wobei die Verzinsung wie folgt aussieht:

    bei schlechter Konjunkturentwicklung -1%

    bei normaler Konjunkturentwicklung 10%

    bei guter Konjunkturentwicklung 20%
3. Kauf eines Anteils an einem Immobilienfonds, wobei die Rendite bei den oben erwähnten unterschiedlichen Konjunkturentwicklungen jeweils 8%, 9% bzw. 15% beträgt.

a) Stellen Sie die Entscheidungssituation übersichtlich mit Hilfe der Nutzenmatrix dar.
b) Welche Alternative könnte der Finanzberater von vornherein ausschließen, wenn er von Herrn Neureich wüßte:

   b1) daß Herr Neureich keine Aktion wählt, die möglicherweise mit einem Verlust verbunden ist;
   b2) daß Herr Neureich keine Aktion wählt, die in Zeiten guter Konjunkturentwicklung weniger als DM 1500,- Gewinn bringt;
   b3) daß Herr Neureich Pessimist ist und von einer schlechten Konjunkturentwicklung vollkommen überzeugt ist;
   b4) daß Herr Neureich eine schlechte Konjunkturentwicklung vollständig ausschließt.

Ergänzungen und Bemerkungen

- Sollen Handlungssequenzen innerhalb einer komplexen Entscheidungssituation sichtbar werden, das Prozeßhafte einer Entscheidungswahl deutlich werden oder der unterschiedliche Informationsstand der in einem Entscheidungsprozeß Befindlichen (z.B. im Rahmen spieltheoretischer Modelle) aufgezeigt werden, so bietet sich die Darstellung des Entscheidungsprozesses durch einen Entscheidungsbaum an. Jede Baumdarstellung (in der Spieltheorie spricht man von „Spiel in extensiver Form") läßt sich auf eine Matrizendarstellung — wie wir sie eingeführt haben — reduzieren (Spieltheorie: „Spiel in Normalform"). Dabei geht in der Regel Information verloren.

- Auf die Probleme der Nutzenmessung (Ableitung der Nutzenwerte aus Präferenzordnungen, Nutzenaxiomatik, Nutzenskala, spezielle Nutzenfunktionen usw.) sowie der Ermittlung der Wahrscheinlichkeitsverteilung und Zusammenhänge zwischen diesen beiden Problemen können wir hier nicht eingehen. Der interessierte Leser sei verwiesen auf den Klassiker Luce/Raiffa (1957) und die dort angeführte Literatur sowie auf Bühlmann/Loeffel/Nievergelt (1975) oder French (1986).

- Aus Übersichtlichkeitsgründen werden wir uns auf den Fall endlicher Mengen Z und A beschränken. Im Falle beliebiger Mengen sind Nutzenwerte durch entsprechend definierte Nutzenfunktionen, Wahrscheinlichkeiten bei überabzählbaren Mengen durch entsprechend definierte Dichten einzuführen. Auch werden wir in der Folge kardinalskalierte Nutzenwerte voraussetzen.

- Schließlich sei noch darauf hingewiesen, daß man Entscheidungen unter Risiko und Entscheidungen unter Ungewißheit oft als *Entscheidungen unter Unsicherheit* zusammenfaßt. Ganz einheitlich ist die Terminologie in der entscheidungstheoretischen Literatur allerdings nicht.

5.2 Statistische Entscheidungstheorie

Ausgangspunkt unserer Problemstellungen im Rahmen der induktiven Statistik war eine vorliegende Stichprobe vom Umfang n, d.h. eine Stichprobenrealisation $x = (x_1, \ldots, x_n)$. Aufgrund dieser Stichprobe wollten wir Aufschluß gewinnen über die Verteilung der Grundgesamtheit bzw. über deren (unbekannte) Parameter. Am Beispiel der Testtheorie soll nun die entscheidungstheoretisch orientierte Sichtweise der induktiven Statistik verdeutlicht werden.

Wir setzen voraus, daß der *Parameterraum* Θ der möglichen Parameterwerte nur aus den zwei Werten ϑ_1 und ϑ_2 besteht und das zu testende Hypothesenpaar wie folgt lautet:

$$H_0 : \vartheta = \vartheta_1, \; H_1 : \vartheta = \vartheta_2 \text{ (Alternativentest)}.$$

Dem Statistiker stehen zwei (Letzt)-Entscheidungen (Aktionen) zur Verfügung:

d_1: H_0 wird nicht verworfen

d_2: H_0 wird verworfen.

In der im vorigen Kapitel entwickelten entscheidungstheoretischen Sprache entspricht $\Theta = \{\vartheta_1, \vartheta_2\}$ dem Zustandsraum Z, der sogenannte *Entscheidungsraum* $D = \{d_1, d_2\}$ wurde dort als Aktionenraum A bezeichnet. Noch eine weitere Änderung gegenüber allgemeinen entscheidungstheoretischen Modellen ist in der statistischen Entscheidungstheorie üblich: Statt der Nutzenfunktion U wird eine auf dem Konsequenzenraum definierte *Schadensfunktion* L betrachtet:

$L(\vartheta_j, d_i) = L_{ij}$ mißt den Schaden, der entsteht, wenn der Aktor die Aktion d_i wählt und ϑ_j der wahre Umweltzustand ist. Das Entscheidungsproblem des Statistikers wird dann durch folgende Matrix veranschaulicht:

	ϑ_1	ϑ_2
d_1	L_{11}	L_{12}
d_2	L_{21}	L_{22}

Dabei drückt L_{21} die Bewertung der Konsequenzen des Fehlers 1. Art und L_{12} die des Fehlers 2. Art aus.

Betrachtet man ein einstufiges induktives Verfahren mit vorgegebenem Stichprobenumfang n, d.h. aufgrund einer einfachen Stichprobe vom Umfang n und der daraus gewonnenen Information muß der Statistiker sich für eine der Letztentscheidungen d_1 oder d_2 entscheiden, so läßt sich jedes statistische Verfahren (in unserem Beispiel: jeder Test) als eine sogenannte *statistische Entscheidungsfunktion* (Strategie) auffassen:

$$\delta : \mathbf{X} \to D$$

Dabei bezeichnen wir mit $\mathbf{X}$ den Raum aller möglichen Stichprobenrealisationen $x = (x_1, \ldots, x_n)$, und δ ordnet jeder Stichprobenrealisation x eine Entscheidung $d_i \in D$ zu. Der Wert von $\delta(x)$, die zu wählende Entscheidung also, hängt von den in der Stichprobe zufällig ausgewählten statistischen Einheiten ab. δ ist also eine Zufallsvariable.

Bezeichnet man die x zugeordnete Zufallsvariable mit X, kann man zur Verdeutlichung $\delta(X)$ für δ schreiben. Dabei betrachtet man oft anstelle der n-dimensionalen Zufallsvariablen $X = (X_1, \ldots, X_n)$ eine eindimensionale Zufallsvariable $T = T(X)$, die die gesamte Information der Stichprobe zusammenfaßt (eine suffiziente Statistik $T(X)$) und folglich $\delta(T)$.

Zur Beurteilung des statistischen Verfahrens δ liegt es nun nahe, den bei der Anwendung von δ zu erwartenden Schaden durch Fehlentscheidungen zu berechnen. Dies führt zum Begriff der *Risikofunktion* $r(\vartheta, \delta)$. Betrachtet man nur Stichproben vom festen Umfang n (und sind D sowie Θ endliche

Mengen), dann ergibt sich als Risiko für ein statistisches Verfahren δ bei Vorliegen eines Umweltzustandes $\vartheta_j \in \Theta$:

$$r(\vartheta_j, \delta) = E[L(\vartheta_j, \delta(X))] = \sum_x L(\vartheta_j, \delta(x))\, W(x|\vartheta_j),$$

falls X eine diskrete Zufallsvariable ist. Dabei wird die Kenntnis der durch ϑ_j festgelegten Verteilung $W(X|\vartheta_j)$ auf $\mathbf{X}$ vorausgesetzt. Ist X stetig, so ist die Summation durch Integration und die Wahrscheinlichkeitsfunktion durch die entsprechende Dichtefunktion zu ersetzen.

Setzt man im Beispiel $L_{11} = L_{22} = 0$ und wählt man für δ das in Kapitel 3 beschriebene Verfahren des Signifikanztests, so erhält man als Werte für die Risikofunktion:

$$r(\vartheta_1, \delta) = (1-\alpha) \cdot 0 + \alpha L_{21} = \alpha L_{21}$$
$$r(\vartheta_2, \delta) = \beta L_{12} + (1-\beta) \cdot 0 = \beta L_{12}$$

Werden vom Statistiker endlich viele statistische Verfahren $\delta_1, \ldots, \delta_m$ sowie endlich viele Parameterwerte $\vartheta_1, \ldots, \vartheta_k$ in Betracht gezogen, dann lassen sich für jedes Verfahren δ_i und jeden Umweltzustand (Parameterwert) ϑ_j auf die gerade beschriebene Weise Risikowerte $r(\vartheta_j, \delta_i)$ berechnen. Die Auswahl einer Entscheidungsfunktion aus der Klasse $\Delta = \{\delta_1, \ldots, \delta_m\}$ der betrachteten Strategien läßt sich durch das folgende Entscheidungsmodell darstellen:

	ϑ_1	$\ldots$	ϑ_k
δ_1	$r(\vartheta_1, \delta_1)$	$\ldots$	$r(\vartheta_k, \delta_1)$
$\vdots$	$\vdots$		$\vdots$
δ_m	$r(\vartheta_1, \delta_m)$	$\ldots$	$r(\vartheta_k, \delta_m)$

Man sagt, eine Strategie $\delta \in \Delta$ *dominiert* bzw. ist gleichmäßig besser als eine andere Strategie $\delta' \in \Delta$, wenn

$r(\vartheta, \delta) \leq r(\vartheta, \delta')$ für alle $\vartheta \in \Theta$ und

$r(\vartheta, \delta) < r(\vartheta, \delta')$ für mindestens ein $\vartheta \in \Theta$.

Eine Strategie $\delta^* \in \Delta$ heißt *gleichmäßig bestes Verfahren*, wenn sie alle anderen zur Verfügung stehenden Strategien dominiert. Existiert ein gleichmäßig bestes Verfahren, so wird der Statistiker dieses wählen. In der Regel liefert die Risikofunktion jedoch keine vollständige Ordnung: viele Verfahren sind nach diesem Kriterium unvergleichbar, weil je nach Zustand ϑ das eine oder das andere Verfahren kleinere Risikowerte aufweist. Lediglich dominierte Verfahren lassen sich durch dieses Kriterium aus dem Entscheidungsproblem ausschließen. Für die endgültige Wahl einer Entscheidungsfunktion sind also zusätzliche Kriterien notwendig, die wir in den nächsten beiden Abschnitten diskutieren wollen (Entscheidungskriterien) – wenn man nicht die ursprünglich betrachtete Klasse Δ von Entscheidungsfunktionen so weit einschränken will, daß ein gleichmäßig bestes Verfahren in der reduzierten Klasse existiert.

Auf analoge Weise lassen sich bei allgemeinen Nutzenmatrizen Dominanzkriterium, Ausschlußkriterium und gleichmäßig beste Aktion definieren.

Zunächst sollen jedoch noch einmal die wesentlichen Elemente statistischer Entscheidungsmodelle zusammengefaßt werden. Das Problem der Wahl der Letztentscheidung läßt sich beschreiben durch:

- den Parameterraum $\Theta = \{\vartheta_1, \ldots, \vartheta_k\}$, der dem Zustandsraum Z entspricht,

- den Entscheidungsraum $D = \{d_1, \ldots, d_s\}$, der dem Aktionenraum A entspricht,

- die Schadensfunktion L, die die Nutzenfunktion U ersetzt.

Das Problem der Auswahl eines statistischen Verfahrens definiert ein weiteres Entscheidungsproblem, gekennzeichnet durch:

- den Parameterraum $\Theta = \{\vartheta_1, \ldots, \vartheta_k\}$ (Zustandsraum),

- die Klasse $\Delta = \{\delta_1, \ldots, \delta_m\}$ der zur Diskussion stehenden statistischen Entscheidungsfunktionen $\delta : \mathbf{X} \to D$ (Aktionenraum),

- die Risikofunktion $r(\vartheta_j, \delta_i)$ als Bewertungsfunktion.

Aufgabe 5.2/1

a) Erläutern Sie die Begriffe: statistische Entscheidungsfunktion, Risikofunktion, gleichmäßig bestes statistisches Verfahren.
b) Erläutern Sie folgende Aussage: „Mit Hilfe der Risikofunktion läßt sich das Problem des Statistikers, ein geeignetes statistisches Verfahren zu wählen, auf ein klassisches Entscheidungsproblem reduzieren".

Aufgabe 5.2/2

Der Ausschußanteil π einer Sendung Schrauben sei unbekannt. Es kommen aber nur $\pi_0 = 0.1$ oder $\pi_1 = 0.25$ als mögliche Werte für π in Frage.

a) Formulieren Sie die Hypothesen für einen Alternativtest.
b) Welches sind die in Betracht zu ziehenden Letztentscheidungen des Statistikers?
c) Erstellen Sie mit Hilfe folgender Verlustfunktion die das Entscheidungsproblem charakterisierende Matrix:

L(Fehler 1. Art)$=10$

L(Fehler 2. Art)$=1$

L(richtige Entscheidung)$=0$

d) Welche statistischen Verfahren (statistische Entscheidungsfunktionen) sind zu betrachten, wenn wir uns auf Signifikanztests und einfache Stichproben vom Umfang $n=3$ beschränken wollen?

e) Berechnen Sie die Werte der Risikofunktion für die Verfahren aus d). Existiert ein gleichmäßig bestes Verfahren? Existieren dominierte Verfahren?

f) Welche α- bzw. β-Werte gehören zu den einzelnen Testverfahren?

Ergänzungen und Bemerkungen

- Die wichtigsten Grundlagen der statistischen Entscheidungstheorie wurden von A. Wald (1902 – 1950) entwickelt.

- Im Falle eines unendlichen Parameterraums läßt sich ein gleichmäßig bestes Verfahren, falls es existiert, durch den Vergleich der Graphen der entsprechenden Risikofunktionen ermitteln.

- Zur Betrachtung suffizienter Statistiken im Rahmen der statistischen Entscheidungstheorie vgl. Helten (1971).

- Das hier vorgestellte Grundmodell der statistischen Entscheidungstheorie läßt sich in mehrfacher Hinsicht verallgemeinern: variable Stichprobenumfänge, mehrstufige Entscheidungsverfahren, randomisierte Verfahren sind nur einige Konzepte, die sich in statistischen Entscheidungsmodellen berücksichtigen lassen (vgl. hierzu Bamberg, (1972)).

5.3 Entscheidungen unter Risiko

Gemäß der Klassifikation in Abschnitt 5.1.2 betrachten wir hier Entscheidungssituationen, bei denen der Entscheidende in der Lage ist, eine Wahrscheinlichkeitsverteilung über dem Zustandsraum Z anzugeben. Im endlichen Fall bedeutet dies, daß der Entscheidende jedem Umweltzustand z_j ($j = 1, \ldots, k$) eine Wahrscheinlichkeit p_j ($j = 1, \ldots, k$) zuordnen kann. (Natürlich muß $0 \leq p_j \leq 1$ und $\sum_{j=1}^{k} p_j = 1$ gelten.)

Unter den gemachten Voraussetzungen läßt sich dann jeder Aktion a_i ($i = 1, \ldots, m$) der Erwartungswert

$$E(a_i) = \sum_{j=1}^{k} p_j U_{ij}$$

zuordnen. Das *Bernoulli-Prinzip* besagt dann: Wähle eine Aktion $a^* = a_i$, für die $E(a_i)$ maximal ist, d.h.

$$a^* = a_i, \text{ falls } E(a_i) \geq E(a_{i'}) \text{ für alle } i' \neq i.$$

Wir betrachten nun die in Abschnitt 5.2 eingeführte Problemstellung der statistischen Entscheidungstheorie, die durch folgende Matrix gekennzeichnet ist:

	ϑ_1	$\cdots$	ϑ_k
δ_1	$r(\vartheta_1, \delta_1)$	$\cdots$	$r(\vartheta_k, \delta_1)$
$\vdots$	$\vdots$		$\vdots$
δ_m	$r(\vartheta_1, \delta_m)$	$\cdots$	$r(\vartheta_k, \delta_m)$

δ_i bezeichnet dabei jeweils relevante Entscheidungsfunktionen, ϑ_j mögliche Parameterwerte und $r(\vartheta_j, \delta_i)$ das Risiko der jeweiligen Entscheidungsfunktion bei gegebenem ϑ_j. Liegt nun eine diskrete Wahrscheinlichkeitsverteilung (A-priori-Verteilung) $\varphi(\vartheta)$ vor, so läßt sich das sogenannte *Bayes-Risiko*

$$r(\varphi, \delta_i) = E_\varphi[r(\vartheta, \delta_i)] = \sum_{j=1}^{k} r(\vartheta_j, \delta_i)\, \varphi(\vartheta_j)$$

für jede Entscheidungsfunktion δ_i berechnen. Das zum Bernoulli-Prinzip analoge Kriterium zur Auswahl einer Entscheidungsfunktion lautet dann (hier handelt es sich um Verlustwerte):
Wähle eine Entscheidungsfunktion $\delta^* = \delta_i$, für die $r(\varphi, \delta_i)$ minimal ist:

$$\delta^* = \delta_i, \text{ falls } r(\varphi, \delta_i) \leq r(\varphi, \delta_{i'}) \text{ für alle } i' \neq i.$$

Für eine vorliegende Stichprobe $x = (x_1, \ldots, x_n)$ vom Umfang n erhält man dann durch $\delta^*(x) = d^* \in D$ die optimale Letztentscheidung, die sogenannte *Bayes-Lösung*. δ^* heißt *Bayes-Verfahren*. Es ist dadurch gekennzeichnet, daß sowohl die Vorinformation in Form der A-priori-Verteilung als auch die Stichprobeninformation für die Entscheidung genutzt werden.

Dies wird noch deutlicher, wenn man das folgende Verfahren betrachtet, das — ausgehend von der Stichprobeninformation und der A-priori-Verteilung — direkt zur Bayes-Lösung führt:

- Man berechnet die zur A-priori-Verteilung $\varphi(\vartheta)$ und der Stichprobenrealisation $x = (x_1, \ldots, x_n)$ gehörende A-posteriori-Verteilung mit Hilfe der Formel von Bayes:

$$\psi(\vartheta|x) = \frac{W(x|\vartheta)\varphi(\vartheta)}{\sum_{j=1}^{k} W(x|\vartheta_j)\varphi(\vartheta_j)}, \quad \vartheta \in \Theta.$$

(Revision der A-priori-Verteilung aufgrund der Stichprobeninformation).

- Für jede Letztentscheidung d_i bestimmt man den sogenannten A-posteriori-Erwartungswert:

$$E_\psi[L(\vartheta, d_i)] = \sum_{j=1}^{k} L(\vartheta_j, d_i)\psi(\vartheta_j|x).$$

- Die Aktion $d^* = d_i$, die einen minimalen A-posteriori- Erwartungswert aufweist, ist eine Bayes-Lösung.

Diese zweite Methode (*konstruktive Methode*) hat unter anderem den Vorteil, daß von den zwei in Abschnitt 5.2 eingeführten Entscheidungsmodellen nur das erste (Auswahl der Letztentscheidung) betrachtet werden muß. Es muß allerdings im Unterschied zur ersten Methode (*integrale Methode*) für jede neue Stichprobenrealisation neu durchgeführt werden.

Aufgabe 5.3/1

a) Ihnen wird folgendes Spiel angeboten: Eine faire Münze wird geworfen. Fällt beim ersten Wurf Wappen, erhalten Sie 2 DM; fällt erst beim zweiten Wurf Wappen, erhalten Sie $2^2 = 4$ DM usw.; d.h. fällt (z-1)-mal Zahl und dann erst Wappen, so erhalten Sie 2^z DM. Welchen Einsatz wären Sie bereit zu zahlen, um an diesem Spiel teilzunehmen?

b) Inwieweit ist die in a) beschriebene Entscheidungssituation eine Begründung dafür, das Bernoulliprinzip (definiert für Nutzenwerte) statt des sogenannten μ-Kriteriums (definiert analog zum Bernoulli-Kriterium, aber für Geldgrößen) als Entscheidungsregel für Entscheidungen unter Risiko vorzuschlagen?

c) Welches Skalenniveau der Nutzenwerte setzt die Anwendung des Bernoulli-Prinzips voraus?

Aufgabe 5.3/2

Aufgrund langfristiger Wetterbeobachtungen sei bekannt, daß die Wahrscheinlichkeit für Schneefall an den Weihnachtstagen 0.1 betrage. Die Wahrscheinlichkeit, daß die Wetterprognose des Wetteramtes das Wetter an den Weihnachtstagen richtig voraussagt, sei 0.8.

a) Geben Sie die möglichen Umweltzustände und die zugehörige A-priori-Verteilung an.

b) Bestimmen Sie die A-posteriori-Verteilung, wenn der Wetterbericht für Weihnachten Schneefall voraussagt.

Aufgabe 5.3/3

Eine Entscheidungssituation sei durch folgende Nutzenmatrix beschrieben:

$$\begin{pmatrix} 3 & 5 & 0 \\ 0 & 0 & 8 \\ 7 & 1 & 1 \end{pmatrix}$$

Welche Aktion ist nach dem Bernoulli-Prinzip zu wählen, wenn die Wahrscheinlichkeitsverteilung über dem Zustandsraum Z

a) (1/3, 1/3, 1/3),
b) (1/4, 3/4, 0),
c) (0, 1/10, 9/10)

lautet?

Aufgabe 5.3/4

a) Welches ist die optimale Aktion, wenn Buchhändler Unruhig in Aufgabe 5.1/1 mit der Wahrscheinlichkeit 1/10 rechnet, kein Buch, mit der Wahrscheinlichkeit 6/10, ein Buch, und mit 3/10, zwei Bücher zu verkaufen?
b) Welche Geldanlagemöglichkeit sollte Herr Neureich wählen (Aufgabe 5.1/3), wenn ein zuverlässiges Konjunkturinstitut die Wahrscheinlichkeiten für die Konjunkturentwicklung wie folgt beurteilt:

$W(\text{gut}) = 0.3$

$W(\text{normal}) = 0.3$

$W(\text{schlecht}) = 0.4$?

c) Welcher Test ist in Aufgabe 5.2/2 zu wählen, wenn die A-priori-Wahrscheinlichkeit für $\pi = \pi_0$ 0.6 beträgt?

Ergänzungen und Bemerkungen

- Die Äquivalenz der beiden Verfahren, die zur Bestimmung der Bayes-Lösung führen, wird u.a. bei Bühlmann/Loeffel/Nievergelt (1975), Kapitel 15) gezeigt.

- Weitere Entscheidungskriterien bei Risiko finden sich bei Schneeweiß (1967).

- Ebenfalls bei Schneeweiß (1967), findet sich eine axiomatische Charakterisierung des Bernoulli-Prinzips auf der Grundlage von vier Axiomen, die als plausible Annahme für rationales Verhalten in Risikosituationen interpretiert werden können.

- Zusammenhänge zwischen der Form der A-priori-Verteilung $\varphi(\vartheta)$, der Form der Likelihoodfunktion $W(x|\vartheta)$ sowie der der A-posteriori-Verteilung $\psi(\vartheta|x)$ sind intensiv untersucht worden. So interessiert man sich für Verteilungsklassen, denen bei gegebener Likelihoodfunktion sowohl die A-priori-Verteilung als auch die A-posteriori-Verteilung angehören („konjugierte Verteilungen"). Vgl. hierzu die Ausführungen von Helten (1971).

- In einer Reihe von Büchern stehen statistische Methoden auf der Grundlage der Bayes-Methode im Vordergrund des Interesses, oder es werden sogar ausschließlich Bayes-Methoden diskutiert. Vgl. Raiffa/Schlaifer (1961), Box/Tiao (1973), Gottinger (1980), Kleiter (1981).

5.4 Entscheidungen unter Ungewißheit

Wir gehen wieder von dem entscheidungstheoretischen Grundmodell mit kardinalskalierten Nutzenwerten aus, wie es in Abschnitt 5.1.1 beschrieben wurde. Gemäß Abschnitt 5.2 setzen wir auch voraus, daß dominierte Aktionen bereits aus der Betrachtung ausgeschlossen worden sind und keine gleichmäßig beste Aktion unter den Aktionen aus $A = \{a_1, \ldots, a_m\}$ existiert. (Bei den Dominanzkriterien müssen natürlich bei einer Nutzenbewertung die Ungleichheitsrelationen gegenüber denen bei der Schadensbewertung umgekehrt werden.) Liegen keine zusätzlichen Informationen über das Eintreten eines der Umweltzustände aus Z vor, die sich zu einer Wahrscheinlichkeitsverteilung über Z verdichten lassen, so kann das in 5.3 vorgeschlagene Bernoulli-Kriterium nicht angewandt werden. Anwendbare Entscheidungskriterien in dieser Situation sind die folgenden:

- *Laplace-Regel*: Wenn keine Informationen über eine spezielle Wahrscheinlichkeitsverteilung über Z vorliegen, so ordne jedem möglichen Umweltzustand z_j aus der k-elementigen Menge Z die Wahrscheinlichkeit $1/k$ zu (alle Umweltzustände sind dann gleichwahrscheinlich) und wende das aus 5.3 bekannte Bernoulli- oder Bayes-Kriterium auf diese spezielle Entscheidungssituation unter Risiko an. Da bei dem Nutzenerwartungswert alle Nutzenwerte jeweils die gleiche Wahrscheinlichkeit haben, läuft dies darauf hinaus, die Nutzensumme zu maximieren:

$$a^* = a_r \Leftrightarrow \sum_{j=1}^{k} U_{rk} = \max_{i} \sum_{j=1}^{k} U_{ij}.$$

Bei einer gegebenen Schadensmatrix ist die entsprechende Schadenssumme zu minimieren.

- *Wald-Regel*: Wähle eine Aktion a^*, für die gilt, daß der mindestens erreichbare Nutzenwert

$$\min_{j} U_{ij}$$

maximal ist. Entsprechend der Auswahlregel

$$a^* = a_r \Leftrightarrow \min_{j} U_{rj} = \max_{i} \min_{j} U_{ij}$$

nennt man diese Regel auch Maximin-Regel. Da in der statistischen Entscheidungstheorie statt Nutzenwerten U_{ij} in der Regel Schadenswerte L_{ij} (bzw. Risikowerte r) betrachtet werden, lautet die Regel hier

$$a^* = a_r \Leftrightarrow \max_{j} L_{rj} = \min_{i} \max_{j} L_{ij}$$

und heißt entsprechend Minimax-Regel.

- *Hurwicz-Regel*: Wähle zunächst einen Parameter λ mit $0 \leq \lambda \leq 1$. Bestimme für jede Aktion a_i sowohl den maximal als auch den minimal erreichbaren Nutzen

$$M_i = \max_j U_{ij}, \quad m_i = \min_j U_{ij}.$$

  Wähle eine Aktion a^*, für die $\lambda M_i + (1-\lambda) m_i$ maximal ist:

$$a^* = a_r \Leftrightarrow \lambda M_r + (1-\lambda) m_r = \max_i (\lambda M_i + (1-\lambda) m_i).$$

  Im Schadensfall ist U_{ij} durch L_{ij} zu ersetzen und die Aktion zu wählen, für die $\lambda m_i + (1-\lambda) M_i$ minimal ist.

- *Savage-Niehans-Regel*: Bestimme die Opportunitätskosten

$$O_{ij} = \max_s U_{sj} - U_{ij}$$

  für jedes Element U_{ij} der Nutzenmatrix. Man gelangt so von der Nutzenmatrix zu einer entsprechenden Opportunitätskostenmatrix, auf die man dann die Minimax-Regel anwendet:

$$a^* = a_r \Leftrightarrow \max_j O_{rj} = \min_i \max_j O_{ij}.$$

  Im Falle einer Schadensmatrix ist $O_{ij} = L_{ij} - \min_s L_{sj}$ zu setzen.

Aufgabe 5.4/1

a) Welche Plausibilitätsgründe sprechen für die Anwendung der Laplace-Regel? Welche Plausibilitätsgründe können für die anderen Regeln ins Feld geführt werden?

b) „Die Maximin-Regel hat ihre Bedeutung insbesondere für Konkurrenzsituationen, in denen sich zwei Spieler mit völlig entgegengesetzten Interessen gegenüberstehen". Diskutieren Sie diese Aussage, indem Sie die Anwendung der vier angeführten Regeln auf die beschriebene Situation prüfen.

c) Welche der angeführten Regeln lassen sich auch sinnvoll auf ordinale Nutzenwerte anwenden?

Aufgabe 5.4/2

a) Zu welchen optimalen Aktionen führen die verschiedenen Entscheidungsregeln für die in Aufgabe 5.1/1 beschriebene Situation? (Wählen Sie für die Hurwicz-Regel $\lambda=0.5$, $\lambda=0.9$).

b) Beantworten Sie die in a) gestellte Frage für das in Aufgabe 5.1/3 gestellte Entscheidungsproblem.

c) Welche Einwände lassen sich gegen die Verwendung des Wald-Kriteriums für Entscheidungssituationen bei Unsicherheit, die nicht Konkurrenzsituationen sind, vorbringen?

Aufgabe 5.4/3
Zu welchem Signifikanztest führt die Anwendung der Regeln in Aufgabe 5.2/2 (Hurwicz mit $\lambda=0.1$)?

Ergänzungen und Bemerkungen

- Eine axiomatische Charakterisierung der hier vorgestellten Entscheidungsregeln bei Ungewißheit findet sich bei Milnor (1954). Darüber hinaus gibt Milnor in derselben Arbeit notwendige und hinreichende Bedingungen für die einzelnen Entscheidungsregeln an und zeigt, daß es keine Regel gibt, die zehn von ihm eingeführte Axiome — die man alle als „rationale" Forderungen an eine Auswahlregel unter Unsicherheit begreifen kann — gleichzeitig erfüllt (Inkonsistenzresultat).

- Zur Interpretation und Diskussion der einzelnen Entscheidungsregeln vgl. Lehrbücher zur Entscheidungstheorie wie z.B. Bamberg/Coenenberg (1994), Ferschl (1975) oder Bühlmann/Loeffel/Nievergelt (1975), um nur einige deutschsprachige Lehrbücher zu nennen.

Anhang A

Zusätzliche Übungsaufgaben

Aufgabe Z/1
Die Dichtefunktion einer stetigen Zufallsvariablen hat folgende Form:

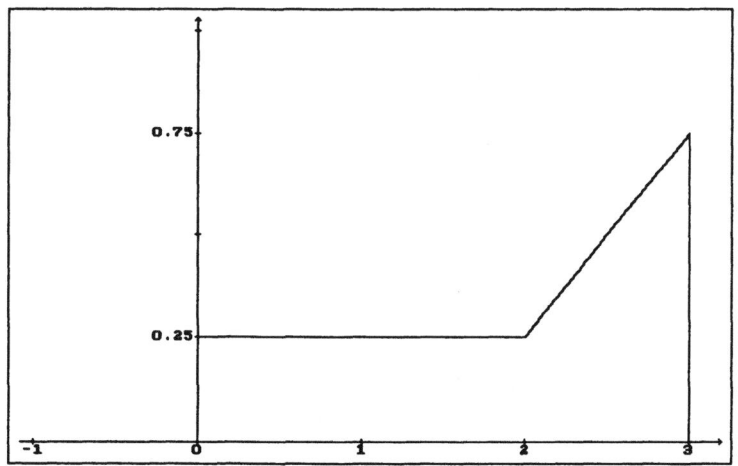

a) Bestimmen Sie den Term der Dichtefunktion.

b) Bestimmen Sie $E(X)$.

c) Berechnen Sie $W(1 \leq X \leq 2.5)$.

d) Bestimmen Sie a so, daß $W(X \geq a) = 1/4$.

Aufgabe Z/2
Auf einer Pressekonferenz anläßlich der Internationalen Messe für Damenoberbekleidung in Düsseldorf wurde bekannt, daß die Frauen und Mädchen in der BRD 1980 durchschnittlich 966 Mark für Oberbekleidung ausgaben. Eine Umfrage in der Düsseldorfer Altstadt bei 100 Düsseldorferinnen ergab einen durchschnittlichen Betrag von 1000 DM. ($s_{n-1} = 340$)

a) Geben Sie aufgrund der Stichprobe eine Punktschätzung für die durchschnittlichen Ausgaben für Damenoberbekleidung der Düsseldorferinnen. Ist die ML-Methode anwendbar?

b) Geben Sie aufgrund der Stichprobe eine Intervallschätzung mit $\alpha = 0.05$.

c) Läßt sich aufgrund der Stichprobe die Behauptung, die Düsseldorferin sei modebewußter als die „Durchschnittsdeutsche" und gebe deshalb signifikant mehr Geld für Oberbekleidung aus, bestätigen ($\alpha = 0.05$)?

d) Welche Bedeutung hat die Student-Verteilung für die Testtheorie?

Aufgabe Z/3
Eine Untersuchung zur Einkommensverteilung unter Angestellten ergibt folgende Ergebnisse für die Monatsgehälter:

$< x_i \leq$	n_i
0–1500	10
1500–2500	55
2500–3500	25
3500–6500	10

a) Geben Sie eine Punktschätzung für das durchschnittliche Einkommen der Angestellten aufgrund der vorliegenden Untersuchung.

b) Testen Sie, ob sich für die Einkommensverteilung der Angestellten eine Normalverteilung $NV(2500,1000)$ unterstellen läßt ($\alpha=0.05$).

c) Überprüfen Sie die Hypothese, daß das Durchschnittseinkommen der Angestellten 2500 DM beträgt ($\alpha = 0.05$).

d) Läßt sich eine Intervallschätzung für das Durchschnittseinkommen oder die Varianz angeben? Wenn ja, führen Sie diese durch ($\alpha = 0.05$).

Aufgabe Z/4

Professor P. und sein Mitarbeiter T. suchen nach intensiven wissenschaftlichen Diskussionen gern Entspannung beim Tischfußballspiel. T. ist der Meinung, daß kein Unterschied in der Spielstärke zwischen ihm und Professor P. besteht ($\alpha = 0.05$).

a) Läßt sich die Hypothese des Herrn T. aufrechterhalten, wenn Professor P. sechs von zehn Spielen gewonnen hat?

b) Nach 100 Spielen weist Professor P. 60 gewonnene Spiele auf. Kann jetzt noch von gleicher Spielstärke der beiden Kontrahenten gesprochen werden?

c) Begründen Sie das in a) bzw. b) gewählte statistische Verfahren.

d) Welche Annahme muß unterstellt werden, wenn die Fragen a) und b) mit statistischen Verfahren beantwortet werden sollen?

Aufgabe Z/5

Ein Unternehmen wendet bei der Wareneingangskontrolle für bestimmte Vorprodukte folgendes Verfahren an: Es werden aus jeder Lieferung 10 verschiedene Stücke entnommen und auf Funktionstüchtigkeit überprüft. Sind mindestens 6 Stücke in Ordnung, wird die Lieferung angenommen. Sind weniger als fünf Stücke in Ordnung, wird die Lieferung zurückgewiesen. Im Falle von 5 unbrauchbaren Stücken in der Stichprobe wird eine zweite Stichprobe vom Umfang 5 gezogen. Die Lieferung wird dann endgültig zurückgewiesen, wenn in dieser zweiten Stichprobe mehr als ein unbrauchbares Stück ist; sonst wird sie angenommen.

a) Berechnen Sie die Wahrscheinlichkeit dafür, daß eine Lieferung aus 1000 Stücken zurückgewiesen wird, wenn diese tatsächlich 200 unbrauchbare Stücke enthält.

b) Was versteht man unter „Stetigkeitskorrektur"?

c) Welche Bedeutung hat die Poisson-Verteilung für die Statistik?

Aufgabe Z/6

Nach einer Informationsschrift des Kultusministers des Landes NRW bleiben 6% aller Schüler einer Gesamtschule ohne Schulabschluß, 26% erreichen Hauptschulabschluß, 68% Fachhochschulreife und 27% das Abitur. Für Schüler im traditionellen Schulsystem lauten die entsprechenden Zahlen: 9% ohne Abschluß, 39% Hauptschulabschluß, 50% Fachhochschulreife und 18% Abitur.

a) Läßt sich ein Testverfahren angeben, mit dessen Hilfe die Frage entschieden werden kann, ob zwischen dem Schulabschluß eines Schülers und der gewählten Schulform ein Zusammenhang besteht?

b) Die Untersuchung des Kultusministeriums ergab weiter, daß von 100 Schülern in Gesamtschulen 20 Schüler eine der Klassen 5 bis 10 wiederholten. In Gymnasien waren dies 40 Schüler von 100. Was läßt sich mit einer Aussagesicherheit von 95% über den Betrag der Differenz dieser Anteilswerte aussagen?

c) Erläutern Sie das Begriffspaar: „statistische Signifikanz" — „praktische Relevanz".

Aufgabe Z/7
Bei einer Befragung von 100 Personen im Rahmen einer Gesundheitsstudie äußerten sich 1979 ein Fünftel der Befragten positiv zur Einnahme von Beruhigungsmitteln.

a) Läßt sich die langjährige Beobachtung, daß 25% aller Bewohner der BRD Beruhigungsmittel positiv einschätzen, aufgrund der neuen Umfrage noch aufrechterhalten ($\alpha = 0.05$)?

b) Wie groß ist die Wahrscheinlichkeit, daß von 10 Personen sich weniger als 3 Personen positiv zur Einnahme von Beruhigungsmitteln äußern, wenn der entsprechende Anteil an der Gesamtbevölkerung 25% beträgt?

c) Inwiefern läßt sich das zur Beantwortung von b) herangezogene statistische Verfahren als Testverfahren auffassen?

d) Bei einem sogenannten Doppelblindversuch (100 Personen mit einem identischen Krankheitsbild erhalten ein Arzneimittel, 100 weitere Personen mit demselben Krankheitsbefund erhalten ein Placebopräparat ohne Wirksubstanz; weder Arzt noch Patient weiß, wer das Placebo oder die Wirksubstanz erhält) ergab sich, daß bei 48 der mit dem Arzneimittel behandelten Personen meßbare Heilwirkungen feststellbar waren, der entsprechende Anteil bei den Placebo-Behandelten jedoch immerhin 45% betrug. Ist diese Abweichung signifikant ($\alpha = 0.10$)?

Aufgabe Z/8
Aus einer normalverteilten Grundgesamtheit wird folgende Stichprobe gezogen:

$$90, 100, 105, 80, 125.$$

a) Geben Sie eine Punktschätzung für den Mittelwert der Grundgesamtheit. Erläutern Sie das von Ihnen gewählte Schätzverfahren.

b) Welche Bedeutung hat die Effizienz für Schätzfunktionen?

c) Geben Sie eine Intervallschätzung für μ ($\alpha = 0.10$). Erläutern Sie Ihr Vorgehen.

d) Machen Sie den Unterschied zwischen einem Schätz- und einem Testverfahren stichwortartig deutlich.

Aufgabe Z/9
Eine Entscheidungssituation sei durch folgende Nutzenmatrix beschrieben:

$$\begin{pmatrix} 1 & 1 & 1 & 1 \\ 0 & 2 & 3 & 0 \\ 0 & 0 & 4 & 0 \end{pmatrix}$$

a) Bestimmen Sie die jeweils optimale Aktion mit Hilfe der Laplace-, der Wald-, der Hurwicz- und der Savage-Niehans-Regel. (Wählen Sie $\lambda = 0.9$ für die Hurwicz-Regel.)

b) Inwiefern legt das Resultat von a) es nahe, von einer „Subjektivität des Rationalitätsbegriffs" zu sprechen?

c) Wodurch ist eine Entscheidungssituation unter Ungewißheit charakterisiert?

Aufgabe Z/10
Eine Unternehmung bezieht Elektronikteile zu 60% von Lieferant A und zu 40% von Lieferant B. Der Ausschußanteil beträgt bei Lieferant A erfahrungsgemäß 5%, bei Lieferant B 10%. Im Lager befindet sich ein Los von Elektronikteilen, dessen Herkunft unbekannt ist. Durch Entnahme und Funktionskontrolle eines Teils soll entschieden werden, ob das Los von Lieferant A bzw. B stammt. Eine richtige Entscheidung verursacht weder Schaden noch Nutzen. Entscheiden Sie fälschlicherweise auf A, so beträgt der Schaden 100 Einheiten, entscheiden Sie fälschlicherweise auf B, so beträgt der Schaden 80 Einheiten.
Erstellen Sie die Schadensmatrix. Bestimmen Sie die A-priori-Wahrscheinlichkeiten, die möglichen Entscheidungsfunktionen und die optimale Bayessche Entscheidungsfunktion. Wie lautet Ihre Entscheidung, wenn das entnommene Teil defekt ist?

Aufgabe Z/11
Die Zufallsvariable X hat eine Dichte, deren Form und Verlauf die folgende Darstellung angibt:

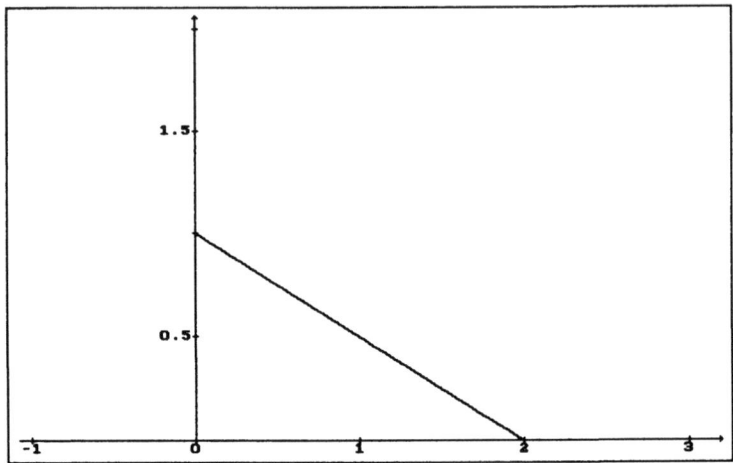

a) Bestimmen Sie den Term der Dichtefunktion.

b) Nennen Sie die Eigenschaften einer Dichtefunktion.

c) Bestimmen Sie den Term der Verteilungsfunktion $F(x)$.

d) Wie lautet der Zentralwert dieser Zufallsvariablen?

e) Durch welche Relation zwischen den Mittelwerten ist diese Zufallsvariable gekennzeichnet?

Aufgabe Z/12
Nach einer Studie der Medizinischen Hochschule Hannover dauert die ärztliche Visite im Krankenhaus durchschnittlich 3 Minuten. Beim Gespräch Patient–Arzt werden dabei 80% aller Fragen vom Arzt gestellt.

a) In einem Krankenhaus wird eine durchschnittliche Dauer der Visite von 4 Minuten festgestellt. Prüfen Sie, ob dieses Ergebnis signifikant von den Resultaten aus Hannover nach oben abweicht, wenn $s_{n-1} = 1$ gilt und in diesem Krankenhaus 400 Patienten beobachtet wurden ($\alpha=0.05$).

b) Im gleichen Krankenhaus wurde beobachtet, daß im Gespräch Arzt–Patient 25% aller Fragen vom Patient gestellt wurden. Ist dies eine signifikante Abweichung vom Ergebnis der Studie ($\alpha = 0.05$)?

c) Begründen Sie Ihre Wahl der Testverteilung in a) bzw. in b).

Aufgabe Z/13

a) Wie läßt sich die Wahrscheinlichkeitsverteilung einer Zufallsvariable beschreiben?

b) Nennen Sie die wesentlichen Unterscheidungsmerkmale zwischen diskreten und stetigen Zufallsvariablen.

c) Unter der Voraussetzung, daß die Mädchen- und Knabengeburten in einer Familie gleichwahrscheinlich sind, sind folgende Wahrscheinlichkeiten zu berechnen:

- daß eine Familie mit zwei Kindern mindestens einen Jungen hat,
- daß eine Familie mit vier Kindern höchstens ein Mädchen hat,
- daß eine Familie, die einen Jungen hat, als nächstes Kind ein Mädchen bekommt.

Aufgabe Z/14

Eine Untersuchung bei 100 Krankenhäusern ergab, daß in 40 Fällen wichtige Brandschutzmaßnahmen nicht eingehalten werden.

a) Welche Aussage läßt sich mit 95.45%-iger Sicherheit über den Anteil der Krankenhäuser, die wichtige Brandschutzvorschriften unzureichend beachten, insgesamt machen?

b) Bestätigt die obige Stichprobe die Behauptung eines verantwortlichen Politikers, daß in mehr als der Hälfte aller Fälle alle wichtigen Brandschutzmaßnahmen korrekt eingehalten werden ($\alpha = 0.05$)?

Aufgabe Z/15

In Finnland gehörten 1977 90% der Lutherischen Kirche an, 1% der Orthodoxen Kirche und 1% anderen Kirchen an. 8% aller Finnen gehörten keiner Konfession an.

a) Wie groß ist die Wahrscheinlichkeit, daß von 10 zufällig ausgewählten finnischen Bürgern genau 7 der Lutherischen und je einer der Orthodoxen, anderen Kirchen und keiner Kirche angehört?

b) Wie groß ist die Wahrscheinlichkeit, daß von 10 zufällig ausgewählten finnischen Bürgern genau 6 einer Kirche angehören?

c) Wie groß ist die Wahrscheinlichkeit, daß von 100 zufällig ausgewählten finnischen Bürgern mehr als 85 Bürger der Lutherischen Kirche angehören?

d) Wie groß ist die Wahrscheinlichkeit, daß von 50 zufällig ausgewählten Finnen höchstens 10 keiner Konfession angehören?

Aufgabe Z/16

a) Nennen Sie Elemente eines entscheidungstheoretischen Grundmodells.
b) Welche Bedeutung haben entscheidungstheoretische Modelle für den Statistiker?
c) Erläutern Sie folgende Begriffe: Schadensfunktion, statistische Entscheidungsfunktion, Risikofunktion.
d) Eine Entscheidungssituation sei durch folgende Matrix gekennzeichnet:

	ϑ_1	ϑ_2
δ_1	0	5
δ_2	10	0

Bestimmen Sie das Bayes-Verfahren δ^*, wenn $\varphi(\vartheta_1) = 1/4$ ist.
e) "Risiko einzugehen ist eine wunderbare Sache, aber man kann es nicht kalkulieren." (Bundestrainer Derwall vor dem Fußballspiel gegen Brasilien, laut Süddeutscher Zeitung vom 19. 5. 1981.)
Stimmt dieser Risikobegriff mit dem der Entscheidungstheorie überein?

Aufgabe Z/17

a) Was verstehen Sie unter einem Zufallsexperiment? Welcher Zusammenhang besteht zwischen einem Zufallsexperiment und dem Begriff „Zufallsvariable"?
b) Laut einer Pressenotiz gibt es in der Spielbank von Garmisch-Partenkirchen jetzt einen Computer: „Er zeigt dem Roulette-Spieler die zuletzt gefallenen zwanzig Zahlen und die Permanenzen des Vortags". Erhöhen sich dadurch die Gewinnchancen der Spieler? Spieler G. Winn setzt immer auf die Zahlen, die am Vortag und in den letzten zwanzig Spielen nicht fielen („Da alle Zahlen gleichwahrscheinlich sind, müssen die ja kommen!"), während Spieler V. Orsicht gerade auf die Zahlen setzt, die sehr oft am Vortag fielen („Das Roulette hat eine Präferenz für diese Zahlen"). Was meinen Sie dazu?
c) Wie wahrscheinlich ist es beim Zahlenlotto

- genau 6 Richtige
- genau 3 Richtige
- mindestens 3 Richtige

zu haben?
d) Kommentieren Sie die beiden folgenden Meldungen! Widersprechen sie wahrscheinlichkeitstheoretischen Axiomen oder Rechenregeln?

d1) „In der Politik ist die Wahrscheinlichkeit die höchste Form der Gewißheit - was darüber hinausgeht, ist entweder schon Geschichte oder Scharlatanerie" (J. Groß in Capital, 12, 1980)

d2) Laut Meldung einer Nachrichtenagentur im Dezember 1980 kam ein Mann auf folgende tragische Art ums Leben: Er erlitt einen Herzanfall im Badezimmer und stürzte dabei so unglücklich in die Badewanne, daß er dabei die Seifenschale abriß. Diese legte sich vor den Abfluß. Der stark tropfende Hahn führte dann zu einem Ansteigen des Wassers in der Wanne und schließlich zum Tode des Mannes durch Ertrinken.

Aufgabe Z/18
Zur Kalkulation der Prämien für Krankenhaustagegeldversicherungen untersucht eine Krankenversicherungsgesellschaft den Zusammenhang zwischen Alter der Krankenhauspatienten (X, in Jahren) und Aufenthaltsdauer im Krankenhaus (Y, in Tagen). Eine erste Voruntersuchung zu diesem Zweck ergibt folgendes Ergebnis:

x_i	4	10	10	20	30	30	40	50	60	70
y_i	4	7	10	9	10	8	12	15	20	25

a) Analysieren Sie die Abhängigkeit der Aufenthaltsdauer im Krankenhaus vom Alter des Patienten mit Hilfe eines linearen Regressionsmodells.

b) Was versteht man unter zwei verbundenen Stichproben?

Aufgabe Z/19
Bei Beobachtungen, die über einen längeren Zeitraum an einer vielbefahrenen Straße gemacht wurden, wurde festgestellt, daß jeder 10. vorbeifahrende PKW ein japanisches Fabrikat war.

a) Geben Sie eine Intervallschätzung für den Marktanteil japanischer PKW's aufgrund der vorliegenden Beobachtungen, wenn insgesamt 10000 PKW's auf dieser Schnellstraße während des Beobachtungszeitraums gezählt wurden ($\alpha = 0.05$).

b) Welches Ergebnis erhält man in a), wenn lediglich 100 PKW's beobachtet wurden?

c) Erläutern Sie anhand der Antworten zu a) und b) die Begriffe „Aussagesicherheit" und „Aussagegenauigkeit".

Aufgabe Z/20
Bezeichne X das Merkmal „Alter der eheschließenden Frau" und Y das Merkmal „Alter des eheschließenden Mannes". Folgende Wahrscheinlichkeiten sind aufgrund längerer Beobachtungen abgeleitet worden:

	-19	20 - 39	40 - 59	60 -	$\sum$
- 19	0.04	0.16			0.20
20 - 39		0.60	0.09		0.70
40 - 59			0.03	0.02	
60 -				0.01	0.01
$\sum$	0.05	0.80			

a) Erstellen Sie die gemeinsame Wahrscheinlichkeitsverteilung von X und Y sowie die jeweilige Randverteilung, indem Sie die oben angegebene Tabelle vervollständigen. Sind X, Y unabhängig?

b) Ordnen Sie den einzelnen Altersklassen jeweils die Zahlen 1 bis 4 zu und errechnen Sie dann $E(X)$ sowie $E(Y)$. Ist eine solche Vorgehensweise in konkreten empirischen Untersuchungen empfehlenswert?

c) Erläutern Sie den Unterschied zwischen gemeinsamer Wahrscheinlichkeitsverteilung und bedingten Verteilungen anhand einiger Beispiele aus obiger Tabelle.

d) Diskutieren Sie folgende Aussage: „Die gesamte Information über die gemeinsame Wahrscheinlichkeitsverteilung ist bereits in den Randverteilungen enthalten".

Aufgabe Z/21
Bei einer Untersuchung (Teilerhebung) wurde als durchschnittliches Bruttomonatseinkommen für einen männlichen Arbeiter im Jahre 1972 1600,- DM ermittelt. Die Standardabweichung betrug 340,- DM

a) Mit welcher Aussagesicherheit kann behauptet werden, daß der Durchschnittslohn zwischen 1532,- DM und 1668,- DM lag, wenn bei der damaligen Untersuchung 100 männliche Arbeiter befragt wurden?

b) Wie groß hätte der Stichprobenumfang n gewählt werden müssen, damit die Aussage in a) mit einer Sicherheit von 99.73% behauptet werden könnte, wenn $\sigma=340$ gilt?

c) Wie läßt sich die Aussagegenauigkeit einer Intervallschätzung verbessern?

d) Nennen und erläutern Sie eine Anwendung der χ^2-Verteilung in der Schätztheorie.

Aufgabe Z/22
Zur Überprüfung der Angaben des Herstellers zum Benzinverbrauch eines seiner PKW-Typen („durchschnittlicher Benzinverbrauch im Stadtverkehr höchstens 10 l/100km") testet eine Verbraucherorganisation 100 PKW's dieses Typs.

a) Die Verbraucherorganisation will die Angaben des Herstellers zurückweisen, wenn der durchschnittliche Benzinverbrauch bei den 100 Testautos 11.645 l übersteigt. Welche Wahrscheinlichkeit für den Fehler 1. Art nimmt die Verbraucherorganisation dabei in Kauf, wenn mit $\sigma=10$ gerechnet werden muß?

b) Ein kleinerer Vortest mit 9 PKW'S ergab einen durchschnittlichen Verbrauch von 11 l bei $s_{n-1}^2 = 4$. Läßt sich aufgrund dieser Information und ohne die Grundgesamtheitsvarianz zu kennen, bereits eine Testentscheidung über die Herstellerangabe treffen ($\alpha = 0.05$)?

c) Handelt es sich bei den gerade betrachteten Tests um parametrische oder um nicht-parametrische Tests? (Begründung!)

d) Welche Bedeutung hat die Normalverteilungsannahme für die Testtheorie?

Aufgabe Z/23

Einem Gemüsegroßhändler wird eine große Lieferung Badischen Spargels zu einem sehr günstigen Preis angeboten. Der Lieferant behauptet, daß 20% der Spargelstangen leicht holzig seien. Der Großhändler entschließt sich, die Lieferung zu kaufen, wenn in einer Stichprobe von 100 Spargelstangen höchstens 25 mangelhafte Stücke enthalten sind.

a) Geben Sie den exakten Term zur Berechnung der Wahrscheinlichkeit dafür, daß der Großhändler die Lieferung nicht kauft, unter der Voraussetzung, daß die Lieferantenbehauptung zutrifft.

b) Berechnen Sie die in a) erfragte Wahrscheinlichkeit mit Hilfe einer approximativen Verteilung.

c) Begründen Sie die Wahl der Verteilung in b).

d) Durch welches Modell läßt sich die Entscheidungssituation des Großhändlers beschreiben?

Aufgabe Z/24

Bei der zentral vom „Institut für medizinisch-pharmazeutische Prüfungsfragen" gestellten Klausur zur ärzlichen Vorprüfung sind 320 Fragen zu beantworten. Für jede Frage sind 5 Antwortmöglichkeiten vorgegeben. Nehmen wir der Einfachheit halber an, daß nur eine der gegebenen Antworten jeweils richtig ist.

a) Bestimmen Sie den Ansatz zur Berechnung der Wahrscheinlichkeit dafür, daß ein völlig unvorbereiteter Kandidat, der die Antworten jeweils zufällig auswählt, die Prüfung besteht, wenn dazu die richtige Beantwortung von mindestens 60% aller Fragen notwendig ist.

b) Berechnen Sie die in a) gesuchte Wahrscheinlichkeit approximativ mit Hilfe einer tabellierten Verteilung.

c) Wie groß ist die Wahrscheinlichkeit, daß ein Kandidat bestanden hat, der nach der Klausur sicher ist, 95 Fragen richtig beantwortet zu haben, bei den restlichen Fragen aber auch nach dem Zufallsprinzip jeweils eine Antwort ankreuzte?

Aufgabe Z/25
Bei einem statistischen Verfahren zur Entscheidung zwischen zwei Alternativen liegen folgende Likelihoodfunktion, Schadensmatrix und Entscheidungsfunktion vor:

Likelihood:

$x \backslash d$	d_1	d_2
0	0.8	0.3
1	0.2	0.7

Schadensmatrix:

Entsch.$\backslash d$	d_1	d_2
d_1	0	50
d_2	100	0

Entscheidungsfunktion:

x	$\delta(x)$
0	d_1
1	d_2

Bestimmen Sie die Risikofunktion der Entscheidungsfunktion δ.

Aufgabe Z/26
Laut Statistischem Bundesamt (Statistisches Jahrbuch 1991) gliedert sich die Bevölkerung Deutschlands zum Jahresende 1989 nach Geschlecht (Y) und Alter (X) wie folgt (in Tausend):

	$y = w$	$y = m$	
$x < 15$	6154.0	6484.7	12638.7
$15 \leq x < 40$	14432.5	15182.9	29615.4
$40 \leq x < 65$	12588.7	12476.2	25064.9
$65 \leq x$	7827.9	3965.9	11793.8
	41003.1	38109.7	79112.8

Sind die Merkmale Alter und Geschlecht unabhängig? Wie groß ist der Anteil der mindestens 65-jährigen Frauen an den Frauen in Deutschland?

Anhang B

Lösungshinweise zu den Übungsaufgaben

Aufgabe 1.1/1
Mit „Statistik" bezeichnet man
a) die in 1.1 beschriebenen Tätigkeiten
b) die Ergebnisse der in 1.1 beschriebenen Tätigkeiten
c) die Wissenschaft, die die für die in 1.1 beschriebenen Tätigkeiten erforderlichen Begriffe und Verfahren bereitstellt.

Aufgabe 1.1/2
Unserer Auffassung am nächsten kommt die zweite der hier angeführten Definitionen.

Aufgabe 1.2/1
Folgende Fragen stellen sich:
- Was sind Entwicklungsländer? Wie mißt man Einkommen, wenn monetäre Entgelte in manchen Gesellschaften keine Rolle spielen?
- Was sind Industriestaaten? Wer gilt (in Deutschland, in den USA) als arbeitslos?
- Wie mißt man den Lebensstandard?
- Wie mißt man Aufstiege? Wo erhält man eine Liste aller öffentlichen Dienststellen?
- Was ist und wie mißt man Intelligenz?

Aufgabe 1.2/2
a) Denken Sie an folgende Unterscheidungen:
- quantitatives/qualitatives Merkmal
- diskretes/stetiges/quasi-stetiges Merkmal
- nominal-/ordinal-/kardinalskaliertes Merkmal
- gruppierte/ungruppierte Daten

b) In einer Welt unbeschränkter Ressourcen sind Vollerhebungen, falls sie überhaupt durchführbar sind, Teilerhebungen auf jeden Fall vorzuziehen. Aber leben wir in einer solchen Welt?
c) Systematische, Zufalls-, Beobachtungs- und Meßfehler
d) Systematische Auswahlverfahren: Die Stichprobenelemente werden so ausgewählt, daß die Stichprobe die Zusammensetzung der Grundgesamtheit hinsichtlich von Merkmalen, die mit dem Untersuchungsmerkmal eng zusammenhängen, repräsentiert.

Aufgabe 1.3/1
a) Ordinalskala.
b) Gleichverteilung in den Klassen; $x_i^* = \bar{x}_i$.
c) $\bar{x} = 3401$; $x_M = 1900$; $x_Z = 2700$; rechtsschiefe Verteilung.
d) Hier ist hoffentlich nicht der Modus als Mittelwert gemeint.

Aufgabe 1.3/2
In beiden Fällen wird unterstellt, daß die Streuung innerhalb der Klassen relativ klein, die zwischen den Klassen relativ groß im Vergleich zur Gesamtstreuung ausfällt.

Aufgabe 1.3/3
a)

x_i	n_i	h_i	F_i
0	20	0.2	0.2
1	50	0.5	0.7
2	10	0.1	0.8
3	10	0.1	0.9
4	10	0.1	1.0
	100	1.0	

b) Stabdiagramm und Treppenfunktion.

c)

$< x \leq$	n_i	h_i	$F(x_i^o)$	f_i
-1	70	0.7	0.7	0.70
1—3	20	0.2	0.9	0.10
3—5	10	0.1	1.0	0.05
	100	1		

Darstellung: Histogramm und Polygonzug.

Aufgabe 1.3/4
a) $\bar{x} = 2100$; $x_Z = 1950$; 2 Modalwerte: 1000 und 2000.
b)

$<$	x	$\leq$	n_i	h_i	$F(x_i^o)$
		1000	3	0.3	0.3
1000	—	2000	4	0.4	0.7
2000	—	3500	2	0.2	0.9
3500			1	0.1	1.0
			10	1.0	

c) $\bar{x} = 1850$; $x_Z = 1500$.

Aufgabe 1.3/5
a) Arithmetisches Mittel.
b) 3 Personen.
c) Die Aussage ist falsch, da $\sum(x_i - \bar{x}) = 0$ gilt.
d) $s^2=100$ wegen Optimalitätseigenschaft von $\bar{x}$.
e) $s^2=0.5$.

Aufgabe 1.3/6
$\bar{x} =10$; $s^2=58$.

Aufgabe 1.3/7

$< x \leq$	x_i^*	n_i	$x_i^* n_i$	$(x_i^* - \bar{x})^2 n_i$
0–2	1	10	10	90
2–4	3	40	120	40
4–5	4.5	20	90	5
5–7	6	30	180	120
$\sum$		100	400	255

$\bar{x} = 4$; $s^2 = 2.55$.

Aufgabe 1.3/8
a) $x_{17} = 37000$.
b) Histogramm mit $f(x)=0.000025$ auf $[0, 10000]$, 0.00005 auf $[10000, 20000]$ und 0.0000125 auf $[20000, 40000]$.

Aufgabe 1.3/9
(a) $x_4 = 1$; (b) $x_4 \in \{0, 1, 2, 3\}$; (c) $x_4 \in \{0, 1, 3, 6, 7, 8, 9, 10\}$.

Aufgabe 1.3/10
a) Kreisdiagramme mit den Sektorwinkeln in Grad:

männl/weibl	dtsch/Ausl.	Arb/Ang	Voll/Teil$\geq$18/Teil<18
211.5/148.5	331.1/28.9	181.7/178.3	321.8/31.6/6.6

b) $h(\text{Teil}\geq 18) = 2.0096/22.8810$; $h(\text{Teil}\geq 18) = 2.0096/2.4269$.

Aufgabe 1.4/1
a) X, Y sind abhängig.
b) $\bar{x} =20$
c)

y	2	4	6	8
$h(y\|x = 30)$	1/3	1/12	1/3	1/4

Aufgabe 1.4/2
a)

	1	2	3	
1	2	1	1	4
2	4	2	2	8
	6	3	3	12

b) Ja.

Aufgabe 1.4/3
$\gamma=5/9$, $\tau=5/10$, $\tau_b=5/\sqrt{90}$, $r_S 1 = 6.5/\sqrt{95} = 0.67$. Gleichläufiger, nicht sehr starker Zusammenhang.

Aufgabe 1.4/4
$y' = 10 + 0.004\,x$

Aufgabe 1.4/5
a) a1)

	1	3	5	
2	10	10	20	40
4	20	30	10	60
	30	40	30	100

a2)

y	1	3	5
$h(y\mid x=4)$	1/3	1/2	1/6

a3) $F(4,1) = 0.3$

b)

	y_1	y_2	
x_1	60	40	100
x_2	540	360	900
	600	400	1000

Aufgabe 1.4/6
$K^* = K/K_{max} = 0.2828$ (beide Variablen sind nominalskaliert.)

Aufgabe 1.4/7
a) $b = r = s_{XY}$
b) $y' = 6.58 - 1.11\,x$

Aufgabe 1.5/1
Korrelationen erlauben keine Aussagen über Kausalitäten.

Aufgabe 1.5/2
Die Faktorenwerte sind nicht beobachtbar (F_i sind latente Variable).

Aufgabe 2.1/1

a) Die SZ benennt ein Ereignis, das ihrer Meinung nach die Wahrscheinlichkeit 0 besaß aber dennoch nicht unmöglich war. Solche Ereignisse sind nur bei Ergebnismengen mit überabzählbar vielen Elementen möglich.

b) Die Kenntnis aller Elementarereignisse ist notwendige Voraussetzung für die Formulierung eines stochastischen Modells.

c) Risiken sind üblicherweise die mit den Wahrscheinlichkeiten gewichteten Konsequenzen der Ereignisse.

d) Der Major ist sich über die Zusammenhänge zwischen „bedingte Häufigkeiten", „unbedingte Wahrscheinlichkeiten" und „Unabhängigkeit von Ereignissen" offenbar nicht im Klaren. Sie können ihm sicherlich helfen.

Aufgabe 2.1/2

a) Dann und nur dann, wenn mindestens eines der Ereignisse die Wahrscheinlichkeit 0 hat.

b) $W(A \cap B) = W(A|B)W(B) = W(B|A)W(A)$.
Sind A, B unabhängig, so gilt $W(A \cap B) = W(A)W(B)$. Faktorenvergleich ergibt die Behauptung.

c) Definieren Sie $W(\omega_i) = p_i$.

Aufgabe 2.1/3

a) 0.5

b) b1) 12/992; b2) 16/1024; b3) 12/992
Unabhängig sind die Ereignisse „König im 1. Zug" und „König im 2. Zug" in b2).

c) Der Meteorologe bevorzugt den frequentistischen Wahrscheinlichkeitsbegriff.

d) Der erste Teil der Aussage ist allgemeingültig. Der zweite Teil gilt nur für diskrete Ergebnisräume.

Aufgabe 2.2/1

a) $F(x)$ ist monoton nicht-fallend, rechtsseitig stetig. Es gilt $\lim_{x \to -\infty} F(x) = 0$ und $\lim_{x \to \infty} F(x) = 1$.

b) Im Prinzip ja.

Aufgabe 2.2/2

$X=$„Summe der Augenzahlen beim zweimaligen Werfen eines idealen Würfels"
Stabdiagramm für $f(x) = a/36$, Treppenfunktion für $F(x) = b/36$ mit

x	2	3	4	5	6	7	8	9	10	11	12
a	1	2	3	4	5	6	5	4	3	2	1
b	1	3	6	10	15	21	26	30	33	35	36

Aufgabe 2.2/3

a) 7/8; b) 7/8; c) $a = 2 - \sqrt{0.4}$;

d) $F(x) = \begin{cases} 0 & x \leq 0 \\ 0.5x^2 & 0 < x \leq 1 \\ -0.5x^2 + 2x - 1 & 1 < x \leq 2 \\ 1 & x > 2 \end{cases}$

Aufgabe 2.2/4

f_1 und f_2 sind keine Dichten.

Aufgabe 2.2/5

$W(5 \leq Y \leq 6) = 0.75$.

Aufgabe 2.3/1

a) $f_X(x) = f(x|y)$ bzw. $f_Y(y) = f(y|x)$.

b)
Z.m.Z.

	0	1	
0	0.36	0.24	0.6
1	0.24	0.16	0.4
	0.6	0.4	1

$f(x_{1i}, x_{2j}) = f_1(x_{1i}) f_2(x_{2j})$

Z.o.Z.

	0	1	
0	5/15	4/15	9/15
1	4/15	2/15	6/15
	9/15	6/15	1

$f(x_{1i}, x_{2j}) \neq f_1(x_{1i}) f_2(x_{2j})$

Aufgabe 2.3/2

a) Randverteilungen:

x	-2	0	2
$f(x)$	0.4	0.4	0.2

y	1	2	3	4
$f(y)$	0.5	0.2	0.2	0.1

Verteilungsfunktion:

	1	2	3	4
-2	0.2	0.3	0.3	0.4
0	0.5	0.6	0.7	0.8
2	0.5	0.7	0.9	1.0

Bedingte Verteilungen:

$f(x_i|y_j)$

	1	2	3	4
-2	0.4	0.5	0.0	1.0
0	0.6	0.0	0.5	0.0
2	0.0	0.5	0.5	0.0

$f(y_j|x_i)$

	1	2	3	4
-2	0.5	0.25	0.0	0.25
0	0.75	0.0	0.25	0.0
2	0.0	0.5	0.5	0.0

b) 0.4; 0.2; 1.

c) Nein.

Aufgabe 2.3/3

	0	1	2	
0	0.09	0.12	0.04	0.25
1	0.30	0.20	0.00	0.50
2	0.25	0.00	0.00	0.25
	0.64	0.32	0.04	1.00

Aufgabe 2.3/4

Die erste Aussage gilt nur für unabhängige Zufallsvariablen, die zweite ist nicht richtig.

Aufgabe 2.4/1

a) $E(X) = 7$ (symmetrische Verteilung); $V(X) = 5.83$.

b) $E(X) = 1$; $V(X) = 1/6$.

Aufgabe 2.4/2
Aussagen a und c sind richtig; Aussage b ist korrekt, falls mit „Zusammenhang" Korrelation gemeint ist.

Aufgabe 2.4/3
a) $E(X) = -0.4$; $E(Y) = 1.9$
b) $E(XY) = -0.6$
c) $E(XY) \neq E(X)E(Y)$, also liegt Abhängigkeit vor.
d) $E(X|Y=1) = -0.8$

Aufgabe 2.4/4
a) $E(X) = -0.5$; $E(Y) = 4.8$
b) $W(X = -1|Y = 5) = 5/8$
c) $f(1,4) = 0 \neq 0.02 = f_X(1)f_Y(4)$, also liegt Abhängigkeit vor.
d) $Cov(X,Y) = 0$, also liegt Unkorreliertheit vor.

Aufgabe 2.5/1
a) $f_B(4) = 0.0543$ $(BV(10, 1/6))$
c) $f_B(0) = 0.34868$ $(BV(10, 0.1))$
e) $f_B(0) = 0.5905$ $(BV(5, 0.1))$ für Z.m.Z.)

Aufgabe 2.5/2
a) $X=$„Anzahl der Kandidaten mit Dienstleistungsberufen in Stichprobe"
$\sim BV(100, \pi)$, $\pi = 2340/3696 = 0.633$
$W(X > 20) = 1 - F_B(20) = 1 - \sum_{x=0}^{20} \binom{100}{x} \pi^x (1-\pi)^{100-x}$
b) $X=$„Anzahl der Lehrer in Stichprobe" $\sim BV(100, \pi)$, $\pi = 390/3696 = 0.11$
$W(X > 20) = 1 - F_B(20) = 1 - \sum_{x=0}^{20} \binom{100}{x} \pi^x (1-\pi)^{100-x}$
c) $X=$„Anzahl der Frauen in Stichprobe" $\sim BV(100, \pi)$, $\pi = 894/3696 = 0.24$
$W(X > 20) = 1 - F_B(20) = 1 - \sum_{x=0}^{20} \binom{100}{x} \pi^x (1-\pi)^{100-x}$

Aufgabe 2.5/3
a) $X=$„Anzahl der Gegner" $\sim BV(8, 0.7)$

0	1	2	3	4	5	6	7	8
.0001	.0012	.0100	.0467	.1361	.2541	.2965	.1977	.0576

b) $x_M = 6$; am unwahrscheinlichsten ist es, daß alle Befragten dafür sind.

Aufgabe 2.6/1
$X=$„Anzahl der Züge, bis zwei Frauen in Stichprobe sind" $\sim NBV(2, 0.2)$;
$W(X = 8) = \binom{7}{1} 0.2^2 0.8^6 = 0.0734$.

Aufgabe 2.6/2
$X=$„Anzahl der Würfe, bis zum 2. Mal 5 als Summe der Augenzahlen auftritt" $\sim NBV(2, 4/36)$; $W(X = 5) = 0.0347$.

Aufgabe 2.7/1
$W(X \geq 1) = 1 - \binom{5}{0}\binom{95}{10}/\binom{100}{10} = 0.416$.
Das Prüfverfahren führt mit relativ hoher Wahrscheinlichkeit zur Ablehnung von Lieferungen, die den Vertragsbedingungen noch entsprechen.

Aufgabe 2.7/2

a)

x	0	1	2
$f_H(x)$	0.1	0.6	0.3

b)

x	0	1	2
$f_B(x)$	0.16	0.48	0.36

c) $E(X) = 1.2 = 2 \cdot \frac{3}{5}$
$V(X) = 0.36 = 2 \cdot \frac{3}{5} \cdot \frac{2}{5} \cdot \frac{5-2}{5-1}$ (Z.o.Z.)
$V(X) = 0.48 = 2 \cdot \frac{3}{5} \cdot \frac{2}{5}$ (Z.m.Z.)

Aufgabe 2.7/3
$X = $„Anzahl der Frauen in Stichprobe"
Z.o.Z.: $X \sim HV(10, 10449, 9759)$; $W(X = 10) = \binom{9759}{10}/\binom{10449}{10}$
Z.m.Z.: $X \sim BV(10, 0.934)$; $W(X = 10) = 0.934^{10}$

Aufgabe 2.8/1
a) Man unterteile die Zeiteinheit T im ersten Beispiel in gleich große Zeitintervalle der Länge Δt so, daß innerhalb Δt höchstens ein großer Schadensfall auftreten kann. Dann ist Δt sehr klein, und n mit $T = n\Delta t$ ist groß. Die Wahrscheinlichkeit für das Eintreten eines großen Schadenfalles innerhalb Δt sei nur von dieser Größe abhängig und damit klein und konstant. Dann kann $BV(n, \pi)$ durch $PV(n\pi)$ approximiert werden. Es muß nur das Produkt $n\pi$ bekannt sein.

b) Ja, falls $n/N \leq 0.05$ und $n \geq 50$ und $M/N \leq 0.1$ gilt (gemäß unserer Approximationsregeln).

Aufgabe 2.8/2
$f_P(0) = 0.135$; $F_P(3) = 0.857$; $1 - F_P(4) = 0.053$ ($\lambda=2$)

Aufgabe 2.8/3
a) a1) $X \sim PV(1)$; a2) $Y \sim PV(2)$
b) b1) 0.183; b2) 0.919; b3) 0.081

Aufgabe 2.8/4
$\lambda=2$

Aufgabe 2.8/5
0.18 ($\lambda=2$)

Aufgabe 2.9/1
$f_M(2, 3, 5, 0) = 0.0035$

Aufgabe 2.9/2
$f_M(3, 2, 1) = 0.12$

Aufgabe 2.10/1
Aussagen a) und b) sind richtig. Der Aussage c) stimmen die meisten Statistiker ebenfalls zu.

Aufgabe 2.10/2
Offensichtlich erfordert die Approximation der BV durch die NV ein umso größeres n, je größer der Abstand $|\pi - \frac{1}{2}|$ ist.

Aufgabe 2.10/3
a) $NV(4.5, 0.6)$. b) $NV(4.5, 0.049)$.

Aufgabe 2.10/4
a) $\sigma=5.556$; b) $c=7.2$

Aufgabe 2.10/5
a) 0.1587; 0.4206; 0.4207; 0.2743
b) 23.014%
c) Zur Berechnung von Wahrscheinlichkeiten normalverteilter Zufallsvariabler ist lediglich die Tabelle der Standardnormalverteilung notwendig.

Aufgabe 2.11/1
a) $\lambda \int_0^\infty e^{-\lambda x} dx = \lim_{x \to \infty}(1 - e^{-\lambda x}) = 1$
$f(x) = \lambda e^{-\lambda x} > 0$ für $x \geq 0$.
b) $\kappa = 1$

Aufgabe 2.11/2
a) $f_P(0) = 0.368$; $f_P(1) = 0.368$ ($\lambda=1$)
b) $f_P(0) = 0.135$; ($\lambda=2$)
c) $f_E(1) = e^{-1}$; $f_E(3) = e^{-3}$ ($\lambda=1$)
d) $F_E(2) = 1 - e^{-2}$; $F_E(7) = 1 - e^{-7}$ ($\lambda=1$)

Aufgabe 2.12/1
Vgl. Abschnitt 2.12

Aufgabe 2.12/2
a) $x=11.1$; b) $x=2.02$; c) $x=5.1$

Aufgabe 2.13/1
$$f(x) = \frac{1}{2\pi} e^{-\frac{1}{2}(x^2+y^2)}$$

Aufgabe 2.13/2
a) Bis auf die vertikale Skalierung erhält man die bivariate Dichte durch Rotieren der Dichte der univariaten Standardnormalverteilung um die vertikale Achse.
b) Konzentrische ähnliche Ellipsen.

Aufgabe 2.14/1
a) Unabhängigkeit der Zufallsvariablen.
b) Wahrscheinlichkeiten können durch eine große Zahl von Wiederholungen im Bernoulli-Versuch mit beliebiger Genauigkeit ermittelt werden.
c) Die stochastische Konvergenz ist eine schwächere Forderung als die Konvergenz im Sinne der klassischen Analysis.

Aufgabe 2.14/2

$$W(X > 30) = \sum_{x=31}^{100} \binom{100}{x} 0.414^x 0.586^{100-x} \approx 0.9861$$

$BV(100, 0.414) \rightsquigarrow NV(41.4, 4.93)$

Aufgabe 2.14/3
Je asymmetrischer die Verteilung, desto größer das erforderliche n.

Aufgabe 2.14/4
$W(X \leq 20.5) = 0.21$, also keine deutliche Verbesserung festzustellen.

Aufgabe 2.14/5
$W(6.5 \leq X \leq 12.5) = 0.65$

Aufgabe 3.1/1
a) Einfache Stichprobe; Z.m.Z..
b) Erhebungseinheit ist nicht gleich Untersuchungseinheit; keine einfache Stichprobe.
c) Keine uneingeschränkte Zufallsauswahl.
d) Keine Zufallsauswahl für die Grundgesamtheit „Einwohner der Stadt".
e) Keine Zufallsauswahl (sicher keine repräsentative Auswahl).
f) Keine Zufallsauswahl (möglicherweise keine repräsentative Auswahl).
g) Z.o.Z.; uneingeschränkte Zufallsauswahl. keine einfache Stichprobe.

Aufgabe 3.1/2
„...erzielte das falsche Resultat, weil er die Wähler per Telefon auswählte. Dadurch erhielt er einen höheren Anteil von republikanischen Wählern (die im allgemeinen reicher sind und eher ein Telefon haben als Wähler, die die Demokraten unterstützen)." (Kennedy (1985), S. 170)

Aufgabe 3.2/1
a) $W(X \geq 60.5) = W(T \geq (60.5 - 50)/5) = 0.018 = W(P \geq 0.60 + 1/200)$
b) Die Stetigkeitskorrektur ist in beiden Fällen zu berücksichtigen.

Aufgabe 3.2/2
$\bar{X} \rightsquigarrow NV(\mu, 2/3) \Longrightarrow 1 - W(\mu - 1 < \bar{X} < \mu + 1) = 0.134$

Aufgabe 3.2/3
a) $Y \sim NV(4, 9)$; b) $\bar{X} \sim NV(-1, 1)$

Aufgabe 3.2/4
$W(\bar{X} > 12) = 0.00135$

Aufgabe 3.2/5
$n = 1825$

Aufgabe 3.3/1
a) Schluß von der Grundgesamtheit auf die Stichprobenverteilung heißt direkter Schluß; Schluß von einer konkreten Stichprobenrealisationen auf die Grundgesamtheitsverteilung heißt indirekter Schluß.
b) Die Stichprobenvariable X_i beschreibt das Ergebnis des i-ten Zuges einer Stichprobe vom Umfang $n(i = 1, \ldots, n)$. Stichprobenfunktionen sind Funktionen mit den Stichprobenvariablen als Argument. Schätzfunktion ist eine zur Schätzung eines Grundgesamtheitsparameters ausgewählte Stichprobenfunktion. Punktschätzung nennt man die Realisation einer Schätzfunktion.
c) Während bei der Momentenmethode keine Informationen zur Grundgesamtheitsverteilung benötigt werden, sind für die Anwendung der ML-Methode Kenntnisse über die Grundgesamtheitsverteilung erforderlich.
d) Vgl. Sie das Alternativkostenkonzept bei Weise et al. (1991).
e) $\ln(x)$ ist eine monotone Transformation der Ausgangswerte x und erhält somit Extremwerte.

Aufgabe 3.3/2
a) $\hat{\pi}_{ML} = 9/40$; b) $\hat{\pi}_{MO} = 10/40$

Aufgabe 3.3/3
a) a1) $\hat{\vartheta} = \bar{x}$; a2) $\hat{\vartheta} = 100$
b) $a = 17$
c) $\hat{\pi} = p = 2/3$

Aufgabe 3.3/4
a) $\hat{\pi} = 0.14$
b) $\hat{\pi}_F = 0.05$; $\hat{\pi}_M = 0.04$; $\hat{\pi}_I = 0.045$

Aufgabe 3.4/1
Alle Aussagen sind wahr.

Aufgabe 3.4/2
a) $E(\bar{X}) = E(\frac{1}{n}\sum_{i=1}^{n} X_i) = \frac{1}{n}\sum_{i=1}^{n} E(X_i) = \frac{1}{n}n\mu = \mu$
b) Nein; ja; nein; ja.
c) Asymptotisch erwartungstreu.
d) $\lim_{n\to\infty} \frac{n-1}{n}\vartheta = \vartheta$ und $\lim_{n\to\infty}(\sigma^2 + \vartheta^2)/n = 0 \Longrightarrow$ Konsistenz.

Aufgabe 3.4/3
Ohne nähere Kenntnisse über Auswahlverfahren, Aggregierungsmethode und graphische Präsentation sind die Fragen nicht zu beantworten.

Aufgabe 3.5/1
a) Die Aussage ist falsch.
b) Bei festem Konfidenzniveau durch Erhöhung des Stichprobenumfangs; Aussagesicherheit (1-α) und Aussagegenauigkeit sind konkurrierende Kriterien.
c) Die Aussage ist wahr.
d) Für $\pi=0.5$ ist die Varianz maximal.
e) Die Grenzen des Konfidenzintervalls sind Zufallsvariablen.
f) $V(\bar{X}) = \sigma^2/n$ ist ein Maß für die Güte der Schätzfunktion $G_\mu = \bar{X}$.

Aufgabe 3.5/2
a) [27.44, 31.36]; b) [25.272, 33.528]; Normalverteilungsannahme. c) 0.9973

Aufgabe 3.5/3
[0.1342, 0.2658]

Aufgabe 3.5/4
a) [72.8, 77.2]; b) $\sigma^2 = 64$

Aufgabe 3.5/5
$e = 5.152$

Aufgabe 3.5/6
$\hat{\pi}_M \in [0.733, 0.767]$; $\hat{\pi}_F \in [0.407, 0.471]$
Die unterschiedlichen Intervallschätzungen legen den Verdacht geschlechtsspezifischer Diskriminierung bei Beförderungen nahe. Vor einem abschließenden Urteil ist jedoch der Einfluß weiterer Variabler wie Alter, Ausbildung u.s.w. auf Beförderungen sowie die unterschiedliche Verteilung dieser Variablen bei Frauen und Männern zu berücksichtigen (vgl. Autorengemeinschaft Paderborn (1989)).

Aufgabe 3.6/1
a) Normalverteilte Grundgesamtheit, einfache Stichprobe.
b) Wir ersetzen $\sum(X_i - \bar{X})^2$ durch $\sum(X_i - \mu)^2$ und benutzen $\chi^2 V(n)$.
c) [724, 1155]

Aufgabe 3.6/2
a) [128721, 205312]; b) [476991, 760811];
c) Männliche Angestellte sind hinsichtlich des Einkommens eine heterogenere Gruppe als weibliche. Vorausgesetzt werden normalverteilte Einkommen.

Aufgabe 3.6/3
a) [0.00009, 0.00208]; b) $\hat{\sigma}^2 = s_{n-1}^2 = 0.0004745$

Aufgabe 3.6/4
[30, 211.1]; Normalverteilungsannahme.

Aufgabe 3.7/1
a) Statistische Hypothese: eine die Grundgesamtheitsverteilung betreffende Annahme; Signifikanzniveau = α = Wahrscheinlichkeit für den Fehler 1. Art; Verwerfungsbereich: liegt die Realisation der Prüfgröße in diesem Bereich, so wird H_0 verworfen; Fehler 1. Art: H_0 verwerfen, obgleich H_0 zutrifft; Fehler 2. Art: H_0 beibehalten, obgleich H_0 nicht zutrifft.
b) $\beta < 1 - \alpha$ und $\sup_{\mu_1} \beta(\mu_1) = 1 - \alpha$; falsch; wahr; wahr.

Aufgabe 3.7/2
a) $H_0 : \mu = 24000; H_1 : \mu \neq 24000;$
$\bar{x} = 22900 \notin [23600, 24400] \Longrightarrow H_0$ verwerfen.
b) Fehler 1. Art; W(Fehler 1. Art)=α; unberechtigte Mängelrüge.

Aufgabe 3.7/3
a) $H_0 : \mu = 100; H_1 : \mu \neq 100$
$\bar{x} = 101.5 \in [98.04, 101.96] \Longrightarrow H_0$ beibehalten.
b) $\bar{x} \notin [99.02, 100.98] \Longrightarrow H_0$ verwerfen.
c) Wenn α steigt, wird t_α und damit der Nicht-Ablehnungsbereich kleiner.

Aufgabe 3.8/1
Die erste Aussage ist richtig, da die Wahrscheinlichkeit für den Fehler 1. Art kontrolliert wird. Die zweite Aussage trifft ebenfalls zu: die Intervallschätzung enthält genau die Werte, die als μ_0 nicht verworfen werden.

Aufgabe 3.8/2
a) $H_0 : \mu \leq 8; H_1 : \mu > 8$
b) $\bar{x} > \bar{x}_k = 8.1645$
c) β=0.84135
d) Normalverteilungsannahme; $\bar{x}_k = 8.329$

Aufgabe 3.8/3
a) $H_0 : \pi = 0.6; H_1 : \pi \neq 0.6$
$|t_r| = 1.22 \leq 1.96 \Longrightarrow H_0$ beibehalten.
b) $\beta \approx 0$
c) Gütefunktion oder Operationscharakteristik.

Aufgabe 3.8/4
a) $H_0 : \mu = 16; H_1 : \mu \neq 16$
$\bar{x} = 15 \in [14.1, 17.9] \Longrightarrow H_0$ beibehalten.
b) $t_r = -1.1 > -1.7 = -t_{2\alpha} \Longrightarrow H_0$ beibehalten.
c) $\alpha > 0.277$
d) Der Mittelwertetest A ist trennschärfer als der Mittelwertetest B (jeweils gleiches α), wenn gilt: $\beta_A(\mu_1) \leq \beta_B(\mu_1)$ für alle μ_1 mit Ungleichheit für mindestens ein μ_1.

Aufgabe 3.8/5
$H_0 : \pi \geq 0.88; H_1 : \pi < 0.88; p = 0.854 > 0.87 = p_k \Longrightarrow H_0$ verwerfen.

Aufgabe 3.9/1
[1.48, 29.6]

Aufgabe 3.9/2
$H_0 : \sigma^2 = 1; H_1 : \sigma^2 \neq 1; \chi_r^2 = 20 \in [2.6, 23.2] \Longrightarrow H_0$ beibehalten.

Aufgabe 3.9/3
a) $H_0 : \sigma^2 \leq 100; H_1 : \sigma^2 > 100; \chi_r^2 = 122.2 < 124.3 \Longrightarrow H_0$ beibehalten.
b) $\beta = 0.9$

Aufgabe 3.10/1
a) Im Falle einer stetig verteilten Prüfgröße kann der zweiseitige Test so konstruiert werden, daß W(Fehler 1. Art)=α gilt. Ist die Prüfgröße diskret verteilt, so kann lediglich W(Fehler 1. Art)$\leq \alpha$ garantiet werden.
b) X:„Anzahl der Merkmalsträger in der Stichprobe"; $x_i \in \{0, 1, \ldots, n\}$.
c) $T = \sqrt{n}(\bar{X} - \mu)/S_{n-1}$

Aufgabe 3.10/2
a) $\hat{\mu} = \bar{x} = 2500; \hat{\sigma}^2 = s_{n-1}^2 = 57000$
b) $2203.2 \leq \mu \leq 2796.8; 20540.5 \leq \sigma^2 \leq 475000$

Aufgabe 3.10/3
$H_0 : \pi \leq 0.2; H_1 : \pi > 0.2$
$W(X \geq 3) = 1 - \sum_{x=0}^{2} \binom{10}{x} 0.2^x 0.8^{10-x} = 0.322 > \alpha \Longrightarrow H_0$ beibehalten.

Aufgabe 3.11/1
a) Nominalskalierte Daten; $e_j \geq 5$.
b) Rechtsseitiger Test.
c) Für kleine Stichproben dürfte $e_j \geq 5$ nicht für alle j erfüllt sein.

Aufgabe 3.11/2
$\chi_r^2 = 4 > 3.84 = \chi_k^2 \Longrightarrow H_0$ (jedes zweite Los gewinnt) verwerfen.

Aufgabe 3.11/3
$\chi_r^2 = 20 > 12.6 = \chi_k^2 \Longrightarrow H_0$ (Unfallgefahr an allen Wochentagen gleich) verwerfen.

Aufgabe 3.11/4
$\chi_r^2 = 0.4 < 7.81 = \chi_k^2 \Longrightarrow H_0$ (alle Farben sind gleich-häufig) beibehalten.

Aufgabe 3.11/5
a) H_0 : Der Würfel ist fair; $\chi_r^2 = 7 < 11.1 = \chi_k^2 \Longrightarrow H_0$ beibehalten.
b) $n = 30$
c) Entscheidung auf H_0, obgleich der Würfel nicht fair ist.

Aufgabe 4.1/1
Falsch; wahr; wahr.

Aufgabe 4.1/2
a) $[6.08, 13.92]$; b) $10 \pm 1.96\sqrt{\frac{87}{29} + \frac{69}{69}} \Longrightarrow [6.08, 13.92]$

Aufgabe 4.1/3
a) $[1974.52, 2025.48]$
b) $s^2_{n_1, n_2} = 8450$; gleiches Intervall wie in a).
c) $[-0.056, 0.256]$

Aufgabe 4.1/4
$[0.01, 0.19]$

Aufgabe 4.1/5
$\alpha = 0.0455$

Aufgabe 4.1/6
a) $[-0.4544, 0.6544]$; b) Nein
c) Falls die Normalverteilungsannahme für beide Jahre gilt, läßt sich mit Hilfe der Student-Verteilung ein Konfidenzintervall bestimmen.

Aufgabe 4.1/7
a) $\hat{\pi} = 0.18$; b) $[-0.14, 0.24]$

Aufgabe 4.2/1
Schlagen Sie die Definitionen in Kapitel 3 nach.

Aufgabe 4.2/2
a) Differenzentest für Mittelwerte; approximativer Gaußtest (kleiner Auswahlsatz und $n \geq 30$);
$H_0 : \mu_1 - \mu_2 = 0$; $H_1 : \mu_1 - \mu_2 \neq 0$; $D = 3.2 > 2 = D_k \Longrightarrow H_0$ verwerfen.
b) $[0.75, 3.25]$
c) Normalverteilung

Aufgabe 4.2/3
a) $H_0 : \mu_B - \mu_A \leq 0$; $H_1 : \mu_B - \mu_A > 0$; $D = 9/2.02 > 2.576 = t_{2\alpha} \Longrightarrow H_0$ verwerfen.
b) $[4.96, 13.04]$

Aufgabe 4.2/4
a) $H_0 : \mu_A - \mu_B = 0$; $H_1 : \mu_A - \mu_B \neq 0$;
Nicht-Ablehnungsbereich für $(\bar{X}_A - \bar{X}_B)$: $[-0.98, 0.98]$
b) $\beta = 0.02$

Aufgabe 4.3/1
a) $[0.294, 3.4]$; b) $[0.667, 1.5]$

Aufgabe 4.3/2

a) Normalverteilte Zufallsvariablen.
b) $H_0 : \sigma_1^2 = \sigma_2^2; H_1 : \sigma_1^2 \neq \sigma_2^2$
c) Zweiseitiger Test.
d) $F_r = 0.25 \notin [0.256, 4.2] \Longrightarrow H_0$ verwerfen.

Aufgabe 4.4/1

a) Vergleichen Sie den jeweiligen Text.
b) Nominalskala.
c) $\chi^2 \geq 0; \chi_r^2 > \chi_k^2$; erhöht sich ν, so erhöht sich ceteris paribus χ_k^2.

Aufgabe 4.4/2

$\chi_r^2 = 292.68 > 7.81 = \chi_k^2 \Longrightarrow H_0$ (Nationalität und Interesse sind unabhängige Merkmale) wird verworfen.

Aufgabe 4.4/3

a)

	Ja	Nein	
Land	100	100	200
Stadt	200	100	300
	300	200	500

b) $\chi_r^2 = 13.89 > 3.84 = \chi_k^2 \Longrightarrow H_0$ (Unabhängigkeit) verwerfen.

c) Es besteht ein Zusammenhang zwischen Wohnort und Relevanz der Umweltpolitik für die Wahlentscheidung.

Aufgabe 4.5/1

a) Zur Überprüfung der Hypothese, daß Grundgesamtheitsmittelwerte aus $r > 2$ Grundgesamtheiten übereinstimmen, verwendet man die Varianzanalyse. Der Name weist auf die bei diesem Testverfahren benutzte Prüfgröße hin.

b) Die Prüfgröße setzt (bis auf einen Faktor, der von der Zahl der Grundgesamtheiten und dem Stichprobenumfang abhängt) die externe Streuung zur internen ins Verhältnis. Die Prüfgröße nimmt kleine positive Werte an, falls die externe Streuung klein ist (keine großen Unterschiede zwischen den Stichprobenmittelwerten) und/oder die interne Streuung groß ist (heterogene Stichproben). In diesem Falle wird die Hypothese, die Grundgesamtheitsmittelwerte seien identisch, offenbar gestützt. Rechtsseitiger Test.

Aufgabe 4.5/2

$H_0 : \mu_1 = \mu_2 = \mu_3 = \mu_4; H_1 : \mu_i \neq \mu_j$ für mindestens ein Paar i, j.
$D = 1.44 \leq 3.2 = F_k(3, 16) \Longrightarrow H_0$ beibehalten.

Aufgabe 4.5/3

a) $H_0 : \mu_A = \mu_B = \mu_C = \mu_D$; $H_1 : \mu_i \neq \mu_j$ für mindestens ein Paar i,j.
$F = 0.164 < 4.4 = F_k(3,7) \Longrightarrow H_0$ beibehalten.

b) Unabhängige Stichproben, Normalverteilungsannahme für alle Grundgesamtheiten, Varianzhomogenität, Kardinalskala.

Aufgabe 4.6/1
Nach Durcharbeiten des Textes fällt Ihnen die Antwort sicherlich nicht schwer.

Aufgabe 4.6/2

- $V(Y_i) = V(\beta_0 + \beta_1 x_i + U_i) = V(U_i)$
  $E(Y_i) = \beta_0 + \beta_1 x_i + E(U_i)$
- Ist $s_X^2 = 0$, so ist sowohl B_1 als auch B_0 nicht definiert. Gilt $s_X^2 \approx 0$, so ist s_{B_j} sehr groß und die Schätzwerte sind sehr ungenau.

Aufgabe 4.6/3

a) $Y=$„Lärmemission in db(A)"; $X=$„Fahrgeschwindigkeit"
b) $Y = 45.52 + 0.408x$. Steigt die Fahrgeschwindigkeit um 1km/h so steigt die Lärmemission im Durchschnitt um 0.408 db(A).
c) Unter den gemachten Annahmen (Linearität, Störvariablen mit Erwartungswert 0, Homoskedastie, keine Autokorrelation) sind die KQ-Schätzer effizient in der Klasse aller linearen erwartungstreuen Schätzfunktionen. Gilt zusätzlich die Normalverteilungsannahme, so gilt die Effizienz für die Klasse aller erwartungstreuen Schätzfunktionen.
d) Falls die Normalverteilungsannahme gilt, kann ein Test mit der Student-Verteilung durchgeführt werden.

Aufgabe 4.7/1
Sind X, Y zweidimensional normalverteilt, so gilt: X, Y sind unkorreliert genau dann, wenn X, Y unabhängig sind. Im allgemeinen ist die Unkorreliertheit keine hinreichende Bedingung für die Unabhängigkeit zweier Zufallsvariabler.

Aufgabe 4.7/2

a) $\hat{\rho} = r = 0.64$
b) Schwacher gleichläufiger Zusammenhang.
c) $G_\rho = R$ ist nicht erwartungstreu. Die Konsistenz der Schätzfunktion ist für die vorliegende kleine Stichprobe wohl weniger von Belang.
d) Korrelationsmodell.

Aufgabe 4.7/3

a) $E(X + Y) = 4$; b) Falsch; wahr; wahr; falsch.

Aufgabe 5.1/1

a)

	0	1	2
0	0	0	0
1	-40	6	6
2	-80	-34	12

b) Setzt man Geldeinheiten hier mit Nutzeneinheiten gleich — was nicht unproblematisch ist — so kann man für U die identische Abbildung, also $U(R_{ij}) = R_{ij}$, wählen.

c) Individuelle Entscheidung; Spiel gegen die Natur; Entscheidung unter Ungewißheit; einstufiger Entscheidungsprozeß.

Aufgabe 5.1/2

a)

	nicht gestehen	gestehen
nicht gestehen	(-600,-600)	(-10000,-100)
gestehen	(-100,-10000)	(-1000,-1000)

Dabei ist die „Auszahlung" für Person i jeweils die i-te Komponente ($i=1,2$) des Auszahlungsvektors.

b) Unabhängig von der Wahl der anderen Person ist „Gestehen" für jeden Aktor vorteilhaft, obgleich das Ergebnis für beide nicht befriedigend ist.

c) Konkurrenzsituation; spieltheoretisches Modell.

d) Wir meinen: ja! (Vgl. Weise et al. (1991), 3.5)

Aufgabe 5.1/3

a)

	schlecht	normal	gut
Sparen (a_1)	1000	1000	1000
Aktien (a_2)	-100	1000	2000
Anteile (a_3)	800	900	1500

b) a_2; a_1; a_2 und a_3; a_1 und a_3.

Aufgabe 5.2/1

a) Die statistische Entscheidungsfunktion ordnet jeder Stichprobenrealisation eine Letztentscheidung zu. Die Risikofunktion ordnet jedem Paar (Umweltzustand, Entscheidungsfunktion) den erwarteten Schaden unter Berücksichtigung der möglichen Stichprobenrealisation zu. Ein gleichmäßig bestes statistisches Verfahren dominiert alle anderen Verfahren einer bestimmten Klasse.

b) Die mit den Fehlentscheidungen verbundenen Konsequenzen werden bewertet und bei der Auswahl des statistischen Verfahrens berücksichtigt.

Aufgabe 5.2/2
a) $H_0 : \pi = 0.1$; $H_1 : \pi = 0.25$
b) $d_0 : H_0$ beibehalten; $d_1 : H_0$ verwerfen
c)

	π_0	π_1
d_0	0	1
d_1	10	0

d) $\delta_k(x) = \begin{cases} d_0 & \text{falls } x \leq k \\ d_1 & \text{falls } x > ek \end{cases}$

definiert für $k = -1, 0, 1, 2, 3$ mit $x = \sum_{i=1}^{3} x_i$ und $x_i = 0$, falls die i-te gezogene Schraube nicht defekt ist, bzw. $x_i = 1$, falls diese defekt ist, 5 statistische Entscheidungsfunktionen.

e)

	$r(\pi_0, \delta_k)$	$r(\pi_1, \delta_k)$
δ_{-1}	10.00	0.00
δ_0	2.71	0.42
δ_1	0.28	0.84
δ_2	0.01	0.98
δ_3	0.00	1.00

f)

k	-1	0	1	2	3
α_k	1	0.271	0.028	0.001	0
β_k	0	0.42	0.84	0.98	1

Aufgabe 5.3/1
a) Ein risikoneutraler Spieler, der sich am Erwartungswert des monetären Gewinns orientiert, würde einen Einsatz von $+\infty$ akzeptieren (Petersburg-Paradoxon).
b) Offenbar ist es nicht sinnvoll für U die identische Abbildung zu wählen. Entsprechend dem Gesetz vom abnehmenden Grenzertrag wird in der mikroökonomischen Literatur deshalb z.B. die logarithmische Funktion als Bewertungsfunktion vorgeschlagen. Dann löst sich das Petersburg-Paradoxon auf.
c) Kardinalskala.

Aufgabe 5.3/2
a) ϑ_1: „Schneefall an den Weihnachtstagen" ϑ_2: „Kein Schneefall an den Weihnachtstagen" $\varphi(\vartheta_1) = 0.1$; $\varphi(\vartheta_2) = 0.9$.
b) $\psi(\vartheta_1 | X = \text{„Schneefall angesagt"}) = 0.31$;
$\psi(\vartheta_2 | X = \text{„Schneefall angesagt"}) = 0.69$.

Aufgabe 5.3/3
a) a_3; b) a_1; c) a_2

Aufgabe 5.3/4
a) a_2; b) a_3; c) δ_2

Aufgabe 5.4/1

a) Prinzip des unzureichenden Grundes: es liegen keine Informationen vor, die dafür sprechen, von der Gleichverteilung abzuweichen (Laplace-Regel); Vorsichts-Prinzip, Pessimismus (Wald-Regel); subjektive Gewichtung des besten und des schlechtesten Ergebnisses (Hurwicz-Regel); Minimierung des Bedauerns nach getroffener Wahl (Savage-Niehans-Regel).

b) In Situationen, in denen der Gewinn des einen Spielers dem Verlust des anderen Spielers entspricht, muß jeder Spieler damit rechnen, daß der andere ihn soweit wie möglich schädigen will.

c) Wald-Regel.

Aufgabe 5.4/2

a)

Regel	a^*
Laplace	a_0
Wald	a_0
Hurwicz (0.5)	a_0
Hurwicz (0.9)	a_2
Sav.-Nieh.	a_0

b)

Regel	a^*
Laplace	a_3
Wald	a_1
Hurwicz (0.5)	a_3
Hurwicz (0.9)	a_2
Sav.-Nieh.	a_3

c) Zu pessimistisch; konsequente Anwendung führt zur Vermeidung fast jeder Aktivität.

Aufgabe 5.4/3

Regel	δ^*
Laplace	δ_2
Wald	δ_1
Hurwicz	δ_3
Sav.-Nieh.	δ_1

Aufgabe Z/1

a) $f(x) = \begin{cases} 0.25 & \text{für } 0 \leq x < 2 \\ 0.5x - 0.75 & \text{für } 2 \leq x \leq 3 \\ 0 & \text{sonst} \end{cases}$

b) $E(X) = 43/24$; c) 7/16; d) 2.62

Aufgabe Z/2

a) $\hat{\mu} = \bar{x} = 1000$. Da keine Angaben über die Grundgesamtheitsverteilung vorliegen, ist die ML-Methode nicht anwendbar.

b) [933.36, 1066.64]

c) $H_0 : \mu \leq 966$; $H_1 : \mu > 966$; $t_r = 1 < 1.645 = t_{2\alpha} \Longrightarrow H_0$ beibehalten.

d) Student-Verteilung ist Testverteilung der Prüfgröße $T = (\bar{X} - \mu)/S_{n-1}$ bei normalverteilter Grundgesamtheit.

Aufgabe Z/3
a) $\hat{\mu} = \bar{x} = 2425$.
b) $H_0 : X \sim NV(2500, 1000); H_1 : X \not\sim NV(2500, 1000)$
   $\chi_r^2 = 19.54 > 7.81 = \chi_{0.05,3}^2 \Longrightarrow H_0$ verwerfen.
c) $H_0 : \mu = 2500; H_1 : \mu \neq 2500; t_r = 0.7 < 1.96 = t_k \Longrightarrow H_0$ beibehalten.
d) $2216 \leq \mu \leq 2634; 868538 \leq \sigma^2 \leq 1516606$ (bei normalverteilter Grundgesamtheit, mit $\nu=100$, da $\nu=99$ nicht tabelliert).

Aufgabe Z/4
a) Da die gesuchte Wahrscheinlichkeit 0.38 beträgt, läßt sich die Behauptung $\pi=0.5$ (gleich Spielstärke) für alle $\alpha \leq 0.38$ aufrechterhalten.
b) $H_0 : \pi = 0.5; H_1 : \pi \neq 0.5; t_r = 2 > 1.96 = t_k \Longrightarrow H_0$ verwerfen.
c) Für a) gilt: $n\pi_0(1 - \pi_0) = 2.5 < 9$, also Binomialtest;
   für b) gilt: $n\pi_0(1 - \pi_0) = 25 > 9$, also Gaußtest.
d) Konstante Spielstärke der beiden Spieler während der ganzen Serie wird vorausgesetzt.

Aufgabe Z/5
a) $W(\text{Abl.}) = \sum_{x=6}^{10} \frac{\binom{200}{x}\binom{800}{10-x}}{\binom{1000}{10}} + \frac{\binom{200}{5}\binom{800}{5}}{\binom{1000}{10}} \sum_{x=2}^{5} \frac{\binom{195}{x}\binom{795}{5-x}}{\binom{990}{5}}$
b) Die Stetigkeitskorrektur ist anzuwenden, wenn man eine diskrete Verteilung durch eine stetige approximiert.
c) Approximation der Binomialverteilung, wenn π klein und n groß ist; Modellierung von Warteschlangenproblemen.

Aufgabe Z/6
a) Kein χ^2-Unabhängigkeitstest möglich, da häufbares Merkmal vorliegt.
b) $0.08 \leq \pi_{\text{gym}} - \pi_{\text{ges}} \leq 0.32$
c) Statistisch signifikante Abweichungen müssen nicht unbedingt praktisch relevant sein.

Aufgabe Z/7
a) $H_0 : \pi = 0.25; H_1 : \pi \neq 0.25; |t_r| = 1.15 < 1.96 = t_k \Longrightarrow H_0$ beibehalten.
b) $\sum_{x=0}^{2} \binom{10}{x} 0.25^x 0.75^{10-x}$
c) Linksseitiger Binomialtest
d) $H_0 : \pi_1 = \pi_2; H_1 : \pi_1 \neq \pi_2; t_r = 3/7 < 1.645 = t_k \Longrightarrow H_0$ beibehalten.

Aufgabe Z/8
a) Momentenmethode: $\hat{\mu} = 100$
b) Effiziente Schätzfunktionen sind Schätzer mit minimaler Varianz in einer vorgegebenen Klasse von erwartungstreuen Schätzfunktionen.
c) $[83.8, 116.2]; \hat{\sigma} = s_{n-1} = 16.96$ und $t = 2.13$ aus $SV(4)$.
d) Schätzverfahren: Verfahren der Grundgesamtheitsverteilung und/oder deren Parameter aufgrund von Stichprobe(n); Testverfahren: Verfahren zur Überprüfung einer statistischen Hypothese über Grundgesamtheitsverteilung und/oder deren Parameter aufgrund von Stichprobe(n).

Aufgabe Z/9

a) a_2; a_1; a_3; a_2.

b) Die Entscheidungsregeln lassen sich durch Axiome charakterisieren, die man als Anforderungen an rationales Handeln eines Individuums interpretieren kann (Milnor (1954)). Hier führen diese Regeln aber zu verschiedenen optimalen Aktionen.

c) Die Konsequenzen einer Handlung stehen nicht mit Sicherheit fest.

Aufgabe Z/10

A-priori-Wahrscheinlichkeiten: $\varphi(\vartheta_A) = 0.6 = 1 - \varphi(\vartheta_B)$

Schadensmatrix:

	ϑ_A	ϑ_B
d_A	0	100
d_B	80	0

Likelihood:

	ϑ_A	ϑ_B
$X=0$	0.95	0.9
$X=1$	0.05	0.1

Entscheidungsfunktionen:

	$X=0$	$X=1$
δ_1	d_A	d_A
δ_2	d_A	d_B
δ_3	d_B	d_A
δ_4	d_B	d_B

Risikofunktion:

ϑ_A	ϑ_B
0	100
4	90
76	10
80	0

$\delta^* = \delta_2$; $\delta_2(1) = d_B$.

Aufgabe Z/11

a) $f(x) = \begin{cases} -0.5x + 1 & \text{für } 0 \leq x \leq 2 \\ 0 & \text{sonst} \end{cases}$

b) $f(x) \geq 0$; $\int_{-\infty}^{\infty} f(x)dx = 1$; $F(b) = \int_{-\infty}^{b} f(x)dx$; $f(x) = F'(x)$ für alle Punkte in denen f stetig ist.

c) $F(x) = \begin{cases} 0 & \text{für } x \leq 0 \\ -0.25x^2 + x & \text{für } 0 \leq x \leq 2 \\ 1 & \text{sonst} \end{cases}$

d) $x_Z = 2 - \sqrt{2}$.

e) $x_M = 0 < x_Z < E(X) = 2/3$.

Aufgabe Z/12

a) $H_0: \mu \leq 3$; $H_1: \mu > 3$; $t_r = 20 > 1.645 = t_k \Longrightarrow H_0$ verwerfen.

b) $H_0: \pi = 0.2$; $H_1: \pi \neq 0.2$; $t_r = 2.5 > 1.96 = t_k \Longrightarrow H_0$ verwerfen.

c) In a) gilt: $n = 400 \geq 30$ (Zentraler Grenzwertsatz); in b) gilt: $n\pi_0(1 - \pi_0) = 64 > 9$ (Zentraler Grenzwertsatz).

Aufgabe Z/13
a) Wahrscheinlichkeitsfunktion bzw. Dichtefunktion oder Verteilungsfunktion.
b) Diskrete Zufallsvariable nehmen nur endlich oder abzählbar unendlich viele Werte mit positiver Wahrscheinlichkeit an. Stetige Zufallsvariable haben kontinuierlich viele Ausprägungen.
c) 0.75; 0.3125; 0.5

Aufgabe Z/14
a) [0.304, 0.496]
b) $H_0 : \pi \geq 0.5$; $H_1 : \pi < 0.5$; $t_r = -2 < -1.645 = t_k \Longrightarrow H_0$ verwerfen.

Aufgabe Z/15
a) 0.00275; b) $\binom{10}{6} 0.92^6 0.08^4$;
c) 0.93 (mit NV) d) $F_P(10) = 0.997$ ($\lambda=4$).

Aufgabe Z/16
a) Umweltzustände, Aktionen, Konsequenzen, Bewertungsfunktion, Entscheidungskriterien, Rationalitätsannahme.
b) Entscheidungstheoretische Modelle strukturieren die Auswahl eines statistischen Verfahrens unter Berücksichtigung der bewerteten Konsequenzen der Fehlentscheidungen.
c) Schadensfunktion: Bewertung der Konsequenz einer Aktion bei Vorliegen eines bestimmten Umweltzustandes; statistische Entscheidungsfunktion: Abbildung der Menge der möglichen Stichprobenrealisationen auf die Menge der Letztentscheidungen; Risikofunktion: Bewertung der statistischen Verfahren bei Vorliegen alternativer Umweltzustände mittels des Erwartungswertkonzeptes.
d) $\delta^* = \delta_2$. d) Nein.

Aufgabe Z/17
a) Ein Zufallsexperiment ist ein Vorgang, der nach bestimmten Regeln abläuft, dessen mögliche Ausgänge bekannt sind, aber dessen konkretes Ergebnis vor Durchführung des Experimentes unbekannt ist. Zufallsexperimente lassen sich durch Zufallsvariable beschreiben.
b) Beiden Verhaltensweisen liegen Fehlschlüsse zugrunde (welche?).
c) $1/\binom{49}{6}$; $\binom{6}{3}\binom{43}{3}/\binom{49}{6}$; $\sum_{x=3}^{6} \binom{6}{x}\binom{43}{6-x}/\binom{49}{6}$.
d) J. Groß meint, in der Politik gebe es nur Entscheidungen unter Ungewißheit. Die zweite Meldung belegt, daß auch sehr unwahrscheinliche Ereignisse möglich sind.

Aufgabe Z/18
a) $y' = 3.410 + 0.265x$
b) Jede statistische Einheit wird nach zwei Merkmalen untersucht.

Aufgabe Z/19
a) $[0.09412, 0.10588]$. b) $[0.0412, 0.1588]$.
c) Bezeichnet man als Aussgesicherheit die Wahrscheinlichkeit 1-α und mißt man die Aussagegenauigkeit mit e, so gilt ceteris paribus: eine Erhöhung der Aussagesicherheit führt zu einer Verschlechterung der Aussagegenauigkeit und umgekehrt.

Aufgabe Z/20
a)

	$y < 20$	$20 \leq y < 40$	$40 \leq y < 60$	$y \geq 60$	
$x < 20$	0.04	0.16	0	0	0.20
$20 \leq x < 40$	0.01	0.60	0.09	0	0.70
$40 \leq x < 60$	0	0.04	0.03	0.02	0.09
$x \geq 60$	0	0	0	0.01	0.01
	0.05	0.80	0.12	0.03	1.00

X, Y sind abhängig.
b) $E(X) = 1.91; E(Y) = 2.13$.
Die Quantifizierung nominalskalierter Daten ist problematisch, da die daraus berechneten Maßzahlen von der gewählten numerischen Skala abhängen.
c) $W(X < 20, Y < 20) = 0.04$ aber $W(X < 20 | Y < 20) = 0.8$.
d) Diese Aussage ist nur für unabhängige Zufallsvariable richtig.

Aufgabe Z/21
a) $t_\alpha = 2 \Longrightarrow 1 - \alpha = 0.9545$.
b) $68\sqrt{n}/340 = 3 \Longrightarrow n = 225$.
c) Die Aussagegenauigkeit läßt sich — ohne die Aussagesicherheit zu senken — durch Erhöhung des Stichprobenumfangs verbessern.
d) Intervallschätzung der Grundgesamtheitsvarianz.

Aufgabe Z/22
a) $\alpha = W(\bar{X} > 11.645) = 0.05$ ($\mu = 10, \sigma = 10$).
b) Gilt die Normalverteilungsannahme für die Grundgesamtheit, so kann mit Hilfe der Student-Verteilung ein Test durchgeführt werden:
$H_0 : \mu \leq 10; H_1 : \mu > 10; t_r = 1.5 < 1.86 = t^{SV}_{8, 0.10} \Longrightarrow H_0$ beibehalten.
c) Parametrische Tests.
d) Exakte Gaußtests und SV-Tests erfordern die Normalverteilungsannahme.

Aufgabe Z/23
a) $W(X > 25) = \sum_{x=26}^{100} \binom{100}{x} 0.2^x 0.8^{100-x}$.
b) $W(X > 25.5) = W(T > (25.5 - 20)/4) = 0.09$.
c) $n\pi(1 - \pi) = 16 > 9$ (Zentraler Grenzwertsatz).
d) Entscheidung unter Ungewißheit.

Aufgabe Z/24
a) $W(X \geq 192) = \sum_{x=192}^{320} \binom{320}{x} 0.2^x 0.8^{320-x}$.
b) $n\pi(1-\pi) = 51.2 > 9 \Longrightarrow X \rightsquigarrow NV(64, 7.16) \Longrightarrow W(X \geq 191.5) \approx 0$.
c) $n\pi(1-\pi) = 36 > 9 \Longrightarrow X \rightsquigarrow NV(45, 6) \Longrightarrow W(X \geq 96.5) \approx 0$.

Aufgabe Z/25

		$L(\delta(x), d)W(x\|d))$	
x	$\delta(x)$	$d = d_1$	$d = d_2$
0	d_1	$0 \cdot 0.8$	$50 \cdot 0.3$
1	d_2	$100 \cdot 0.2$	$0 \cdot 0.7$
$r(\delta, d) = \sum_x L(\delta(x), d)W(x\|d)$		20	15

Aufgabe Z/26
X, Y sind abhängig; $p = 7827.9/41003.1 = 0.19$.

Anhang C

Tabellen

Tabellenverzeichnis

Poisson-Verteilung 215
Standardnormalverteilung 216
Chi-Quadrat-Verteilung 216
Student-Verteilung 217
F-Verteilung 218

Tabelle 1 Poisson-Verteilung
Werte $F(x)$ der Verteilungsfunktion von $PV(\lambda)$
(Zeilen: λ; Spalten: x)

	0	1	2	3	4	5	6	7	8	9	10	11	12	13
0.1	0.905	.995	.999											
0.2	.818	.982	.999											
0.3	.741	.963	.996	.999										
0.4	.670	.938	.992	.999										
0.5	.606	.910	.986	.998	.999									
0.6	.548	.878	.977	.997	.999									
0.7	.497	.844	.966	.994	.999									
0.8	.449	.809	.952	.991	.999									
0.9	.416	.773	.937	.987	.998	.999								
1.0	.368	.736	.919	.981	.996	.999								
1.1	.333	.699	.900	.974	.994	.999								
1.2	.301	.662	.879	.966	.992	.998	.999							
1.3	.273	.627	.857	.957	.989	.997	.999							
1.4	.247	.592	.834	.947	.987	.996	.999							
1.5	.223	.558	.809	.934	.981	.995	.999							
1.6	.202	.525	.783	.921	.976	.994	.999							
1.7	.183	.494	.758	.908	.972	.994	.999							
1.8	.165	.462	.730	.891	.963	.989	.997	.999						
1.9	.150	.434	.704	.875	.956	.987	.997	.999						
2.0	.135	.406	.677	.857	.947	.983	.996	.999						
2.1	.123	.380	.650	.839	.938	.980	.995	.999						
2.2	.111	.355	.623	.820	.928	.976	.993	.998	.999					
2.3	.100	.331	.596	.799	.916	.970	.991	.998	.999					
2.4	.091	.309	.570	.779	.904	.964	.988	.996	.999					
2.5	.082	.287	.544	.758	.892	.959	.987	.995	.999					
2.6	.074	.267	.518	.736	.877	.951	.983	.995	.999					
2.7	.067	.249	.494	.715	.864	.944	.980	.994	.999					
2.8	.061	.231	.469	.691	.847	.934	.975	.991	.997	.999				
2.9	.055	.215	.446	.670	.832	.926	.971	.990	.997	.999				
3.0	.050	.199	.423	.647	.815	.916	.966	.988	.996	.999				
4.0	.018	.092	.238	.434	.629	.785	.889	.950	.979	.992	.997	.999		
5.0	.007	.040	.125	.265	.441	.616	.762	.867	.932	.968	.986	.995	.999	
6.0	.003	.017	.062	.151	.285	.446	.606	.744	.847	.916	.957	.980	.991	.996
7.0	.001	.007	.030	.082	.173	.300	.447	.590	.721	.836	.907	.943	.975	.982
8.0		.003	.014	.042	.100	.191	.313	.453	.592	.717	.816	.888	.936	.966
9.0		.002	.006	.021	.055	.115	.207	.370	.453	.581	.704	.801	.878	.928
10.0		.001	.003	.010	.029	.067	.130	.220	.333	.458	.583	.697	.792	.865
20.0								.001	.002	.005	.011	.021	.039	.066

Tabelle 2 Standardnormalverteilung
Ausgewählte Werte für Wahrscheinlichkeiten symmetrischer Schwankungsintervalle:
$$\Phi(t) = W(-t \leq T \leq t), \ T \sim NV(0,1)$$

t	$\Phi(t)$	t	$\Phi(t)$	t	$\Phi(t)$
0.0	0.00000	1.4	0.83849	2.576	0.99000
0.1	0.07966	1.5	0.86639	2.6	0.99068
0.2	0.15852	1.6	0.89040	2.7	0.99307
0.3	0.23582	1.645	0.90000	2.8	0.99489
0.4	0.31084	1.7	0.91087	2.9	0.99627
0.5	0.38292	1.8	0.92814	3.0	0.99730
0.6	0.45149	1.9	0.94257	3.291	0.99900
0.7	0.51607	1.96	0.95000	3.5	0.99953
0.8	0.57629	2.0	0.95450	4.0	0.9999366
0.9	0.63188	2.1	0.96427	4.5	0.9999932
1.0	0.68269	2.2	0.97219	5.0	0.99999942
1.1	0.72867	2.3	0.97855	5.5	0.99999996
1.2	0.76986	2.4	0.98360	6.0	0.999999998
1.3	0.80640	2.5	0.98758		

Tabelle 3 Chi-Quadrat-Verteilung
Fraktile t_p: $W(T \leq t_p) = p, \ T \sim \chi^2 V(\nu)$
(Zeilen: ν; Spalten: p)

	0.001	0.01	0.025	0.05	0.1	0.9	0.95	0.975	0.99	0.999
1	0.00	0.00	0.00	0.00	0.02	2.71	3.84	5.02	6.63	10.8
2	0.00	0.02	0.05	0.10	0.21	4.61	5.99	7.38	9.21	13.8
3	0.02	0.11	0.22	0.35	0.58	6.25	7.81	9.35	11.4	16.3
4	0.09	0.30	0.48	0.71	1.06	7.78	9.49	11.1	13.3	18.5
5	0.21	0.55	0.83	1.15	1.61	9.24	11.1	12.8	15.1	20.5
6	0.38	0.87	1.24	1.63	2.20	10.6	12.6	14.4	16.8	22.4
7	0.60	1.24	1.69	2.17	2.83	12.0	14.1	16.0	18.5	24.3
8	0.86	1.65	2.18	2.73	3.49	13.4	15.5	17.5	20.1	26.1
9	1.15	2.09	2.70	3.33	4.17	14.7	16.9	19.0	21.7	27.9
10	1.48	2.56	3.25	3.94	4.86	16.0	18.3	20.5	23.2	29.6
100	61.92	70.06	74.22	77.93	82.36	118.5	124.3	129.6	135.8	149.4

Tabelle 4 Student-Verteilung
Kritische Grenzen t_α^{SV}: $W(-t_\alpha^{SV} \leq T \leq t_\alpha^{SV}) = 1 - \alpha$, $T \sim SV(\nu)$
(Zeilen: ν; Spalten: α)

	0.10	0.05	0.01	0.001
1	6.31	12.71	63.66	636.37
2	2.92	4.30	9.93	31.60
3	2.35	3.18	5.84	12.92
4	2.13	2.78	4.60	8.61
5	2.02	2.57	4.03	6.87
6	1.94	2.45	3.71	5.96
7	1.90	2.37	3.50	5.41
8	1.86	2.31	3.36	5.04
9	1.83	2.26	3.25	4.78
10	1.81	2.23	3.17	4.59
11	1.80	2.20	3.11	4.44
12	1.78	2.18	3.06	4.32
13	1.77	2.18	3.01	4.22
14	1.76	2.15	2.98	4.14
15	1.75	2.13	2.95	4.07
16	1.75	2.12	2.92	4.02
17	1.74	2.11	2.90	3.97
18	1.73	2.10	2.88	3.92
19	1.73	2.09	2.86	3.88
20	1.73	2.09	2.85	3.85
25	1.71	2.06	2.79	3.73
30	1.70	2.04	2.75	3.65
50	1.68	2.01	2.68	3.50
100	1.66	1.98	2.63	3.39

Tabelle 5 F-Verteilung
0.95-Fraktile der $FV(\nu_1, \nu_2)$
(Zeilen: ν_2; Spalten: ν_1)

	1	2	3	4	5	6	7	8	9	10	20	50	100
1	161.	200.	216.	225.	230.	234.	237.	239.	241.	242.	248.	252.	254.
2	18.5	19.0	19.2	19.3	19.3	19.3	19.4	19.4	19.4	19.4	19.5	19.5	19.5
3	10.1	9.6	9.3	9.1	9.0	8.9	8.9	8.9	8.8	8.7	8.7	8.6	8.6
4	7.7	7.0	6.6	6.4	6.3	6.2	6.1	6.0	6.0	6.0	5.8	5.7	5.7
5	6.6	5.8	5.4	5.2	5.1	5.0	4.9	4.8	4.8	4.7	4.6	4.4	4.4
6	6.0	5.1	4.8	4.5	4.4	4.3	4.2	4.2	4.1	4.1	3.9	3.8	3.7
7	5.6	4.7	4.4	4.1	4.0	3.9	3.8	3.7	3.7	3.6	3.4	3.3	3.3
8	5.3	4.5	4.1	3.8	3.7	3.6	3.5	3.4	3.4	3.4	3.2	3.0	3.0
9	5.1	4.3	3.9	3.6	3.5	3.4	3.3	3.2	3.2	3.1	2.9	2.8	2.8
10	5.0	4.1	3.7	3.5	3.3	3.2	3.1	3.1	3.0	3.0	2.8	2.6	2.6
11	4.8	4.0	3.6	3.4	3.2	3.1	3.0	3.0	2.9	2.9	2.7	2.5	2.5
12	4.8	3.9	3.5	3.3	3.1	3.0	2.9	2.9	2.8	2.8	2.5	2.4	2.4
13	4.7	3.8	3.4	3.2	3.0	2.9	2.9	2.8	2.7	2.7	2.5	2.3	2.3
14	4.6	3.7	3.3	3.1	3.0	2.9	2.8	2.7	2.7	2.6	2.4	2.2	2.2
15	4.6	3.7	3.3	3.0	2.9	2.8	2.7	2.6	2.6	2.5	2.3	2.2	2.1
16	4.5	3.6	3.2	3.0	2.9	2.7	2.7	2.6	2.5	2.5	2.3	2.1	2.1
17	4.5	3.6	3.2	3.0	2.8	2.7	2.6	2.6	2.5	2.5	2.2	2.1	2.0
18	4.4	3.6	3.2	2.9	2.8	2.7	2.6	2.5	2.5	2.4	2.2	2.0	2.0
19	4.4	3.5	3.1	2.9	2.7	2.6	2.5	2.5	2.4	2.4	2.2	2.0	1.9
20	4.4	3.5	3.1	2.9	2.7	2.6	2.5	2.5	2.4	2.4	2.1	2.0	1.9
25	4.2	3.4	3.0	2.8	2.6	2.5	2.4	2.3	2.3	2.2	2.0	1.8	1.8
30	4.2	3.3	2.9	2.7	2.5	2.4	2.3	2.3	2.2	2.2	1.9	1.8	1.7
40	4.1	3.2	2.8	2.6	2.5	2.3	2.3	2.2	2.1	2.1	1.8	1.7	1.6
50	4.0	3.2	2.8	2.6	2.4	2.3	2.2	2.1	2.1	2.0	1.8	1.6	1.5
100	3.9	3.1	2.7	2.5	2.3	2.2	2.1	2.0	2.0	1.9	1.7	1.5	1.4
200	3.9	3.0	2.7	2.4	2.3	2.1	2.1	2.0	1.9	1.9	1.6	1.4	1.3

Anhang D

Symbolverzeichnis

A	Aktionenraum	5.1.1
$A \cap B$	A und B, Durchschnittsmenge	2.1
$A \cup B$	A oder B, Vereinigungsmenge	2.1
$\bar{A}$	Komplement von A	2.1
A_i	Merkmalsausprägung eines qualitativen Merkmals	1.3.1
a, b	Regressionskoeffizienten	1.4.3
a^*	Optimale Aktion	5.3
B	Bestimmtheitsmaß (-koeffizient)	1.4.3
$BV(n, \pi)$	Binomialverteilung	2.5
b_j	Anzahl der beobachteten Werte in I_j	3.11
D	Entscheidungsraum	5.2
d	Durchschnittliche absolute Abweichung	1.3.3
d_i	(Letzt-)Entscheidungen	5.2
$E\psi$	A-posteriori-Erwartungswert	5.3
$EV(\lambda)$	Exponentialverteilung	2.11
e	Absolute Abweichung bei Intervallschätzungen	3.5.1
e_j	Anzahl der erwarteten Werte in I_j	3.11
$F(x)$	Verteilungsfunktion von X	1.3.1, 2.2
$F(x, y)$	Gemeinsame Verteilungsfunktion	1.4.1, 2.3
$FV(\nu_1, \nu_2)$	F-Verteilung	2.12
F_i	(Gemeinsamer) Faktor	1.5.1
$f(x)$	Wahrscheinlichkeitsfunktion einer diskreten, bzw. Dichtefunktion einer stetigen Zufallsvariablen	2.2
f_i	Dichte	1.3.2
$G = G_\vartheta$	Schätzfunktion, Schätzer für ϑ	3.3
$HV(n, N, M)$	Hypergeometrische Verteilung	2.7
H_0	Nullhypothese	3.7
H_1	Alternativhypothese	3.7
$h(x_i\|y_j)$	Bedingte relative Häufigkeiten	1.4.1
h_i	Relative Häufigkeit der Ausprägung A_i, x_i bzw.I_i	1.3.1

h_i^2	Kommunalität	1.5.1
h_{ij}	Gemeinsame relative Häufigkeiten	1.4.1
K	Kontingenzkoeffizient	1.4.1
K^*	Normierter Kontingenzkoeffizient	1.4.1
L	Schadensfunktion	5.2
$LF(\vartheta)$	Likelihoodfunktion	3.3
$MV(n, \pi_1, \ldots, \pi_k)$		
	Multinomialverteilung	2.9
M_i	Maximaler Nutzen bei Aktion a_i	5.4
m_i	Minimaler Nutzen bei Aktion a_i	5.4
N	Anzahl der Elemente einer endlichen Grundgesamtheit	1.2
$NBV(k, \pi)$	Negative Binomialverteilung	2.6
$NV(\mu, \sigma)$	Normalverteilung, Gauß-Verteilung	2.10
$NV(\mu_X, \mu_Y, \sigma_X, \sigma_Y, \varrho)$		
	Zweidimensionale Normalverteilung	2.13
n	Stichprobenumfang	1.2, 3.1
	Anzahl der statistischen Einheiten in Urliste	1.3.1
n/N	Auswahlsatz	3.1
n_i	Absolute Häufigkeit der Ausprägung A_i, x_i bzw. I_i	1.3.1
$n_{i.}, n_{.j}$	Absolute Häufigkeiten der Randverteilungen	1.4.1
n_{ij}	Gemeinsame absolute Häufigkeiten	1.4.1
$\tilde{n}_i$	Absolute Häufigkeiten bei Unabhängigkeit	1.4.1
O_{ij}	Opportunitätskosten	5.4
P	Anteilswert (Zufallsvariable)	2.14.1
P	Anzahl der konkordanten Wertepaare	1.4.2
p	Anteil der Merkmalsträger mit Ausprägung 1 eines dichotomen Merkmals	1.3.3
$\mathbf{P}(\Omega)$	Potenzmenge von Ω	2.1
$PV(\lambda)$	Poisson-Verteilung	2.8
Q	Anzahl der diskordanten Wertepaare	1.4.2
QA	Quartilsabweichung	1.3.3
Q_i	Quartile	1.3.3
q	Summe der Abweichungsquadrate	4.5
q_1	Maß für die interne Streuung	4.5
q_2	Maß für die externe Streuung	4.5
R	Konsequenz	5.1.1
R	Korrelationsmatrix	1.5.1
R	Spannweite	1.3.3
r	Korrelationskoeffizient nach Bravais-Pearson	1.4.3
$r(\vartheta, \delta)$	Risikofunktion	5.2
r_i, s_i	Rangzahlen, Rangwerte	1.4.2
r_S	Rangkorrelationskoeffizient nach Spearman	1.4.2
s	Standardabweichung	1.3.3
$\mathbf{S}$	Ereignisalgebra, Familie von Teilmengen, σ-Algebra	2.1

s^2	Varianz	1.3.3
s^2_{ext}	Externe Varianz	1.3.3
s^2_{int}	Interne Varianz	1.3.3
$S^2_{n_1,n_2}$	Gepoolte Varianz	4.1.1
s_{xy}	Kovarianz	1.4.3
$SV(\nu)$	Student-Verteilung, t-Verteilung	2.12
T	Standardisiertes Merkmal	1.3.3
	standardnormalverteilte Zufallsvariable	2.10
T_x, T_y	Anzahl der Bindungen	1.4.2
t_r	Realisierter t-Wert der Prüfgröße T	3.8
U	Nutzenbewertung	5.1.1
U_i	Einzelfaktor	1.5.1
V	Verwerfungsbereich beim Signifikanztest	3.7
VC	Variationskoeffizient	1.3.3
$W(A)$	Wahrscheinlichkeit von A	2.1
$W(A|B)$	Bedingte Wahrscheinlichkeit	2.1
$WV(\alpha,\beta)$	Weibull-Verteilung	2.11
X,Y	Merkmal	1.3
	Zufallsvariable	2.2
$\bar{x}$	Arithmetisches Mittel	1.3.3
x_i, y_i	Meßwert, Beobachtung, Merkmalsausprägung	
	eines quantitativen eindimimesionalen Merkmals	1.3
	bzw. einer diskreten Zufallsvariablen	2.2
x_i^*	Klassenmitte	1.3.1
x_i^o	Klassenobergrenze	1.3.1
x_i^u	Klassenuntergrenze	1.3.1
x_M	Modus, Modalwert	1.3.3
x_Z	Median, Zentralwert	1.3.3
Z	Zustandsraum	5.1.1
α	Schätztheorie: Irrtumswahrscheinlichkeit	3.5
	Testtheorie: Signifikanzniveau	3.7
β	Wahrscheinlichkeit für den Fehler 2. Art	3.7
$\beta(\mu_1)$	Operationscharakteristik, OC-Kurve	3.8.3
γ	Goodman/Kruskals Gamma	1.4.2
$\Gamma V(\kappa,\lambda)$	Gammaverteilung	2.11
Δ	Klasse von Entscheidungsfunktionen	5.2
ΔP	$P_1 - P_2$	4.1.2
Δx_i	Klassenbreite	1.3.1
$\Delta \bar{X}$	$\bar{X}_1 - \bar{X}_2$	4.1.1
δ	Statistische Entscheidungsfunktion	5.2
δ^*	Optimale Entscheidungsfunktion	5.3
ϑ	Unbekannter Grundgesamtheitsparameter	3.3
$\hat{\vartheta}$	Schätzwert für ϑ	3.3
Θ	Menge möglicher Parameterwerte	3.7, 5.2

Θ_0	Nullhypothesenbereich	3.7
Θ_1	Alternativhypothesenbereich	3.7
$\mu = E(X)$	Erwartungswert der Zufallsvariablen X	2.4
Ω	Ergebnisraum	2.1
ω	Elementarereignis	2.1
$\varrho = R(X,Y)$	Korrelationskoeffizient	2.4
Σ	Varianz-Kovarianzenmatrix	2.4
$\sigma = ST(X)$	Standardabweichung der Zufallsvariablen X	2.4
$\sigma^2 = V(X)$	Varianz der Zufallsvariablen X	2.4
$\sigma_{XY} = \text{Cov}(X,Y)$	Kovarianz der Zufallsvariablen X, Y	2.4
τ	Kendalls Tau	1.4.2
$\Phi(t)$	$W(-t \leq T \leq t)$ falls $T \sim NV(0,1)$	2.10
$\varphi(\vartheta)$	A-priori-Verteilung	5.3
χ^2	Quadratische Kontingenz, Chi-Quadrat	1.4.1
$\chi^2 V(\nu)$	Chi-Quadrat-Verteilung	2.12
$\psi(\vartheta\|x)$	A-posteriori-Verteilung	5.3
$\emptyset$	Unmögliches Ereignis, leere Menge	2.1
$1 - \alpha$	Konfidenzniveau (in der Schätztheorie)	3.5
$1 - \beta(\mu_1)$	Gütefunktion, Mächtigkeit des Tests	3.8.3
$\rightsquigarrow$	Asymptotisch verteilt	2.14.2

Literaturverzeichnis

Afflerbach,L. (1987) Statistik-Praktikum mit dem PC, Stuttgart.

Ahrens,H. (1968) Varianzanalyse, Berlin-Oxford-Braunschweig.

Albrecht,P. (1980) On the Correct Use of the Chi-square Goodness-of-fit Test, Scand. Actuarial J., 149–160.

Aldenderfer,M.S.; R.K.Blashfield (1984) Cluster Analysis, Beverly Hills-London-New Delhi.

Anderson C.W.; R.M.Loynes (1987), The Teaching of Practical Statistics, Chichester.

Andreß,H.-J. (1985) Multivariate Analyse von Verlaufsdaten. Statistische Grundlagen und Anwendungsbeispiele für die dynamische Analyse nichtmetrischer Merkmale, Mannheim.

Arminger,G. (1979) Faktorenanalyse, Stuttgart.

Autorengemeinschaft Paderborn (1989) Eingruppierungsunterschiede von Frauen und Männern beim Staat als Arbeitgeber, in: Mitteilungen aus der Arbeitsmarkt- und Berufsforschung, 22, 2, 248–276.

Backhaus,K. u.a. (1987) Multivariate Analysemethoden. Eine anwendungsorientierte Einführung, Berlin et al.

Bailey,K.D. (1994) Typologies and Taxonomies. An Introduction to Classification Techniques, London.

Bamberg,G. (1972) Statistische Entscheidungstheorie, Würzburg-Wien.

Bamberg,G.; F.Baur (1992) Statistik-Arbeitsbuch, München-Wien.

Bamberg,G.; F.Baur (1993) Statistik, München-Wien.

Bamberg,G.; A.G.Coenenberg (1994) Betriebswirtschaftliche Entscheidungslehre, München.

Bamberg G.; U.K.Schittko (1979) Einführung in die Ökonometrie, Stuttgart-New York.

Barnard,G. (1990) Fisher: A Retrospective, in: Chance 3, 1990, 1, 22–28.

Barnett,V. (1982) Comparative Statistical Inference, London etc.

Basler,H. (1991) Grundbegriffe der Wahrscheinlichkeitsrechnung und statistischen Methoden, Heidelberg-Wien.

Biehler,R. (1982) Explorative Datenanalyse—Eine Untersuchung aus der Perspektive einer deskriptiv-empirischen Wissenschaftstheorie, Materialien und Studien Band 24 des Instituts für Didaktik der Mathematischen Universität Bielefeld, Bielefeld.

Bitz,M. (1981) Entscheidungstheorie, München.

Bleymüller,J.; G.Gehlert (1994) Statistische Formeln, Tabellen und Programme, München.

Bleymüller,J.; G.Gehlert; H.Gülicher (1994) Statistik für Wirtschaftswissenschaftler, München.

Bock,H.H. (1973) Automatische Klassifikation, Göttingen.

Bodmer,W.F. (1985) Understanding Statistics, J. R. Statist. Soc. A 148, Part 2, 69–81.

Böker,F. (1989) Statistik lernen am PC. Programmbeschreibungen, Übungen und Lernziele zum Statistikprogrammpaket GSTAT, Göttingen-Zürich.

Böltken,F. (1976) Auswahlverfahren. Eine Einführung für Sozialwissenschaftler, Stuttgart.

Bosch,K. (1986) Angewandte Statistik. Einführung, Problemlösungen mit dem Mikrocomputer, Braunschweig-Wiesbaden.

Box,G.E.P.; G.C.Tiao (1973) Bayesian Inference in Statistical Analysis, Reading/Mass. et al.

Brandes,W.; F.Buttler M.Kraft, P.Liepmann, B.Mettelsiefen, B.Müller, B.Rahmann, U.Reineke, A.Weinert (1990), Der Staat als Arbeitgeber. Daten und Analysen zum öffentlichen Dienst in der Bundesrepublik, Frankfurt-New York.

Breiman,L. (1969) Probability and Stochastic Processes. With a View Toward Applications, New York et al.

Bühlmann,H.; H.Loeffel; E.Nievergelt (1975) Entscheidungs- und Spieltheorie, Berlin-Heidelberg-New York.

Büning,H.; G.Trenkler (1978) Nichtparametrische statistische Methoden, Berlin-New York.

Chambers,J.M. et al (1983) Graphical Methods for Data Analysis, Belmont, Cal.

Chatfield,C. (1982) Teaching a Course in Applied Statistics, in: Appl. Statist. 31, 272–289.

Chatfield,C. (1985) The Initial Examination of Data, in: J. R. Statist. Soc. A 148, Part 3, 214–253.

Chatfield,C.; A.J.Collins (1980) Introduction to Multivariate Analysis, London-New York.

Cox,D.R. (1977) The Role of Significance Tests, in: Scand. J. Statist. 4, 49–70.

Cox,D.R. (1981) Theory and General Principles in Statistics, in: J. R. Statist. Soc. A 144, 289–297.

Cox,D.R.; E.J.Snell (1981) Applied Statistics, London.

Dillmann,R. (1990 a) Statistik I. Grundlagen der Wahrscheinlichkeitstheorie, Heidelberg.

Dillmann,R. (1990 b) Statistik II. Induktive Statistik, Heidelberg.

Dürr,W.; H.Mayer (1987) Wahrscheinlichkeitsrechnung und schließende Statistik, München-Wien.

Ehrenberg,A.S.C. (1982) A Primer in Data Reduction, Chichester.

Everitt,B.S. (1970) The Analysis of Contingency Tables, New York und London

Feller,W. (1968) An Introduction to Probability Theory and its Applications, Vol. I (3rd ed.), New York.

Ferguson,Th.S. (1967) Mathematical Statistics. A Decision Theoretic Approach, New York-London.

Ferschl,F. (1975) Nutzen- und Entscheidungstheorie, Opladen.

Ferschl,F. (1985) Deskriptive Statistik, Würzburg-Wien.

Fisz,M. (1976) Wahrscheinlichkeitsrechnung und Mathematische Statistik, Berlin.

French,S. (1986) Decision Theory: An Introduction to the Mathematics of Rationality, Chichester-New York et al.

Gani,J. (Ed.) (1982) The Making of Statisticians, New York.

Gnedenko,B.W. (1970) Lehrbuch der Wahrscheinlichkeitsrechnung, Berlin.

Gottinger,H.W. (1974) Grundlagen der Entscheidungstheorie. Ansätze und Kritik, Stuttgart.

Gottinger,H.W. (1980) Elements of Statistical Analysis, Berlin-New York.

Gould,St.J. (1981,1988) Der falsch vermessene Mensch, Frankfurt am Main.

Graf,U.; H.-J.Henning; K.Stange; P.-Th.Wilrich (1987) Formeln und Tabellen der angewandten mathematischen Statistik (3. Aufl.), Berlin etc.

Hackl,P.; W.Katzenbeisser; W.Panny (1990) Statistik. Lehrbuch mit Übungsaufgaben, München-Wien.

Härtter,E. (1987) Wahrscheinlichkeitsrechnung, Statistik und mathematische Grundlagen. Begriffe, Definitionen und Formeln, Göttingen-Zürich.

Hajek,J. (1960) Limiting Distributions in Simple Random Sampling from a Finite Population, in: Publ. Math. Inst. Hung. Acad. Sci. 5, 361–374.

Hampel,F.R. (1980) Robuste Schätzungen. Ein anwendungsorientierter Überblick, in: Biom. J. 22, 3–21.

Hanefeld,U. (1984) Das Sozio-ökonomische Panel—Eine Längsschnittstudie für die Bundesrepublik Deutschland, in: Vierteljahreshefte zur Wirtschaftsforschung, 4, 391–406.

Hartung,J.; B.Elpelt; K.-H.Klösener (1991) Statistik, München-Wien.

Hartung,J; B.Elpelt (1989) Multivariate Statistik, München-Wien.

Helten,E. (1971) Zur Bayes-Analyse, in: Jahrbücher für Nationalökonomie und Statistik, Vol. 185, 528–545.

Henn,R.; P.Kischka (1979) Statistik: Theorie und Anwendungen in den Wirtschaftswissenschaften. Eine Einführung. Teil 1, Königstein-Ts.

Henn,R.; P.Kischka (1981) Statistik: Theorie und Anwendungen in den Wirtschaftswissenschaften. Eine Einführung. Teil 2, Königstein-Ts.

Henry,G.T. (1990) Practical Sampling, London.

Henze,E. (1971) Einführung in die Maßtheorie, Mannheim.

Hildebrand,D.K.; J.D.Laing; H.Rosenthal (1977) Analysis of Ordinal Data, Beverly Hills-London.

Hoaglin,D.C.; F.Mosteller; J.W.Tukey (1983) Understanding Robust and Exploratory Data Analysis, New York et al.

Hölder,E. (1985) Durchblick ohne Einblick. Die amtliche Statistik zwischen Datennot und Datenschutz, Zürich.

Huber,H.; H.Schmerkotte (1976) Meßtheoretische Probleme der Sozialforshung, in: J. van Koolwijk; M. Wieken-Mayser, Techniken der empirischen Sozialforschung. Band 5: Testen und Messen, München-Wien.

Huber,P.J. (1981) Robust Statistics, New York.

Hübler,O. (1989) Ökonometrie, Stuttgart-New York.

Hüttner,M. (1979) Informationen für Marketing-Entscheidungen, München.

Huff,D. (1954,1978) How to Lie With Statistics, Harmondsworth-New York.

Janssen,J.; W.Laatz (1994) Statistische Datenanalyse mit SPSS für Windows, Berlin, Heidelberg, New York.

Journal of Marketing Research (1979) XIV, Februar.

Kalbfleisch,J.G. (1979) Probability and Statistical Inference I, New York-Heidelberg-Berlin.

Kendall,M.G. (1938) A New Measure of Rank Correlation, in: Biometrika 30, 81–93.

Kendall,M.G. (1948) Rank Correlation Methods, London.

Kendall,M.G. (1958) Moderne Statistik im Wirtschaftsleben, in: Metrika 1, 223–238.

Kendall,M.G.; W.R.Buckland (1982, 4.Aufl.) A Dictionary of Statistical Terms, London.

Kennedy,G. (1985) Einladung zur Statistik, Frankfurt-New York.

Kim,J.-O.; Ch.W.Mueller (1978) Introduction to Factor Analysis. What it is and How to Do it, Beverly Hill-London.

Kim,J.-O.; Ch.W.Mueller (1978) Factor analysis. Statistical Methods and Practical Issues, Beverly Hills-London.

Kleiter,G.D. (1981) Bayes-Statistik. Grundlagen und Anwendungen, Berlin-New York.

Kmietowicz,Z.W.; Y.Yannoulis (1982) Tafeln für Sozial- und Wirtschaftswissenschaftler. Mathematik - Statistik - Finanzmathematik, Suttgart-New York.

König,R. (1974) Handbuch der empirischen Sozialforschung, Band 3a: Grundlegende Methoden und Techniken, zweiter Teil, Stuttgart.

Kotz,S.; N.L.Johnson (1982) Encyclopedia of Statistical Sciences (8 Vol.), Chichester.

Kowalski,Ch. (1972) On the Effects of Non-Normality on the Distribution of the Sample Product-Moment Correlation Coefficient, in: Appl. Stat. 21(1), 1–12.

Kraft,M. (1990) Bausteine einer Ökonometrie der Verhaltenslandschaften, in: Ökonomie und Gesellschaft. Jahrbuch 8. Individuelles Verhalten und kollektive Phänomene, 281–308.

Krämer,W. (1991) So lügt man mit Statistik, Frankfurt-New York.

Kreyszig,E. (1979) Statistische Methoden und ihre Anwendungen, Göttingen.

Krickeberg,K.; H.Ziezold (1977) Stochastische Methoden, Berlin.

Krotz,F. (1991) Statistik-Einstieg am PC, Stuttgart.

Lachs,Th.; E.M.Nesvada (1986) Statistik—Lügen oder Wahrheit, Wien.

Landesamt für Datenverarbeitung und Statistik Nordrhein-Westfalen (Hrsg.) (1991), Entwicklungen in Nordrhein-Westfalen. Statistischer Jahresbericht 1990, Düsseldorf.

Lewis-Beck,M.S. (ed) (1994) Factor Analysis and Related Techniques, London.

Lippe,P.v.d. (1990) Wirtschaftsstatistik, Stuttgart.

Luce,R.D.; H.Raiffa (1957) Games and Decisions, New York-London-Sydney.

Marinell,G.; G.Seeber (1991) Angewandte Statistik. Entscheidungsorientierte Methoden, München-Wien.

Menges,G. (1972, 2. Aufl.) Statistik 1 (Theorie), Opladen.

Menges,G.; H.Skala (1973) Statistik 2 (Daten), Opladen.

Milnor,J.W. (1954) Games against Nature, in: R.M.Thrall; C.H.Coombs; R.L.Davis (Eds.), Decision Processes, New York-London.

Nowak,K.W. (1980) Das Statistische Bundesamt. Ein Überblick über Aufgaben und Organisation, in: WiSt 5, 238–241.

Odeh,R.E.; J.M.Davenport (1988) Selected Tables in Mathematical Statistics, Vol. 11, Providence.

O'Muircheartaigh,C.; D.P.Francis (1981) Statistics. A Dictionary of Terms and Ideas, London.

Opitz,O. (Hrsg.) (1978) Numerische Taxonomie in der Marktforschung, München.

Opitz,O. (Hrsg.) (1989) Conceptual and Numerical Analysis of Data, Proceedings, Augsburg, FRG, 1989, Berlin et al.

Owen,D.B. (1962) Handbook of Statistical Tables, Readings.

Patel,J.K.; C.H.Kapadia; D.B.Owen (1976) Handbook of Statistical Distributions, New York-Basel.

Patzelt,W.J. (1985) Einführung in die sozialwissenschaftliche Statistik, München-Wien.

Pawlik,K. (1959) Der maximale Kontingenzkoeffizient im Falle nichtquadratischer Kontingenztafeln, in: Metrika 2, 150–166.

Pearson,K. (1904) On the Theory of Contingency and its Relation to Association and Normal Correlation, in: Drapers' Co. Memoirs, Biometric Series, No. 1, London.

Pfanzagl,J. (1971) Theory of Measurement, Würzburg-Wien.

Pfanzagl,J. (1972) Allgemeine Methodenlehre der Statistik I, Berlin-New York.

Pfanzagl,J. (1978) Allgemeine Methodenlehre der Statistik II, Berlin-New York.

Pfanzagl,J. (1988) Elementare Wahrscheinlichkeitsrechnung, Berlin-New York.

Pruscha,H. (1989) Angewandte Methoden der Mathematischen Statistik, Stuttgart.

Raiffa,H. (1973) Einführung in die Entscheidungstheorie, München-Wien.

Raiffa,H.; R.Schlaifer (1961) Applied Statistical Decision Theory, Cambridge/Mass.-London.

Ramb,B.-Th. (1974) Kombinatorik, WISU 10, 493–494.

Reichmann,W.J. (1978) Use and Abuse of Statistics, Harmondsworth-New York.

Renn,H. (1975) Nichtparametrische Statistik, Stuttgart.

Rinne,H.; G.Ickler (1986) Grundstudium Statistik, München.

Ritsert,J.; E.Stracke; F.Heider (1976) Grundzüge der Varianz- und Faktorenanalyse, Frankfurt-New York.

Rutsch,M. (1986) Statistik 1. Mit Daten umgehen, Basel-Boston-Stuttgart

Sachs,L. (1982) Statistische Methoden (5.Aufl.), Berlin-Heidelberg-New York.

Sachs,L. (1984) Angewandte Statistik. Anwendungen statistischer Methoden (6.Aufl.), Berlin-Heidelberg-New York.

Savage,L.J. (1954/1972) The Foundations of Statistics, New York.

Scheuch,E.K. (1974) Auswahlverfahren in der Sozialforschung in: R.König (Hrsg.) Handbuch der empirischen Sozialforschung, Bd. 3a (3. Aufl.), 1–96.

Schneeweiß,H. (1967) Entscheidungskriterien bei Risiko, Berlin-Heidelberg-New York

Schneeweiß,H. (1990) Ökonometrie (4. Aufl.), Heidelberg.

Schnorr,C.P. (1971) Zufälligkeit und Wahrscheinlichkeit. Eine algorithmische Begründung der Wahrscheinlichkeitstheorie, Berlin-Heidelberg-New York.

Schwarz,H. (1975) Stichprobenverfahren. Ein Leitfaden zur Anwendung statistischer Schätzverfahren, Berlin.

Schwarze,J. (1990) Grundlagen der Statistik I. Beschreibende Verfahren, Herne-Berlin.

Schwarze,J. (1991) Grundlagen der Statistik II. Wahrscheinlichkeitsrechnung und induktive Statistik, Herne-Berlin.

Spearman,C. (1904) The Proof and Measurement of Association between two Things, in: Amer. J. Psychol. 15, 72–101.

Spiegel,M.R. (1972) Theory and Problems of Statistics, New York et al.

Stange,K. (1970,1971) Angewandte Statistik I,II, Berlin et al.

Statistisches Bundesamt (1988) Das Arbeitsgebiet der Bundesstatistik 1988, Mainz.

Statistisches Bundesamt (Hrsg.) (1989,1990) Datenreport 1989. Zahlen und Fakten über die Bundesrepublik Deutschland, Bonn.

Statistisches Bundesamt (Hrsg.) (1990) Statistisches Jahrbuch 1990 für die Bundesrepublik Deutschland, Stuttgart.

Statistisches Bundesamt (1990) Methoden...Verfahren...Entwicklungen. Hinweise und Nachrichten aus dem Statistischen Bundesamt 2/90, Wiesbaden.

Stegmüller,W. (1973) Probleme und Resultate der Wissenschaftstheorie und Analytischen Philosophie, Band IV, Personelle und Statistische Wahrscheinlichkeit, Erster Halbband, Personelle Wahrscheinlichkeit und Rationale Entscheidung, Berlin-Heidelberg-New York.

Stenger,H. (1986) Stichproben, Heidelberg-Wien.

Tukey,J.W. (1977) Exploratory Data Analysis, Reading (Mass.) et al.

Tutz,G. (1990) Modelle für kategoriale Daten mit ordinalem Skalenniveau. Parametrische und nonparametrische Ansätze, Göttingen-Zürich.

Vogel,F. (1980) Was ist und was kann die Statistik? in: WiSt 6, 288–293.

Vogel,F. (1991) Beschreibende und schließende Statistik. Formeln, Definitionen, Erläuterungen, Stichwörter und Tabellen, München-Wien.

Voß,W. (1988) Statistische Methoden und PC-Einsatz, Opladen.

Warren,W.G. (1971) Correlation or Regression: Bias or Precision, in: Appl. Stat. 20, 148–164.

Weichselberger,K. (1973) Geschichte der Statistik I-VI, in: WISU 7; 343–344, 391–392, 441–442, 491–492, 541–542, 591–592.

Weise,P.; W.Brandes; T.Eger; M.Kraft (1991) Neue Mikroökonomie, Heidelberg.

Wetzel,W.; M.D.Jöhnk; P.Naeve (1967) Statistische Tabellen, Berlin.

Wonnacott,Th.H.; R.J.Wonnacott (1977) Introductory Statistics (3. Ed.), New York et al.

Woodward,W.A.; A.C.Elliott; H.L.Gray; D.C.Matlock (1987) Directory of Statistical Microcomputer Software, 1988 Edition, New York.

Zentralarchiv für empirische Sozialforschung (1991) Daten der empirischen Sozialforschung, Fankfurt-New York.

Zwer,R. (1985) Einführung in die Wirtschafts- und Sozialstatistik, München-Wien.

Index

A
A-priori-Verteilung 163
Abweichungsquadratsumme 150
Additivitätseigenschaft 13
Aktion 161
Aktionenraum 161
Alternativhypothese 115
Analyse
    explorative 2, 22
Anpassungstest 131
arithmetisches Mittel 13
Assoziationsmaß 26
Asymptotische Erwartungstreue 105
ausreißerempfindlich 14
Aussagesicherheit 108
Autokorrelation 153

B
Bayes-Lösung 171
Bayes-Risiko 171
Bayes-Verfahren 171
Behrens-Fisher-Problem 141
Bereich
    kritischer 116
Bernoulli-Prinzip 170
Bernoullische Versuchsanordnung 60
Bestimmtheitsmaß 30
Bias 105
Bindung 26
Binomialtest 128
Binomialverteilung 61
Borel-Algebra 52

C
Cauchy-Verteilung 82
χ^2-Test 148

Chi-Quadrat-Verteilung 80
Clusteranalyse 37

D
Datenabgrenzung 1
Datenanalyse 2
Datenbeschaffung 1
Datenbeschreibung 2
Datensatz
    bivariater 22
    multivariater 6
    univariater 6
Dichte 11
Dichtefunktion 11, 49
    gemeinsame 54
dominieren 168
Dummy-Variable 156
durchschnittliche absolute Abweichung 17

E
Effizienz 105
Elementarereignisse 41
Entscheidung
    bei unscharfer Problembeschreibung 163
    individuelle 162
    kollektive 162
    unter Risiko 163, 170
    unter Sicherheit 162
    unter Ungewißheit 163, 174
    unter Unsicherheit 166
Entscheidungsbaum 163
Entscheidungsfunktion
    statistische 167
Entscheidungskalkül 163

Entscheidungskriterium 162
Entscheidungslogik 163
Entscheidungsmodell
    dynamisches 163
    statisches 163
Entscheidungsprozeß
    einstufiger 163
    mehrstufiger 163
Entscheidungsraum 167
entscheidungstheoretisches Modell
    im engeren Sinne 162
Entscheidungstheorie 2, 160
    deskriptive 163
    normative 163
Ereignis
    komplementäres 42
    sicheres 42
Ereignisalgebra 43
Ereignisse 41
    disjunkte 42
    unabhängige 44
Ergebnisraum 41
Erhebungen 4
erschöpfend 105
Erwartungstreue 104
Erwartungswert 55
    A-posteriori- 171
    bedingter 57
Exponentialverteilung 77

F
F-Verteilung 82
Faktor 34
Faktorenanalyse 34
    Fundamentaltheorem der 36
Faktorenextraktion 37
Faktorenmuster 35
Faktorenwerte 35, 37
Faktorisierungskriterium 105
Faktorladungen 35
Faktorladungsmatrix 35
Fechnersche Lageregel 16
Fehler
    1.Art 116, 167
    2.Art 116, 167

Formel von Bayes 44
Fraktil 14

G
Gammaverteilung 79
Gauß-Markoff-Theorem 154
Gauß-Verteilung 72
Geometrische Verteilung 63
gepoolte Stichprobenvarianz 136
Gesetz der großen Zahlen 85
Gleichmöglichkeitsmodell 42
Goodman und Kruskals Gamma 27
Grenze
    kritische 116
Grenzverteilung 85
Grundgesamtheit 5
    arithmetisches Mittel 59
    Korrelationskoeffizient 59
    Kovarianz 59
    Standardabweichung 59
Grundgesamtheiten
    homogene 147
Grundgesamtheitsparameter 92
Grundgesamtheitsvarianz 59
Grundgesamtheitsverteilung 59, 92
Gütefunktion 123

H
Häufigkeit
    absolute 7
    bedingte 24
    kumulierte 8
    relative 7
Häufigkeitspolygon 11
Häufigkeitsverteilung
    eindimensionale 7
Hauptfaktorenmethode 36
Hauptkomponentenmethode 36
heterograd 48
Histogramm 10
Homogenitätstest 147
homograd 48
Homoskedastie 153
Hypergeometrische Verteilung 65

Hypothese 115
    einfache 116
    zusammengesetzte 116

I
Indikatorvariable 48, 156
Inferenz 90
Inferenzprobleme 2
Information 162
Invarianzprinzip 103
Irrtumswahrscheinlichkeit 108
Items 4

K
Kastenschaubild 18
Kendalls Tau 27
Klasse 4, 9
Klassenbesetzungszahl 9
Klassenbreite 9
kleiner Auswahlsatz 65, 92
Kleinst-Quadrate-Methode 153
Kleinst-Quadrate-Schätzfunktion 154
Kolmogoroff-Smirnoff-Anpassungstest 133
Kommunalität 36
Konfidenzintervall 108
Konfidenzniveau 108
Konkurrenzsituation 162
Konsequenz 161
Konsequenzenmatrix 161
Konsistenz 105
Kontingenzanalyse 22
Kontingenzkoeffizient 26
    normierter 26
Kontingenztabelle 23, 53
Korrelation 156
    negative 29
    positive 29
Korrelationsanalyse 22
Korrelationskoeffizient 29, 57
    multipler 158
    partieller 158
Korrelationsrechnung 27
Kovarianz 28, 56
Kreisdiagramm 10

Kuchendiagramm 10

L
Lageparameter 12
Laplace-Annahme 91
Letztentscheidung
    optimale 171
Likelihoodfunktion 101

M
Mächtigkeit 123
Maximum-Likelihood-Methode 100
Median 15
Merkmal 4
    kardinalskaliertes 4
    nicht-häufbares 6
    nominalskaliertes 4
    ordinalskaliertes 4
    qualitatives 4
    quantitativ-diskretes 4
    quantitatives 4
    quasi-stetiges 4
    standardisiertes 18
    stetiges 4
Merkmale
    abhängige 25
    unabhängige 25
Merkmalsausprägungen 4
Merkmalsträger 5
Meßraum 46
Methode
    integrale 172
    konstruktive 172
ML-Schätzer 101
Modus 16
Moment 18, 59
    zentrales 59
Momentenmethode 100
    verallgemeinerte 103
Multinomialverteilung 71
multivariate Verfahren 158

N
Negative Binomialverteilung 63
Nicht-Ablehnungsbereich 116

Normalgleichungen 30
Normalverteilung 72
  multivariate 83
Normalverteilungsannahme 150
Nullhypothese 115
Nutzenbewertung 161
Nutzenmatrix 161

O
OC-Kurve 123
Ökonometrie 2
Ökonometrisches Eingleichungsmodell
  lineares 153
Ökonometrisches Mehrgleichungsmodell 156
Operationscharakteristik 123
Opportunitätskosten 175
Optimalitätseigenschaft 14, 16
Organisationstheorie 162

P
Parameterraum 166
Pascal-Verteilung 63
Piktogramm 9
Poisson-Verteilung 67
Polya-Verteilung 67
Polygonzug 11
Population 5
Primärerhebung 4
Prinzip der kleinsten Quadrate 30
Prüfgröße 116

Q
quadratische Kontingenz 26
Quartil 16
Quartilsabweichung 17

R
Randverteilung 23, 53
Rangkorrelationsanalyse 22
Rangkorrelationskoeffizient 27
Rationalitätsannahme 162
Reduktion
  Fallzahl- 33

  Variablen- 33
Regel
  Hurwicz- 175
  Laplace- 174
  Maximin- 174
  Minimax- 174
  Savage-Niehans- 175
  Wald- 174
Regression 29
  lineare 30
Regressionsanalyse 22
Regressionsgleichung 30
Regressionskoeffizienten 30, 153
Regressionsrechnung 29, 153
Reliabilität 159
Reproduktionseigenschaft 75
Risikofunktion 167
robust 14
Robustheit 107
Rotationsverfahren 37

S
Satz von de Moivre-Laplace 87
Satz von der totalen Wahrscheinlichkeit 44
Satz von Lindeberg-Lévy 85
Schadensfunktion 167
Schätzfunktion 99
  Bayes- 104
  Maximum-Likelihood- 101
Schätztheorie 99
Schätz(un)genauigkeit 109
Schätzverfahren 91
Schließen
  direktes 90
  indirektes 90
Schwerpunktseigenschaft 13
Sekundärerhebung 4
signifikant 115
Signifikanzniveau 116
  tatsächliches 120
Signifikanztest 115
Simplexverfahren 163
Skalierung 4
Social Choice 162

Spannweite 17
Spieltheorie 162
Stabdiagramm 10, 49
Standardabweichung 18, 56
Standardnormalverteilung 74
Statistik 95
    amtliche 4
    deskriptive 2
    induktive 2
    nichtamtliche 4
statistische Einheiten 4
statistische Masse 5
Stengel-und-Blätter Diagramm 11
Stetigkeitskorrektur 87
Stichprobe 5
    einfache 92
    einstufige 91
Stichprobenanteilswert 95
Stichprobenfehler 98
Stichprobenfunktion 95
Stichprobenmittelwert 95
Stichprobentheorie 91
Stichprobenvariable 92
stochastische Konvergenz 84
stochastischer Prozeß 55
Strategie 167
Streuung
    externe 150
    interne 150
Streuungsdiagramm 27
Streuungsparameter 16
Streuungszerlegungsformel 30
Streuungszerlegungssatz 17, 150
Student-Verteilung 81
Suffizienz 105

T
t-Verteilung 81
Teilerhebung 5
Test 115
    linksseitiger 121
    rechtsseitiger 121
    zweiseitiger 118, 121
Testfunktion 116
Testverfahren 91

Theorie der Teams 162
Träger 47
Transformationseigenschaft 13, 17
Treppenfunktion 10, 49
Tschebyscheffsche Ungleichung 59, 105

U
Umweltzustand 161
Unabhängigkeitstest 148
Unkorreliertheit 28
unverzerrt 104
Urliste 6
Urnenmodell 92

V
Validität 159
Variable 4
Varianz 17, 56
    externe 17
    interne 17
Varianz-Kovarianz-Matrix 59
Varianzanalyse 149, 150
    doppelte 152
    einfache 152
Varianzhomogenität 136, 150
Variationskoeffizient 18
Verfahren
    gleichmäßig besseres 168
    gleichmäßig bestes 168
    nicht-parametrisches 130
    parametrisches 130
Verschiebungssatz 17
Verteilung
    A-posteriori- 171
    A-priori- 171
    linksschiefe 16
    rechtsschiefe 16
    symmetrische 16, 52
    unimodale 16
Verteilungen
    konjugierte 173
Verteilungsfunktion 8, 49
    gemeinsame 52
Verwerfungsbereich 116

Verzerrung 105
Vollerhebung 5

W
Wahrscheinlichkeit 43
    bedingte 43
Wahrscheinlichkeitsbegriff
    axiomatischer 43
    frequentistischer 42
    klassischer 42
Wahrscheinlichkeitsfunktion 49
    bedingte 53
    gemeinsame 53
Wahrscheinlichkeitsmaß 43
Wahrscheinlichkeitsraum 46
Wahrscheinlichkeitsverteilung 48
Weibull-Verteilung 78
Wirksamkeit 105
Wirtschafts- und Sozialstatistik 1

Z
Zentraler Grenzwertsatz 86
Zentrales Schwankungsintervall 75
Zerlegungssatz 14
Zufallsauswahl 5, 91
    reine 92
    uneingeschränkte 92
Zufallsexperiment 41
Zufallsvariable 47
    diskrete 47, 53
    eindimensionale 47
    m-dimensionale 52
    stetige 47, 53
Zufallsvariablen
    unabhängige 53
    unkorrelierte 57
Zustandsraum 161
Zweistichproben-Gaußtest 142
    approximativer 142

MIX
Papier aus verantwortungsvollen Quellen
Paper from responsible sources
FSC® C105338

If you have any concerns about our products,
you can contact us on
ProductSafety@springernature.com

In case Publisher is established outside the EU,
the EU authorized representative is:
**Springer Nature Customer Service Center GmbH
Europaplatz 3, 69115 Heidelberg, Germany**

Printed by Libri Plureos GmbH
in Hamburg, Germany